我国南方丘陵山区综合科学考察丛书
本图集由国家科技基础性工作专项“我国南方丘陵山区综合科学考察”资助

我国南方丘陵山区
生态系统结构、格局与生产力科学考察图集

江　东　杨小唤　付晶莹　郝蒙蒙　著

图书在版编目（CIP）数据

我国南方丘陵山区生态系统结构、格局与生产力科学考察图集 / 江东等著 . —北京：气象出版社，2020.11

ISBN 978-7-5029-7312-4

Ⅰ.①我… Ⅱ.①江… Ⅲ.①南方地区—丘陵地—生态环境—科学考察—中国—图集 Ⅳ.① X321.2-64

中国版本图书馆 CIP 数据核字（2020）第 214290 号

审图号：GS（2020）6213 号

我国南方丘陵山区生态系统结构、格局与生产力科学考察图集

WOGUO NANFANG QIULING SHANQU SHENGTAI XITONG JIEGOU GEJU YU SHENGCHANLI KEXUE KAOCHA TUJI

江　东　杨小唤　付晶莹　郝蒙蒙　著

出版发行：气象出版社

地　　址：北京市海淀区中关村南大街 46 号　　邮　　编：100081

电　　话：010-68407112（总编室）　010-68408042（发行部）

网　　址：http://www.qxcbs.com　　E-mail：qxcbs@cma.gov.cn

责任编辑：蔺学东　　终　　审：吴晓鹏

责任校对：张硕杰　　责任技编：赵相宁

封面设计：地大彩印设计中心

印　　刷：北京地大彩印有限公司

开　　本：889 mm × 1194 mm　1/16　　印　　张：13.5

字　　数：450 千字

版　　次：2020 年 11 月第 1 版　　印　　次：2020 年 11 月第 1 次印刷

定　　价：150.00 元

我国南方丘陵山区地域辽阔，湿润多雨，光热充足，生物资源种类繁多，自然资源丰富，同时，该区邻近沿海开发带和长江经济带等经济技术中心，区位条件优越，在我国经济社会发展建设中，处于举足轻重的地位。但是，该区地形起伏，多山地丘陵，综合自然资源和生态环境分异明显、复杂多样，是我国甚至在全球范围内的一个典型生态脆弱性区域。掌握和了解该区自然资源和生态环境状况，对于该区乃至全国的经济社会发展和生态环境保护的政策及规划制定都具有重要意义。

2012年，国家科技基础性工作专项“我国南方丘陵山区综合科学考察”立项，项目面向我国南方丘陵山区区域发展和科学研究对掌握自然生态环境现时状况及其变化趋势规律的迫切需求，采用统一、科学、标准的综合科学考察方法和技术规范，系统地查清南方丘陵山区的水土生物资源及土壤基础地力和生态系统结构、功能等基本状况。本图集就是在该项目的支持下，通过野外综合考察和遥感数据相结合的方法，重点关注我国南方丘陵山区生态系统结构、格局与生产力的数据获取和综合表达，内容主要包括生态系统宏观结构、生态系统内部格局、食物及原材料供给能力、社会经济空间格局，本图集可为该区域生态结构调整和环境保护提供参考。

感谢参与本图集编制和出版工作的多位同事、同学，受野外调查条件困难及作者水平所限，本图集中难免存在疏漏和错误，恳请专家和读者不吝指教，并请函告或当面给出批评和建议，以便进一步修订和改进。

作　者

2020年8月

目录
CONTENTS

第1章

我国南方丘陵山区生态系统宏观结构

1.1 闽浙赣湘生态系统类型空间分布

生态系统指在自然界的一定的空间内，生物与环境构成的统一整体。生态系统是生态学领域的一个主要结构和功能单位，属于生态学研究的最高层次。生态系统可划分为农田生态系统、森林生态系统、草地生态系统、水体与湿地生态系统、聚落生态系统和荒漠生态系统 6 类。

闽浙赣湘生态系统类型空间分布数据格式为矢量数据，数据时间依次为 1990 年、2000 年和 2013 年。

该数据表明，闽浙赣湘四省生态系统类型多样，其中面积最大的生态系统类型为森林生态系统，接下来依次是农田生态系统、水体与湿地生态系统、草地生态系统，荒漠生态系统和聚落生态系统所占面积最小。自 1990 年至 2013 年，农田生态系统和聚落生态系统的面积逐渐增大，森林生态系统面积逐渐减少。

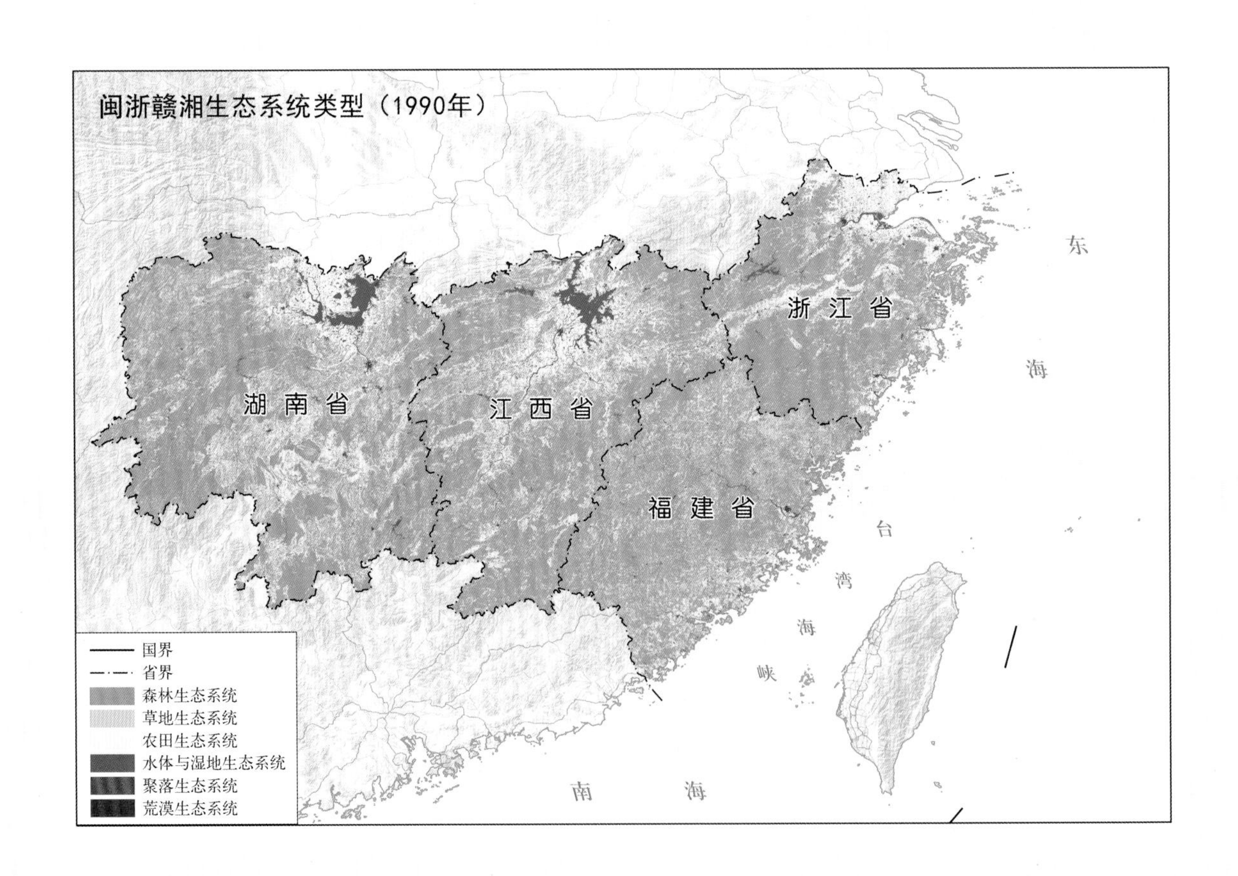

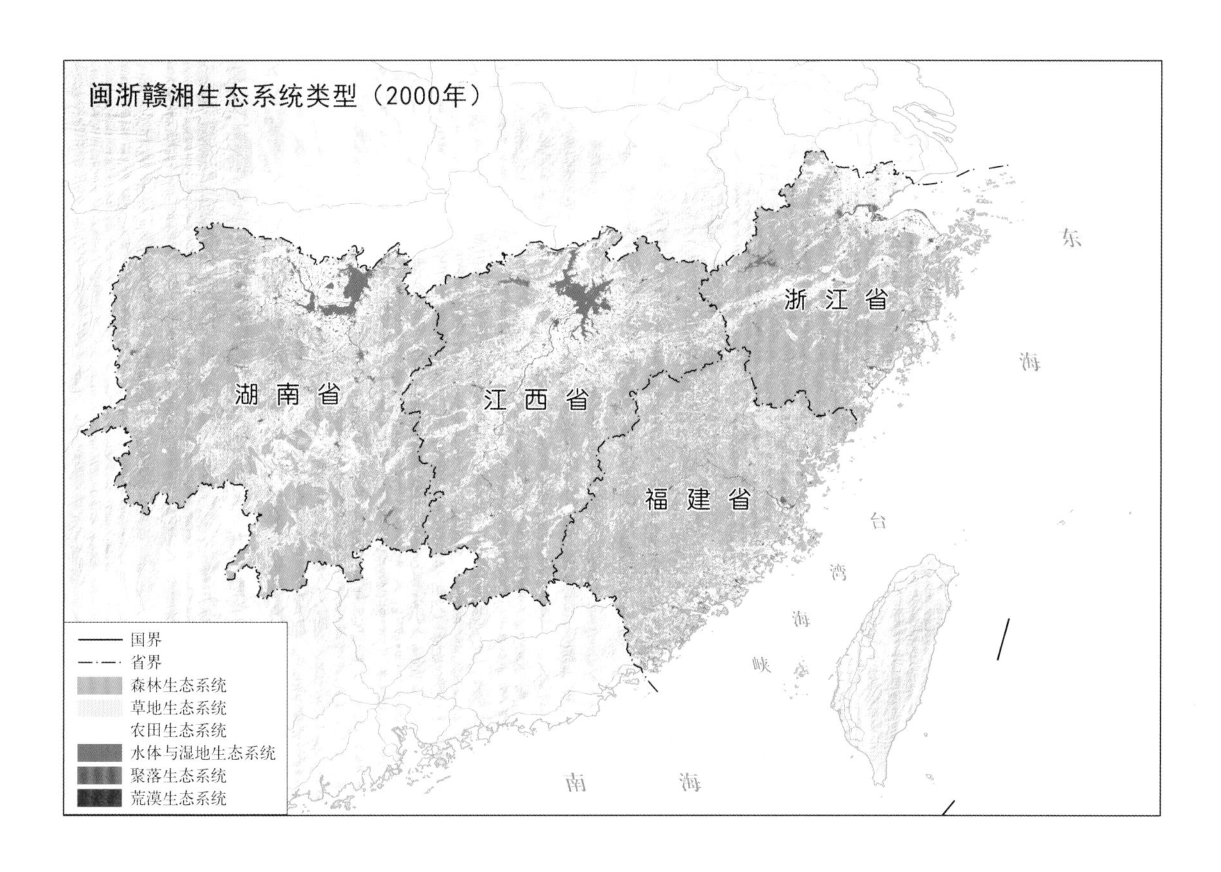
闽浙赣湘生态系统类型（2000年）
湖南省
江西省
浙江省
福建省
东
海
台
湾
海
峡
南
海
国界
省界
森林生态系统
草地生态系统
农田生态系统
水体与湿地生态系统
聚落生态系统
荒漠生态系统

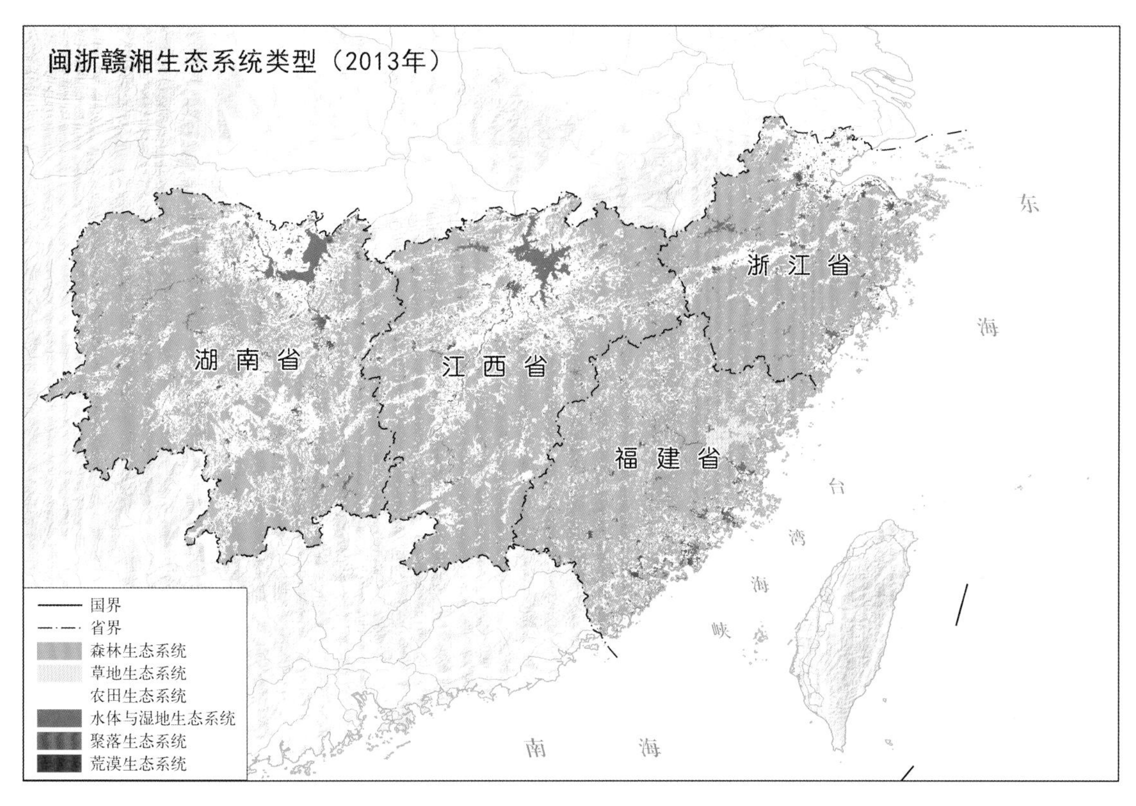
闽浙赣湘生态系统类型（2013年）
湖南省
江西省
浙江省
福建省
东
海
台
湾
海
峡
南
海
国界
省界
森林生态系统
草地生态系统
农田生态系统
水体与湿地生态系统
聚落生态系统
荒漠生态系统

1.1.1 福建省生态系统类型空间分布

福建省生态系统类型空间分布数据格式为矢量数据，数据时间为 1990 年、2000 年和 2013 年。

该数据表明，福建省生态系统类型多样，其中森林生态系统占面积最大，荒漠生态系统占面积最小，其他生态系统分布范围主要集中在东南沿海地区，内地零散分布。从 1990 年到 2013 年，森林、农田、荒漠生态系统分布范围与分布格局无明显变化；草地生态系统分布格局范围变化较为明显，由南平与宁德交界处转移至宁德与福州交界处；聚落生态系统在东南沿海地区的分布范围也在逐步扩大。

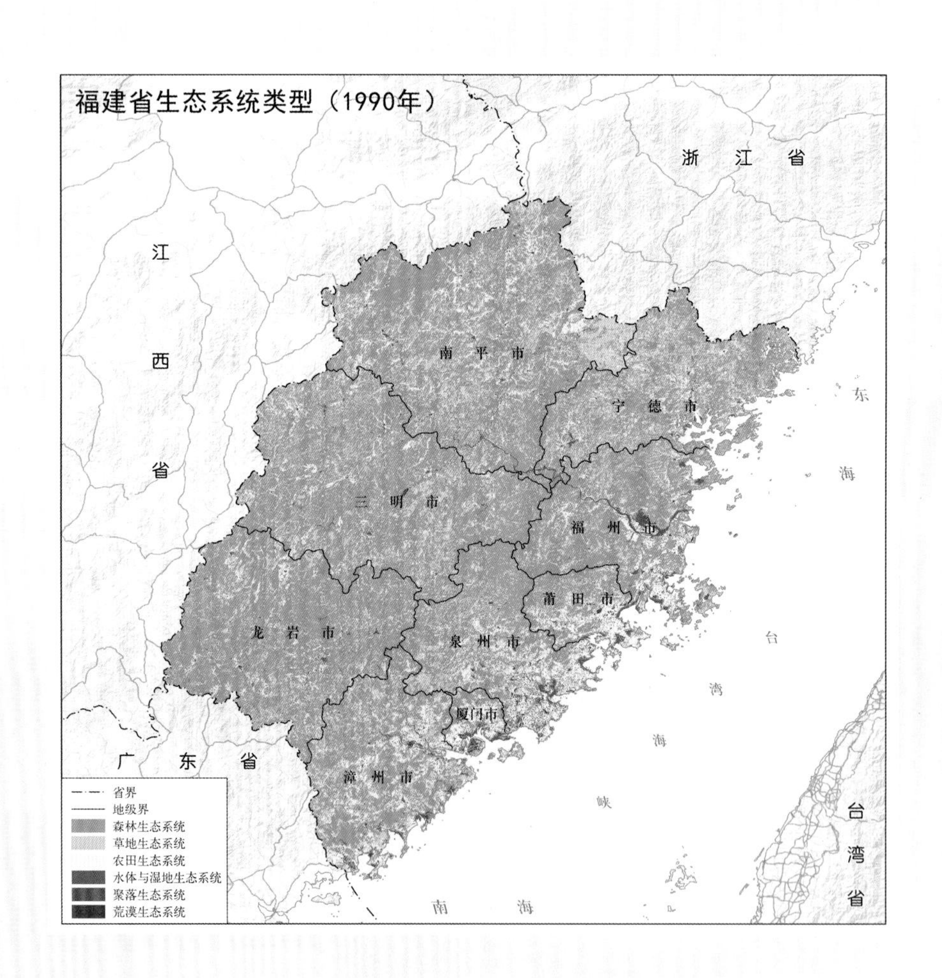

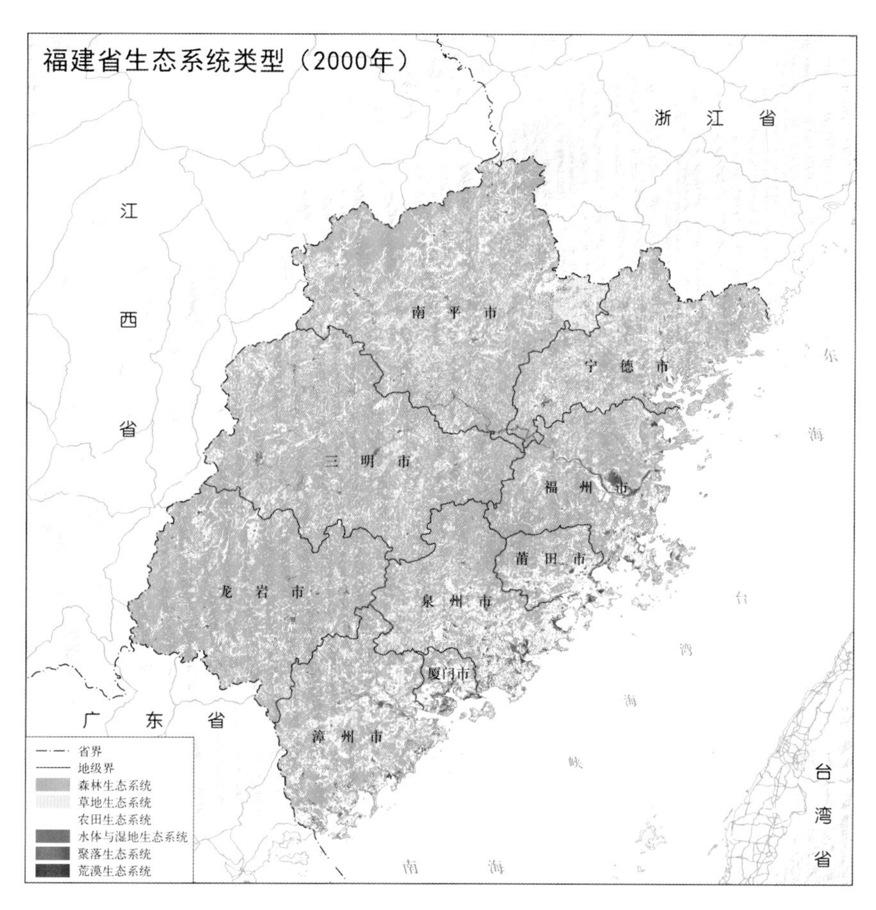
福建省生态系统类型（2000年）
浙江省
江西省
南平市
宁德市
三明市
福州市
莆田市
龙岩市
泉州市
厦门市
漳州市
广东省
东海
台湾海峡
台湾省
南海
省界
地级界
森林生态系统
草地生态系统
农田生态系统
水体与湿地生态系统
聚落生态系统
荒漠生态系统

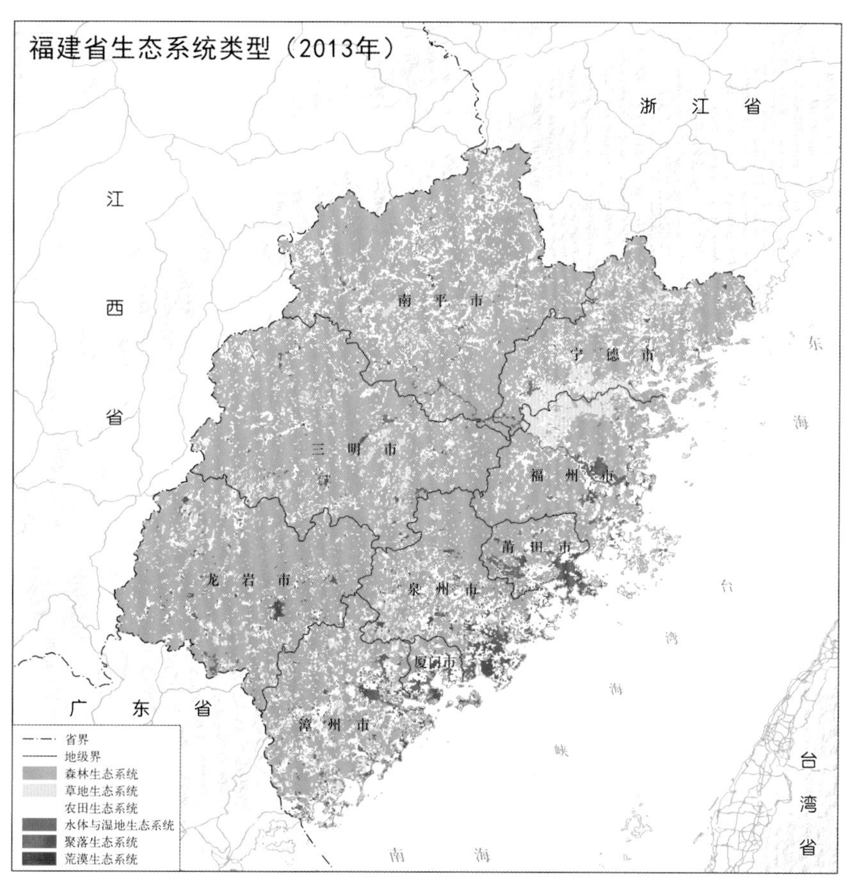
福建省生态系统类型（2013年）
浙江省
江西省
南平市
宁德市
三明市
福州市
莆田市
龙岩市
泉州市
厦门市
漳州市
广东省
东海
台湾海峡
台湾省
南海
省界
地级界
森林生态系统
草地生态系统
农田生态系统
水体与湿地生态系统
聚落生态系统
荒漠生态系统

1.1.2 浙江省生态系统类型空间分布

浙江省生态系统类型空间分布数据格式为矢量数据，数据时间为1990年、2000年和2013年。

该数据表明，浙江省生态系统类型多样，其中森林生态系统占面积最大，其次为农田生态系统，荒漠生态系统占面积最小，其他生态系统分布范围主要集中在东北部地区。从1990年到2013年，森林、农田、荒漠生态系统分布范围与分布格局无明显变化；聚落生态系统分布范围明显逐年扩大；草地生态系统、水体与湿地生态系统分布范围明显变小。

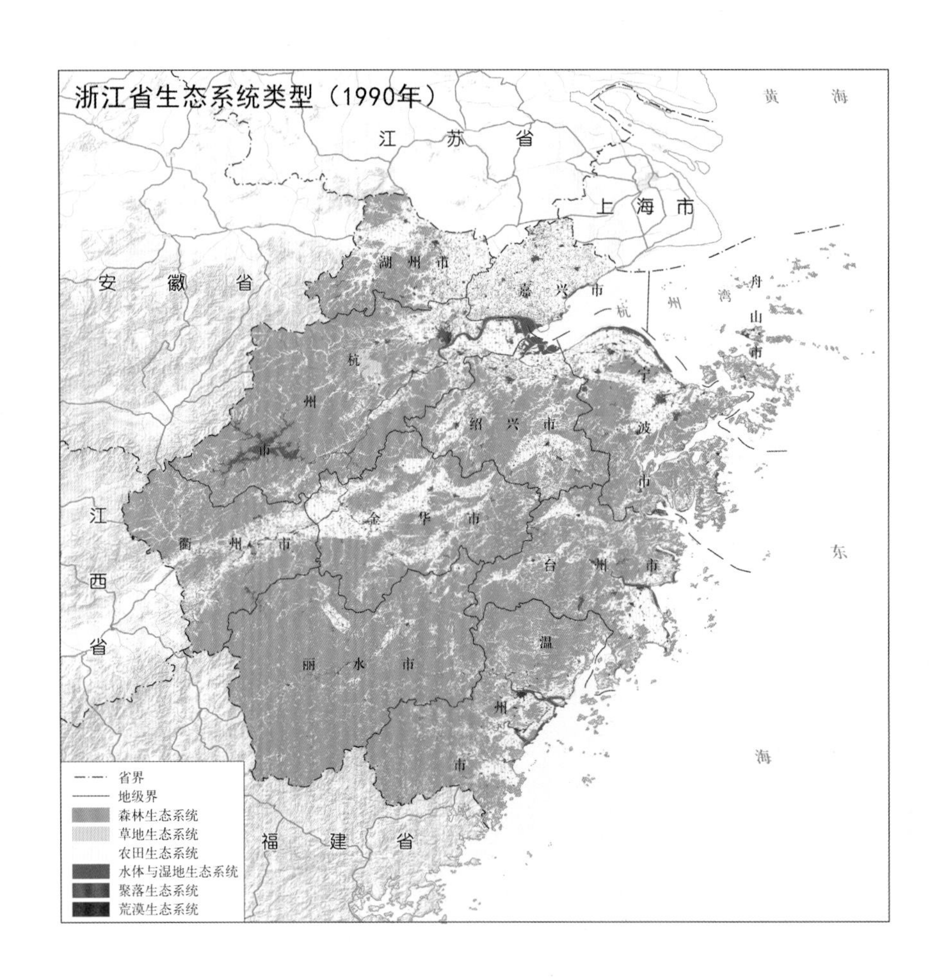

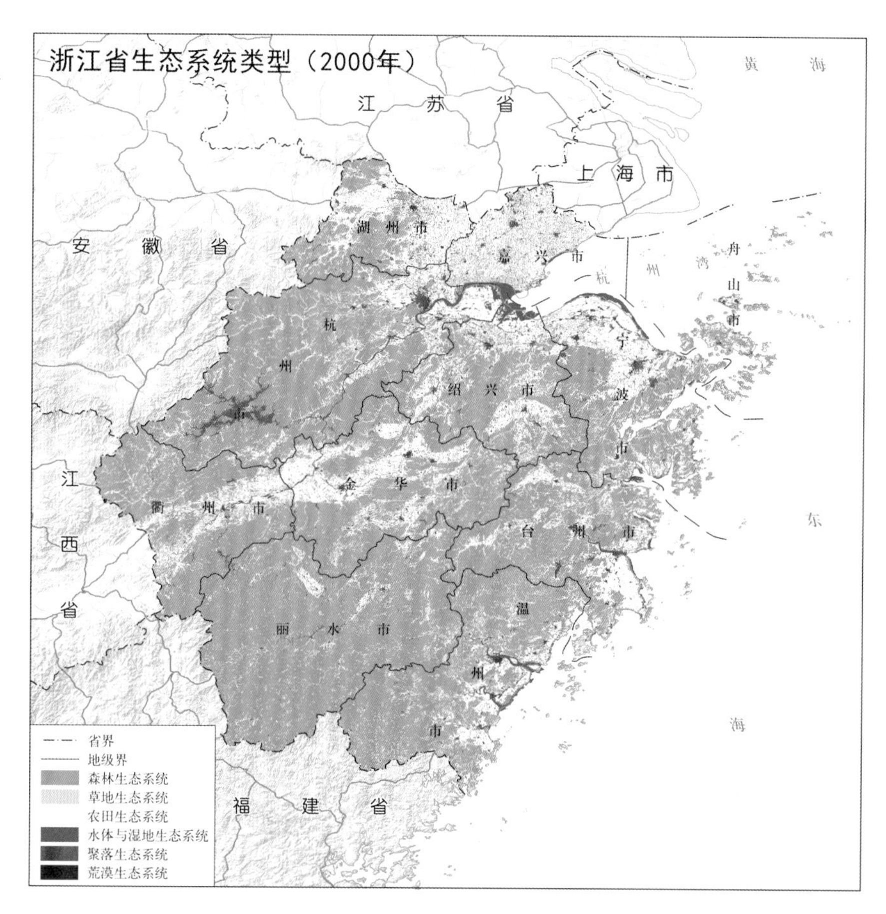
浙江省生态系统类型（2000年）
江　苏　省
黄　海
上　海　市
安　徽　省
湖　州　市
嘉　兴　市
舟　山　市
杭　州　市
绍　兴　市
宁　波　市
金　华　市
衢　州　市
台　州　市
江　西　省
丽　水　市
温　州　市
东　海
福　建　省
省界
地级界
森林生态系统
草地生态系统
农田生态系统
水体与湿地生态系统
聚落生态系统
荒漠生态系统

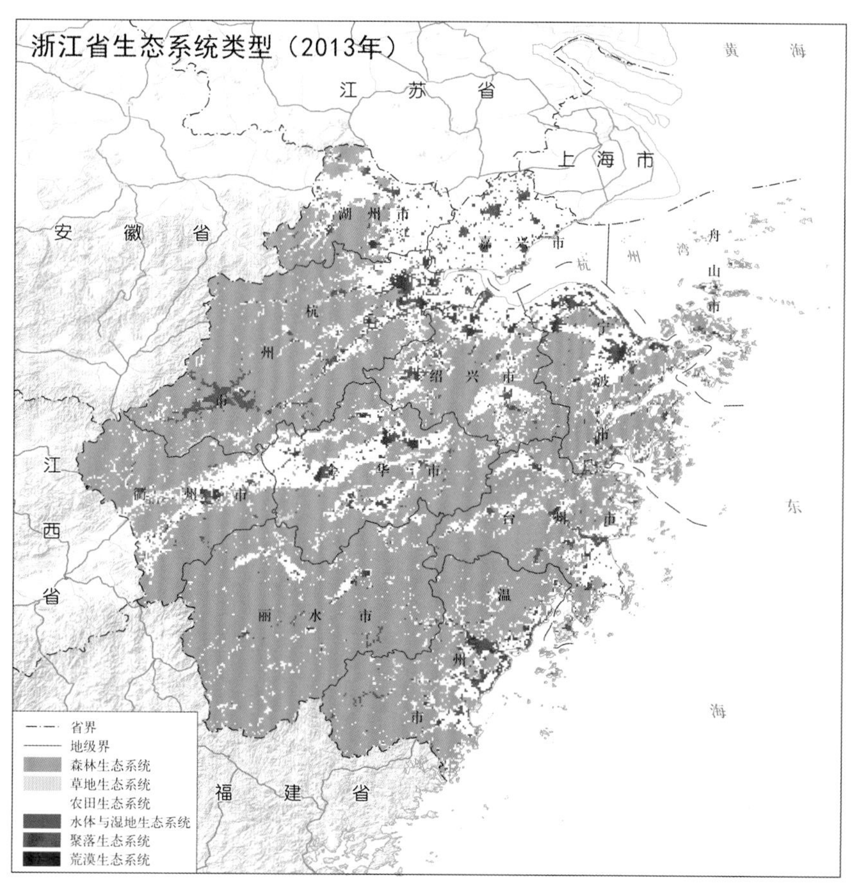
浙江省生态系统类型（2013年）
江　苏　省
黄　海
上　海　市
安　徽　省
湖　州　市
舟　山　市
杭　州　市
绍　兴　市
宁　波　市
华　市
台　州　市
江　西　省
丽　水　市
温　州　市
东　海
福　建　省
省界
地级界
森林生态系统
草地生态系统
农田生态系统
水体与湿地生态系统
聚落生态系统
荒漠生态系统

1.1.3 江西省生态系统类型空间分布

江西省生态系统类型空间分布数据格式为矢量数据，数据时间为 1990 年、2000 年和 2013 年。

该数据表明，江西省生态系统类型多样，其中森林生态系统占面积最大，其次为农田生态系统，荒漠生态系统占面积最小，聚落生态系统主要分布在中部偏北水体与湿地生态系统周围。从 1990 年到 2013 年，森林、草地、荒漠生态系统分布范围与分布格局无明显变化；农田与聚落生态系统分布范围明显逐年扩大；水体与湿地生态系统分布范围略微缩小。

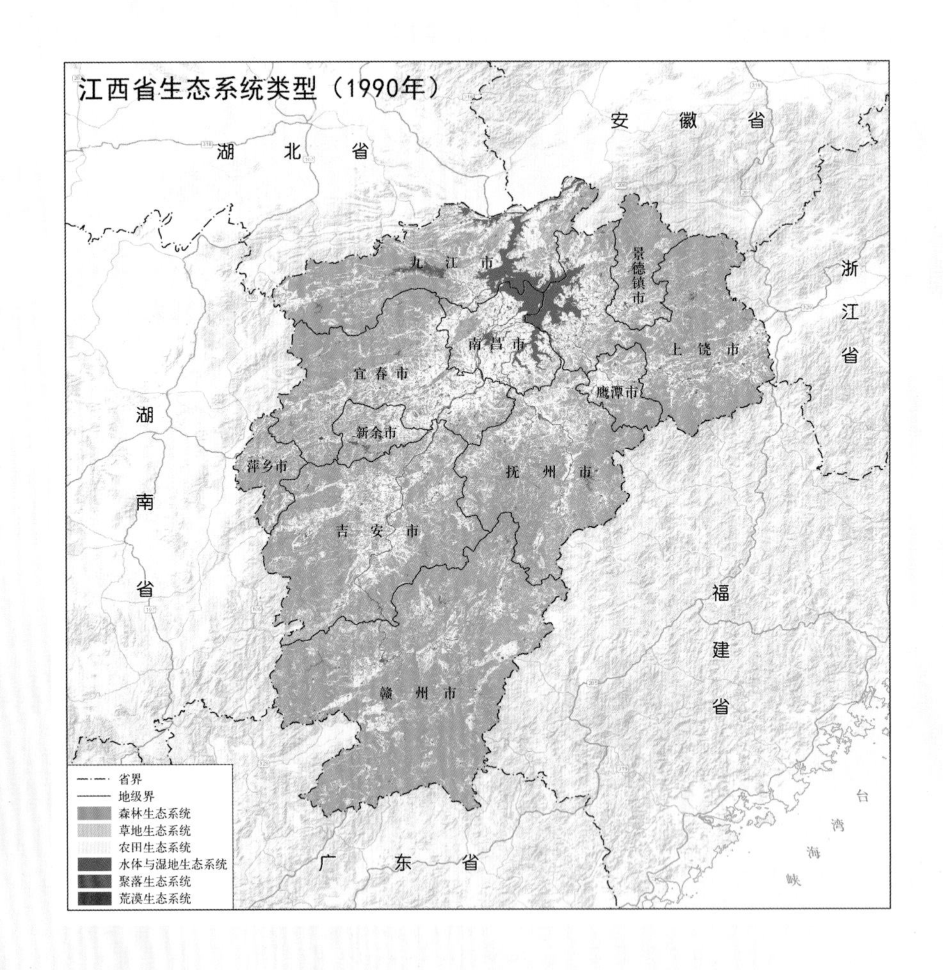

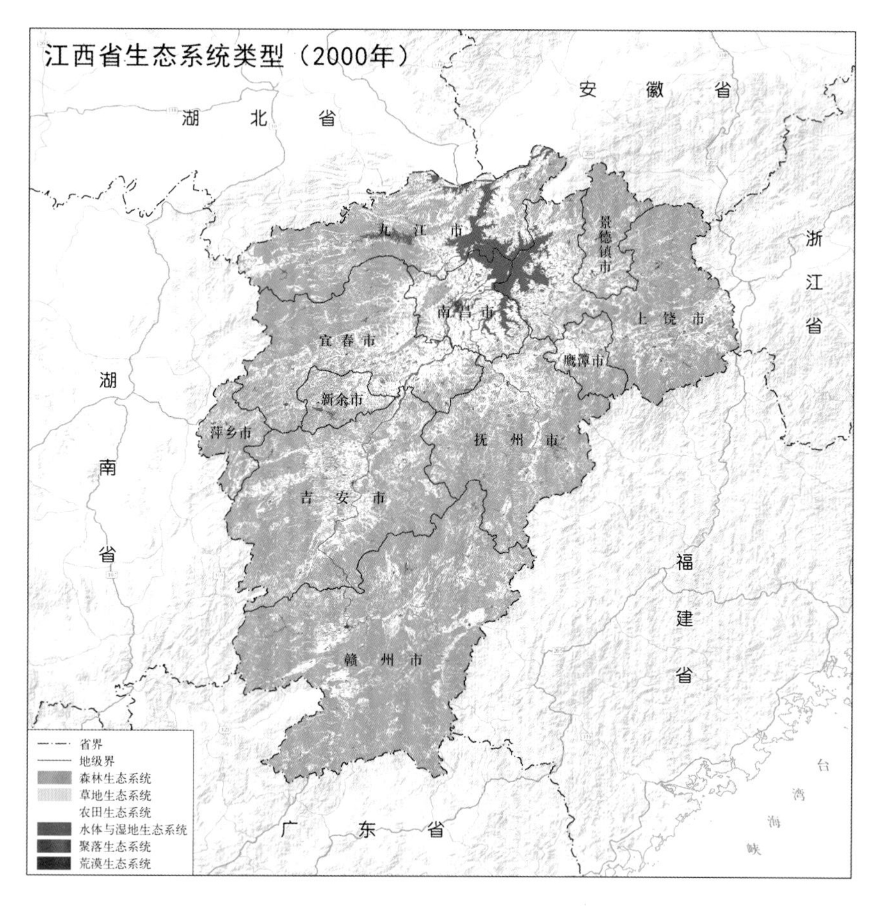
江西省生态系统类型（2000年）
安徽省
湖北省
浙江省
湖南省
福建省
广东省
台湾海峡
九江市
景德镇市
南昌市
上饶市
宜春市
鹰潭市
新余市
萍乡市
抚州市
吉安市
赣州市
省界
地级界
森林生态系统
草地生态系统
农田生态系统
水体与湿地生态系统
聚落生态系统
荒漠生态系统

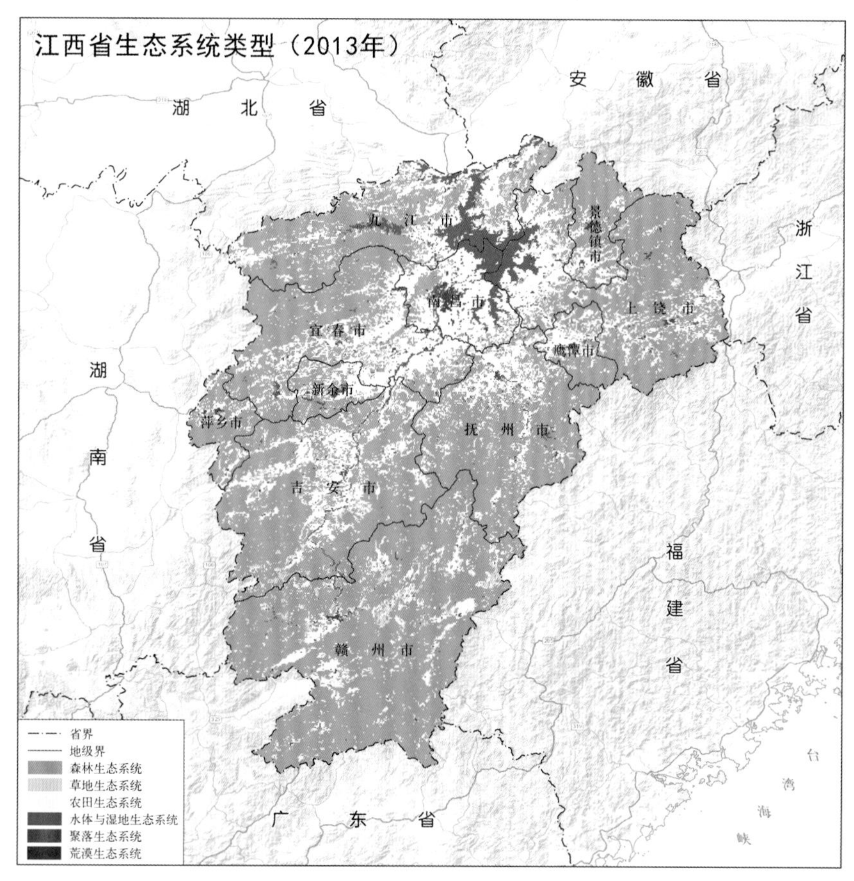
江西省生态系统类型（2013年）
安徽省
湖北省
浙江省
湖南省
福建省
广东省
台湾海峡
九江市
景德镇市
南昌市
上饶市
宜春市
鹰潭市
新余市
萍乡市
抚州市
吉安市
赣州市
省界
地级界
森林生态系统
草地生态系统
农田生态系统
水体与湿地生态系统
聚落生态系统
荒漠生态系统

1.1.4 湖南省生态系统类型空间分布

湖南省生态系统类型空间分布数据格式为矢量数据，数据时间为1990年、2000年和2013年。

该数据表明，湖南省生态系统类型多样，其中森林生态系统占面积最大，其次为农田生态系统，荒漠生态系统占面积最小，水体与湿地生态系统以湘江和洞庭湖为主，聚落生态系统以各市行政点为中心。从1990年到2013年，森林与荒漠生态系统分布范围与分布格局无明显变化，草地生态系统分布范围略微缩小，聚落生态系统分布范围明显扩大，水体与湿地生态系统范围明显变小。

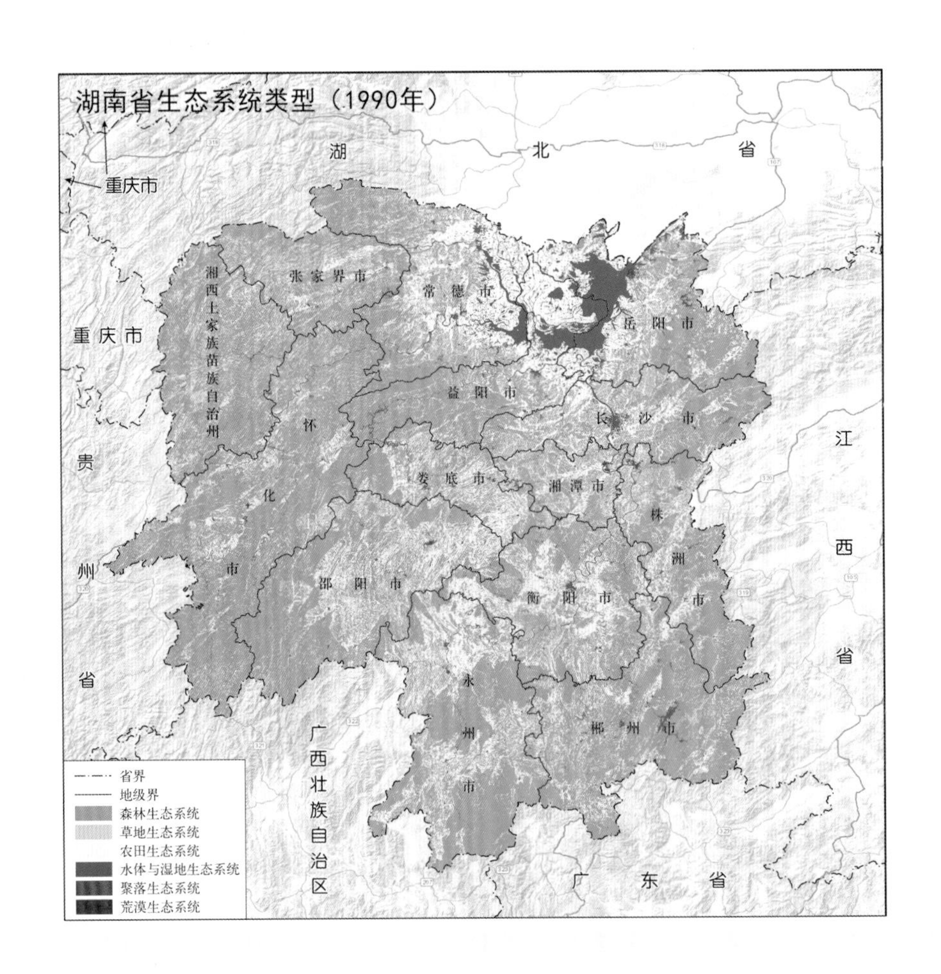

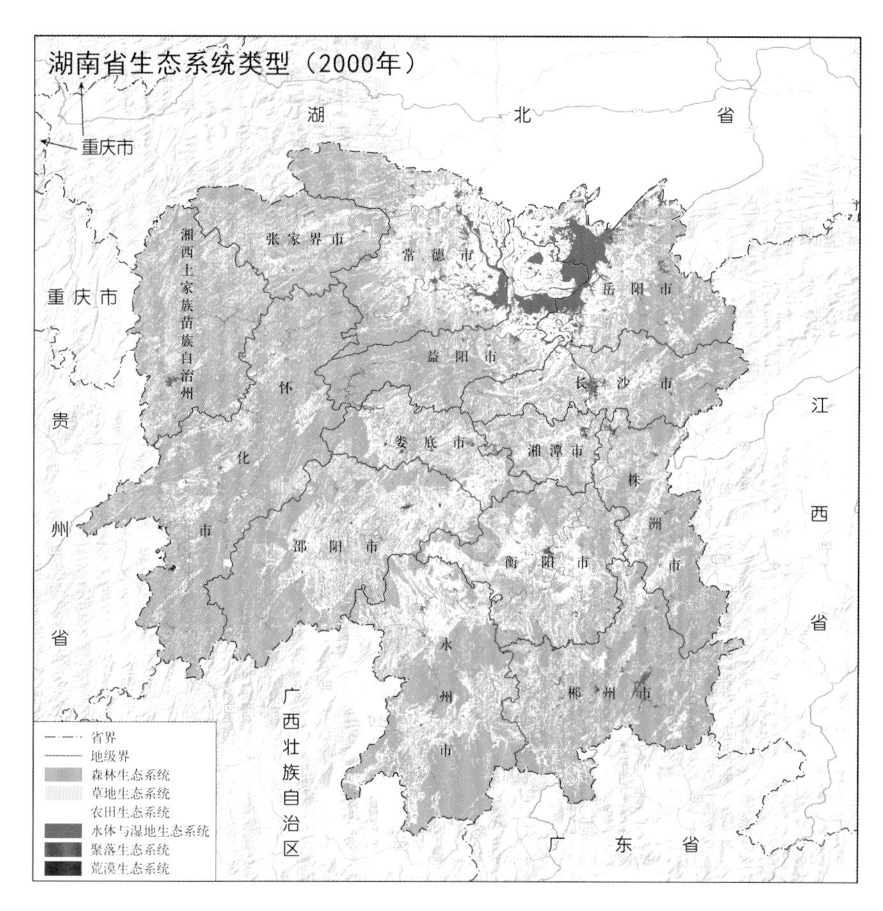
湖南省生态系统类型（2000年）
重庆市
湖
北
省
张家界市
常德市
岳阳市
湘西土家族苗族自治州
重庆市
益阳市
长沙市
江
怀
贵
娄底市
湘潭市
化
株
西
州
市
邵阳市
洲
衡阳市
市
省
省
永
广西壮族自治区
郴州市
州
市
广东省
省界
地级界
森林生态系统
草地生态系统
农田生态系统
水体与湿地生态系统
聚落生态系统
荒漠生态系统

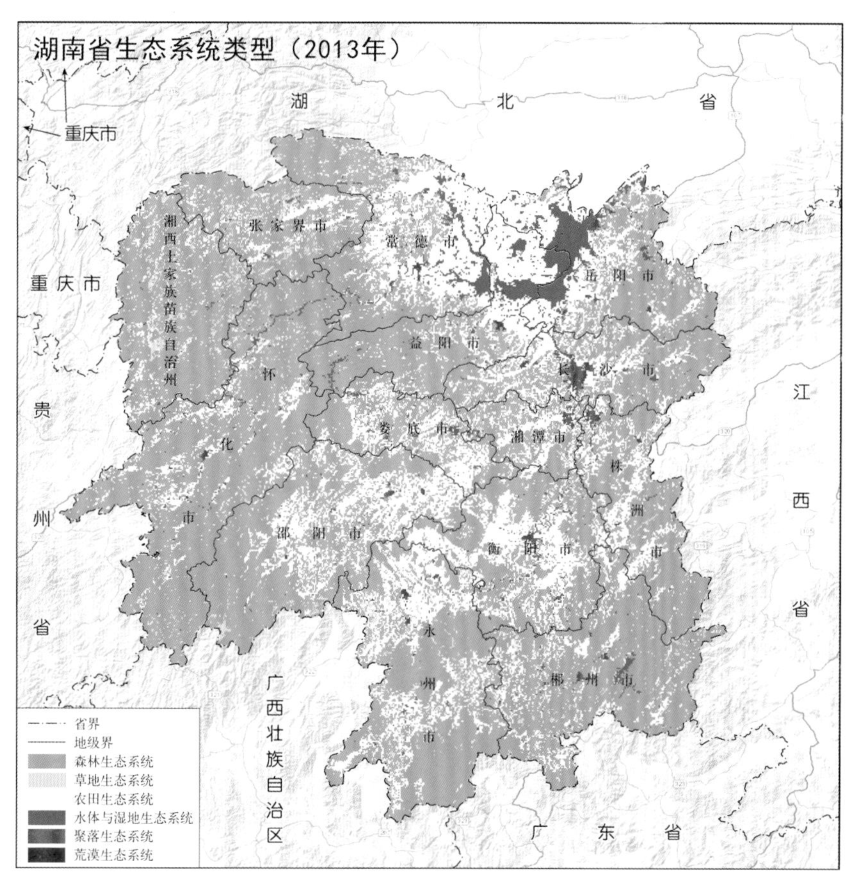
湖南省生态系统类型（2013年）
重庆市
湖
北
省
张家界市
常德市
岳阳市
湘西土家族苗族自治州
重庆市
益阳市
长沙市
江
怀
贵
娄底市
湘潭市
化
株
西
州
市
邵阳市
洲
衡阳市
市
省
省
永
广西壮族自治区
郴州市
州
市
广东省
省界
地级界
森林生态系统
草地生态系统
农田生态系统
水体与湿地生态系统
聚落生态系统
荒漠生态系统

1.2 闽浙赣湘森林生态系统类型空间分布

森林生态系统是森林群落与其环境在功能流的作用下形成一定结构、功能和自调控的自然综合体，是陆地生态系统中面积最多、最重要的自然生态系统。

闽浙赣湘森林生态系统类型空间分布数据格式为矢量数据，数据时间为 1990 年、2000 年和 2013 年。

该数据表明，从 1990 年至 2013 年，闽浙赣湘四省的森林生态系统范围逐渐扩大，且总体分布格局没有很大变动。其中，湖南省森林系统最大，占四省森林生态系统总面积的 35%；江西省次之，约占总面积的 28%；福建省和浙江省森林生态系统范围相对较少，分别占四省森林生态系统总面积的 20% 和 17%。

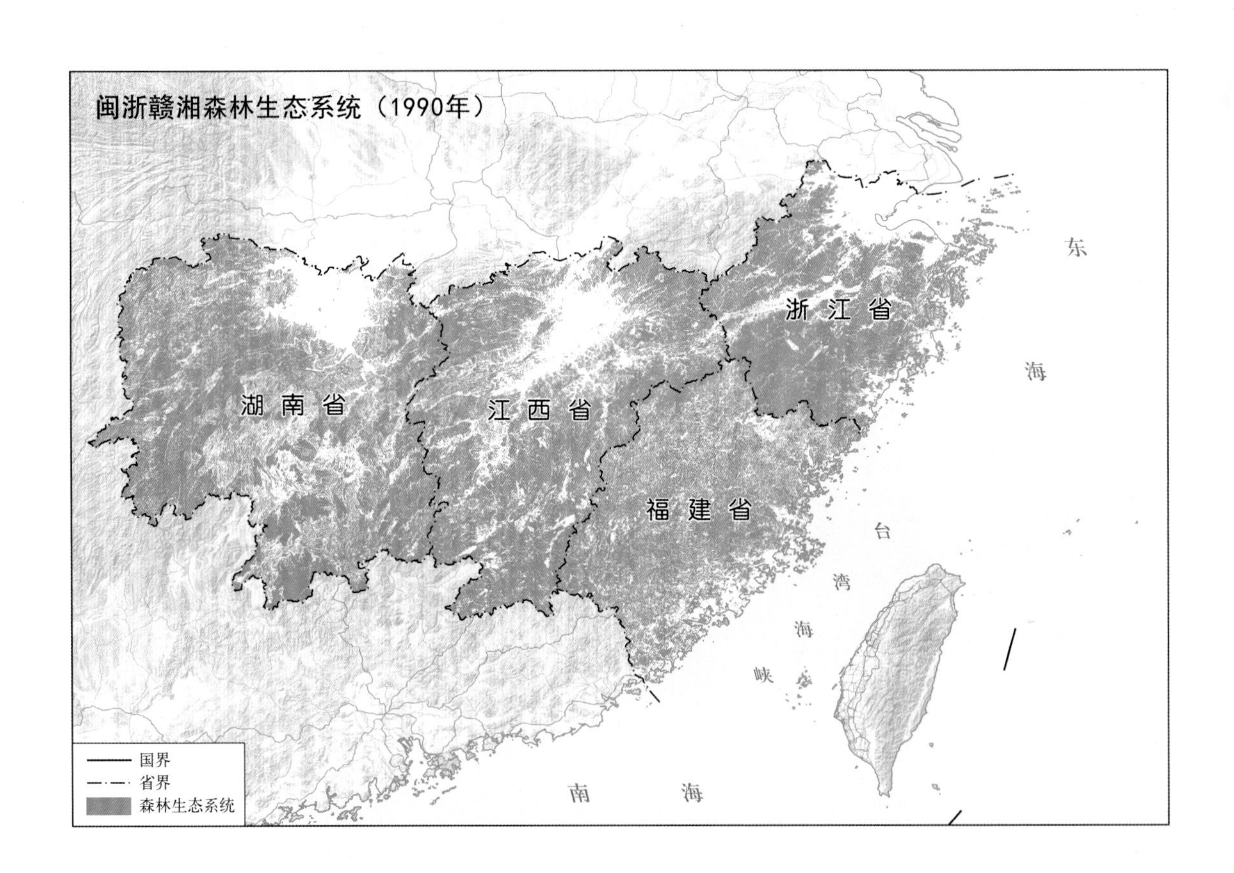

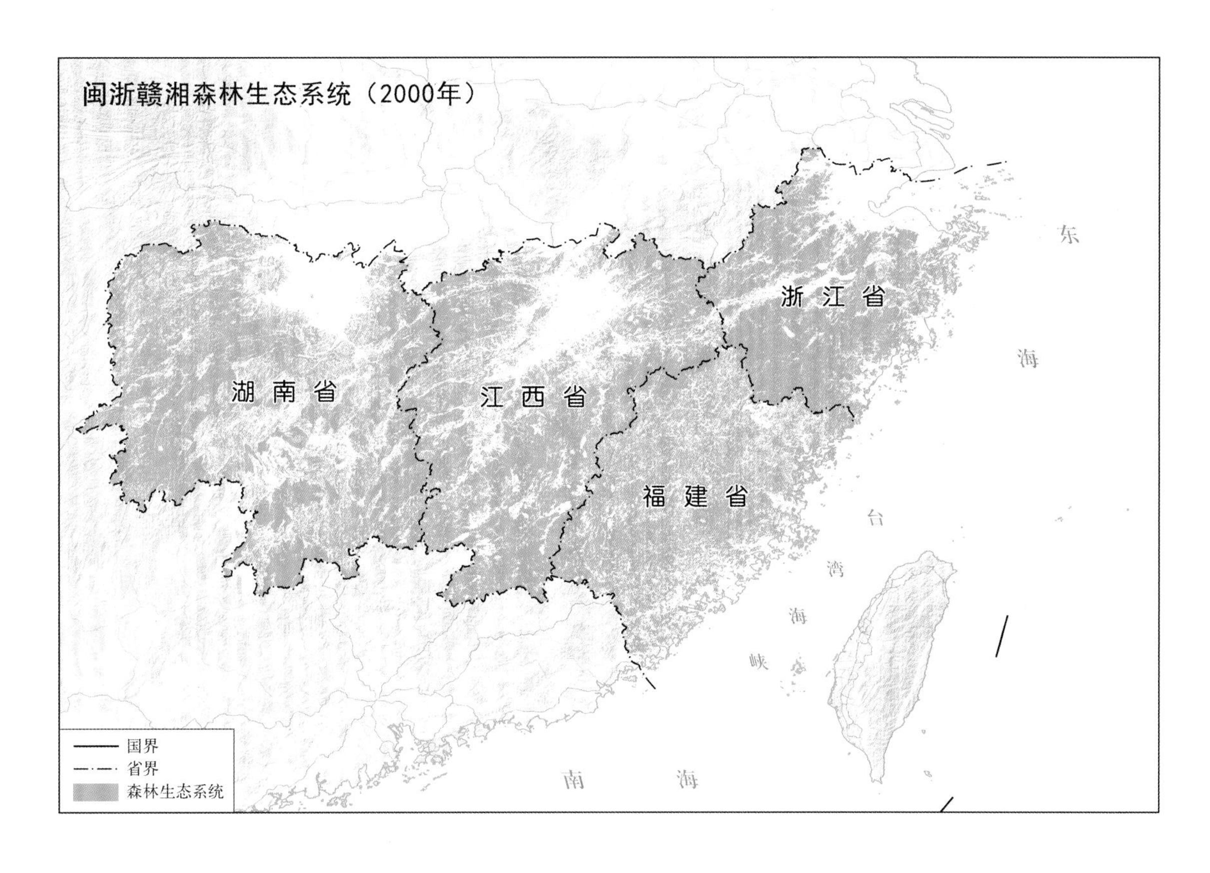
闽浙赣湘森林生态系统（2000年）
浙江省
湖南省
江西省
福建省
东
海
台
湾
海
峡
南
海
国界
省界
森林生态系统

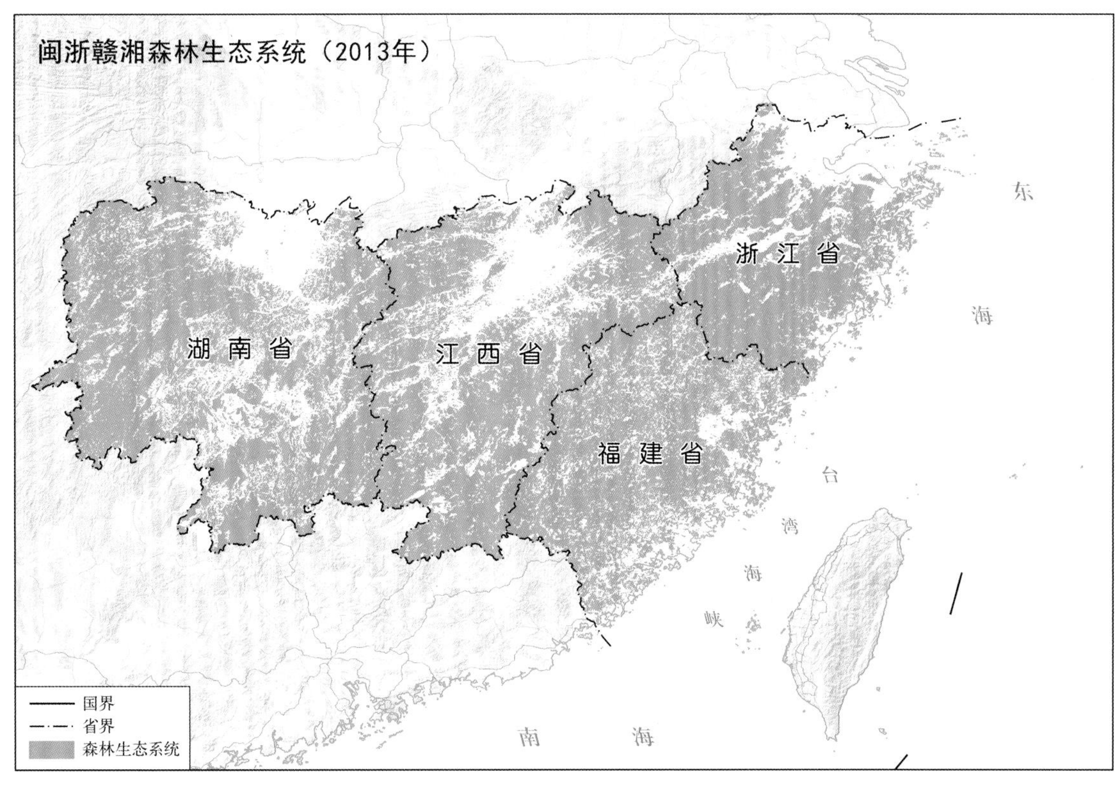
闽浙赣湘森林生态系统（2013年）
浙江省
湖南省
江西省
福建省
东
海
台
湾
海
峡
南
海
国界
省界
森林生态系统

1.2.1 福建省森林生态系统类型空间分布

福建省森林生态系统类型空间分布数据格式为矢量数据，数据时间为1990年、2000年和2013年。

该数据表明，从1990年至2013年，福建省森林生态系统变化较为明显，福州市和宁德市交界区域森林生态系统区域变少，南平市和宁德市交界处北部森林生态系统区域变多。

截至2013年，福建省南平市森林生态系统面积最大，约占全省森林生态系统面积的24%；三明市次之，约占22%；而厦门市森林生态系统最少，仅占全省森林生态系统面积的0.6%。

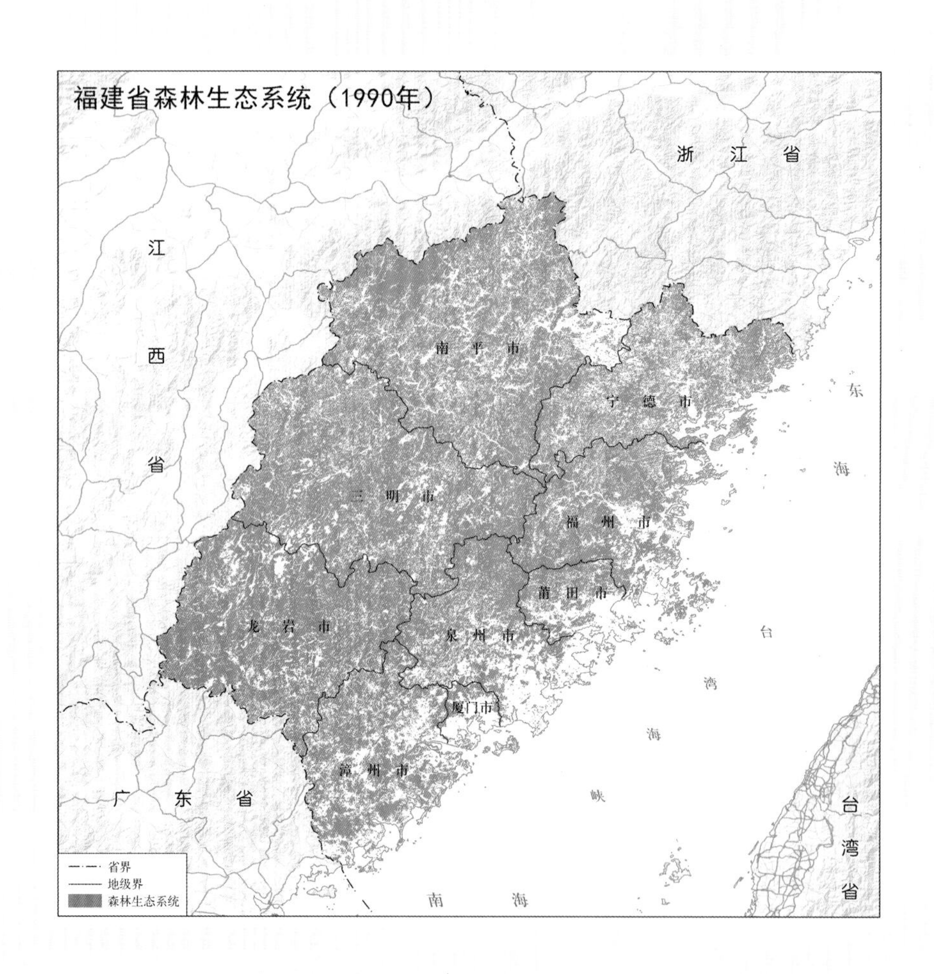

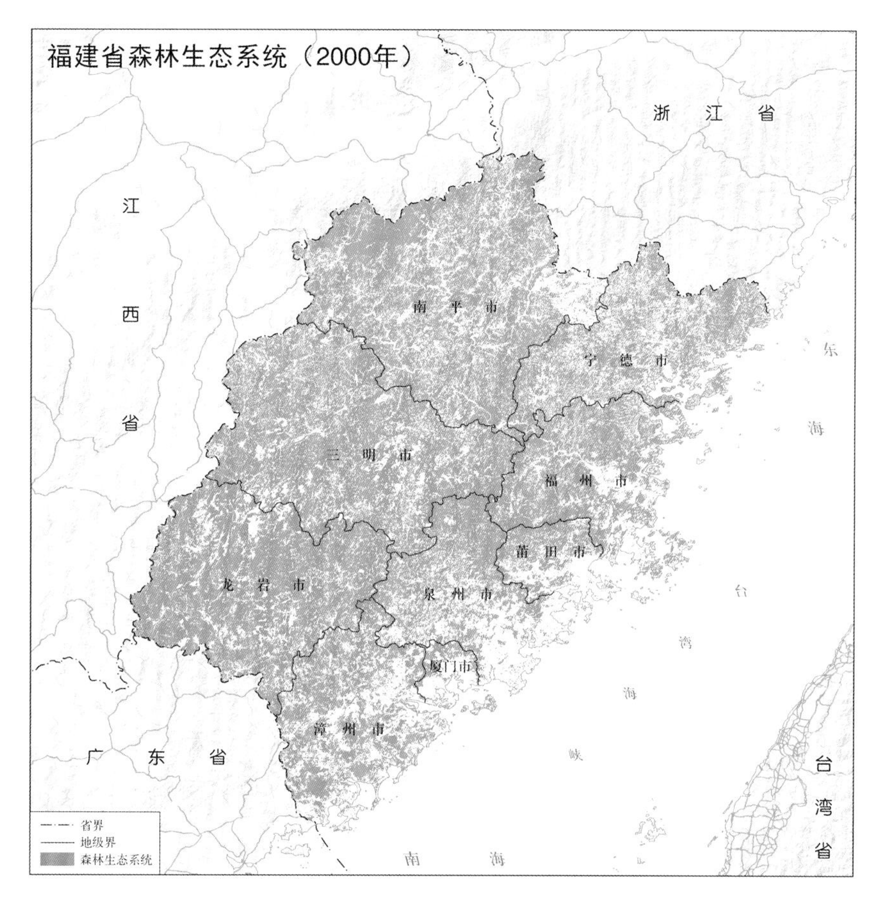
福建省森林生态系统（2000年）
浙　江　省
江
西
省
南 平 市
宁 德 市
三 明 市
福 州 市
莆 田 市
龙 岩 市
泉 州 市
厦门市
漳 州 市
广　东　省
东
海
台
湾
海
峡
台
湾
省
南　海
省界
地级界
森林生态系统

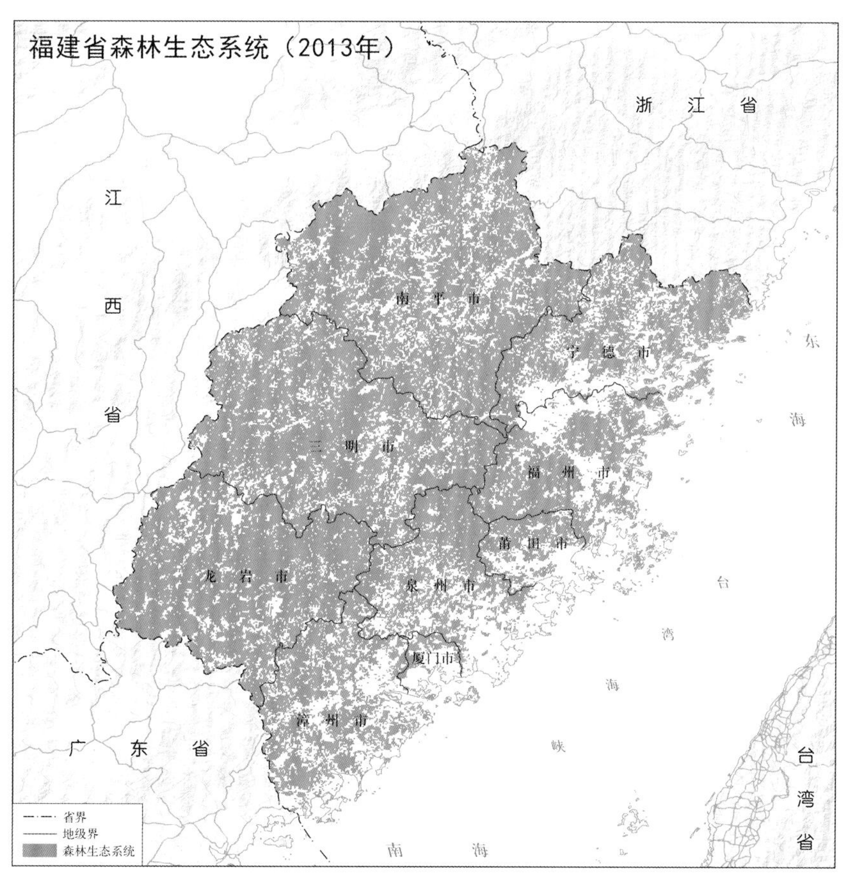
福建省森林生态系统（2013年）
浙　江　省
江
西
省
南 平 市
宁 德 市
三 明 市
福 州 市
莆 田 市
龙 岩 市
泉 州 市
厦门市
漳 州 市
广　东　省
东
海
台
湾
海
峡
台
湾
省
南　海
省界
地级界
森林生态系统

1.2.2 浙江省森林生态系统类型空间分布

浙江省森林生态系统类型空间分布数据格式为矢量数据，数据时间为1990年、2000年和2013年。

该数据表明，从1990年至2013年，浙江省森林生态系统整体范围扩大，但始终未能覆盖到东北部分区域、中部部分区域和东南沿海部分区域。

截至2013年，浙江省丽水市森林生态系统面积最大，约占全省森林生态系统面积的22.5%；杭州市次之，约占18%；而嘉兴市森林生态系统最少，不足全省森林生态系统面积的0.1%，仅占0.04%。

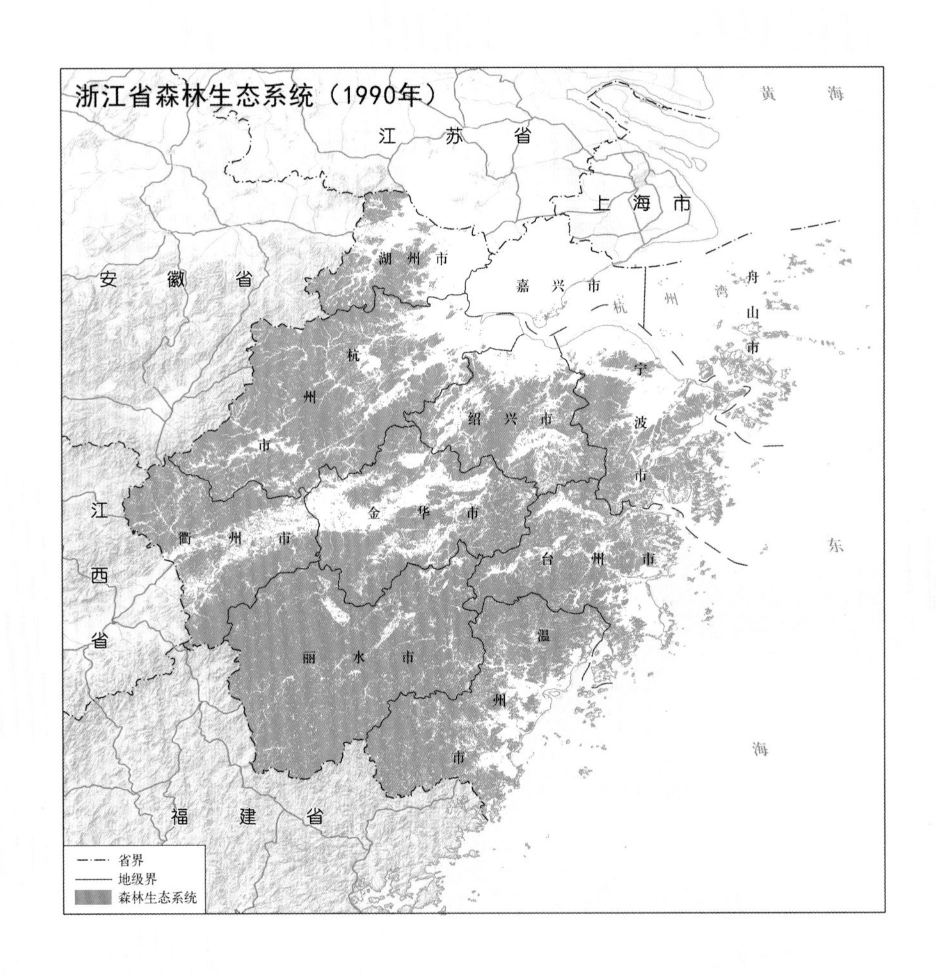

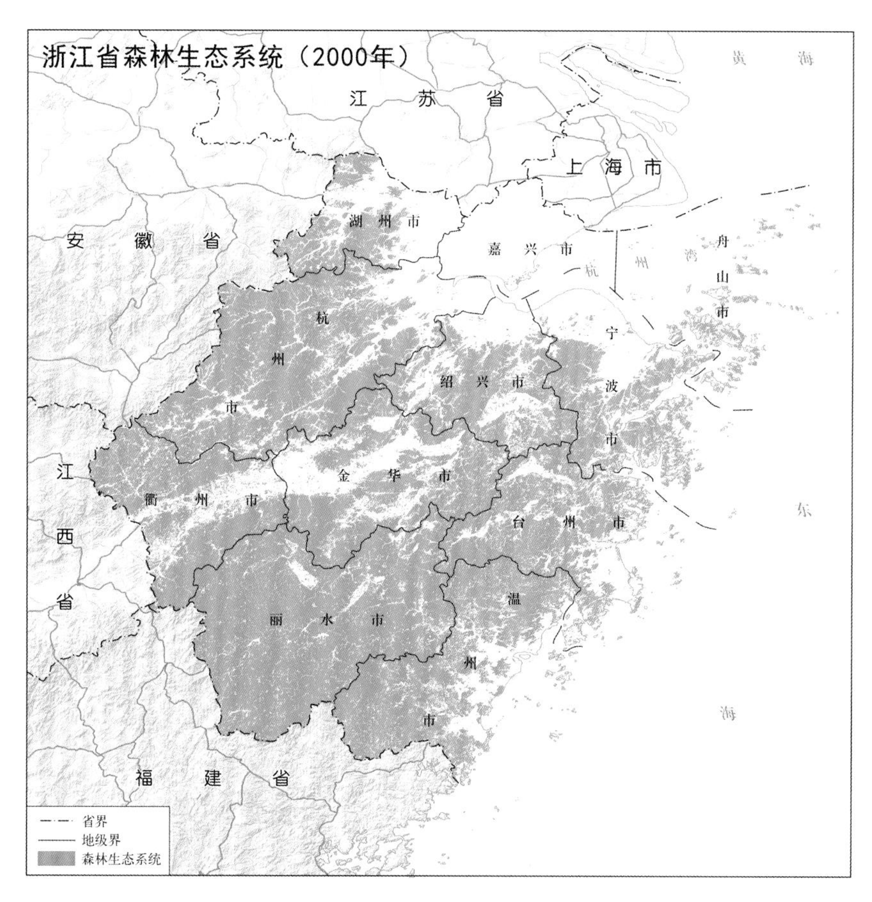
浙江省森林生态系统（2000年）
江　苏　省
上　海　市
黄　海
安　徽　省
湖　州　市
嘉　兴　市
杭　州　湾
舟　山　市
杭　州　市
宁　波　市
绍　兴　市
金　华　市
衢　州　市
台　州　市
江　西　省
丽　水　市
温　州　市
东　海
福　建　省
省界
地级界
森林生态系统

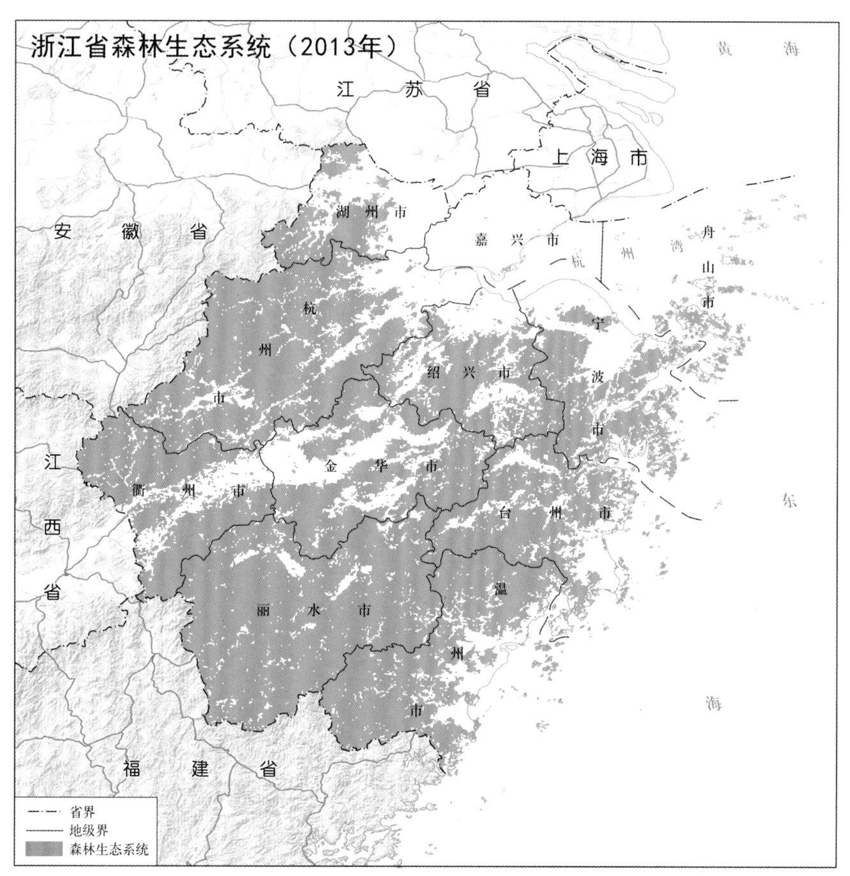
浙江省森林生态系统（2013年）
江　苏　省
上　海　市
黄　海
安　徽　省
湖　州　市
嘉　兴　市
杭　州　湾
舟　山　市
杭　州　市
宁　波　市
绍　兴　市
金　华　市
衢　州　市
台　州　市
江　西　省
丽　水　市
温　州　市
东　海
福　建　省
省界
地级界
森林生态系统

1.2.3 江西省森林生态系统类型空间分布

江西省森林生态系统类型空间分布数据格式为矢量数据，数据时间为1990年、2000年和2013年。

该数据表明，从1990年到2013年，江西省森林生态系统整体范围略微扩大，但始终未能覆盖到中部偏北的部分区域（南昌市的大部分区域、新余市东北部区域、上饶市西部区域以及九江市南部区域）。

截至2013年，江西省赣州市森林生态系统面积最大，约占全省森林生态系统面积的29%；而南昌市和新余市森林生态系统最少，分别占全省森林生态系统面积的1%和1.6%。

江西省森林生态系统（2000年）
安　徽　省
湖　北　省
九　江　市
景德镇市
浙江省
南昌市
上　饶　市
宜　春　市
鹰潭市
湖南省
新余市
萍乡市
抚　州　市
吉　安　市
福建省
赣　州　市
台湾海峡
广　东　省
省界
地级界
森林生态系统

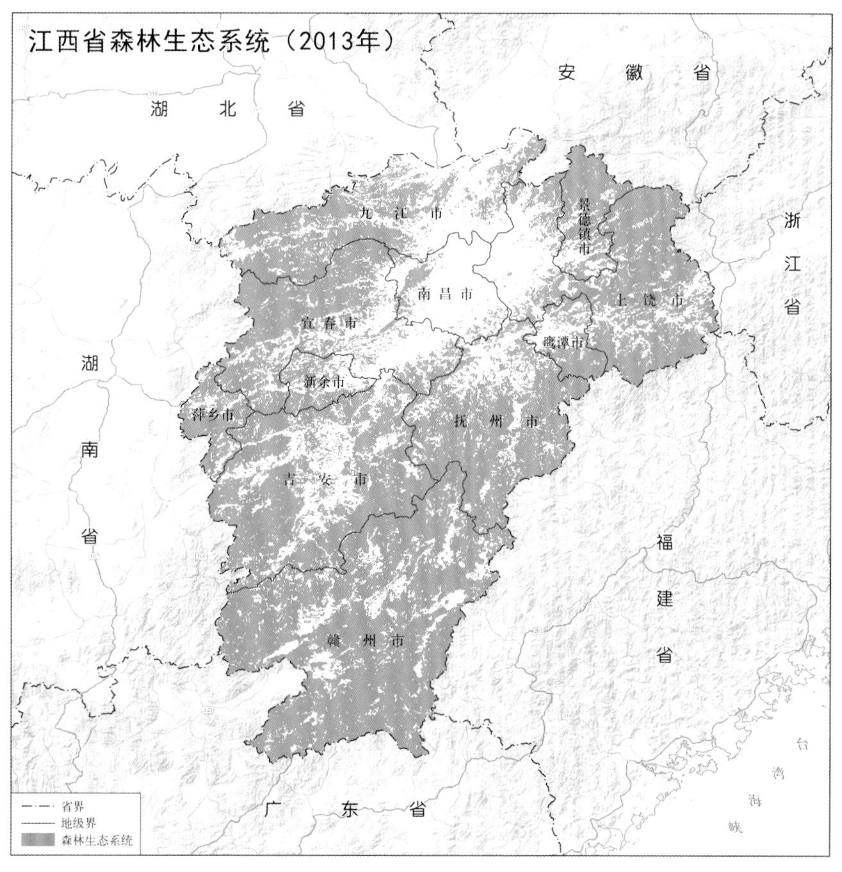
江西省森林生态系统（2013年）
安　徽　省
湖　北　省
九　江　市
景德镇市
浙江省
南昌市
上　饶　市
宜　春　市
鹰潭市
湖南省
新余市
萍乡市
抚　州　市
吉　安　市
福建省
赣　州　市
台湾海峡
广　东　省
省界
地级界
森林生态系统

1.2.4 湖南省森林生态系统类型空间分布

湖南省森林生态系统类型空间分布数据格式为矢量数据，数据时间为1990年、2000年和2013年。

该数据表明，从1990年到2013年，湖南省森林生态系统整体变化不大，但始终未能覆盖到北部部分区域（常德市东部区域、益阳市北部区域和岳阳市西部区域）。

截至2013年，湖南省怀化市森林生态系统面积最大，约占全省森林生态系统面积的16%；郴州市和永州市次之，均占10%；而湘潭市森林生态系统最少，仅占全省森林生态系统面积的2%。

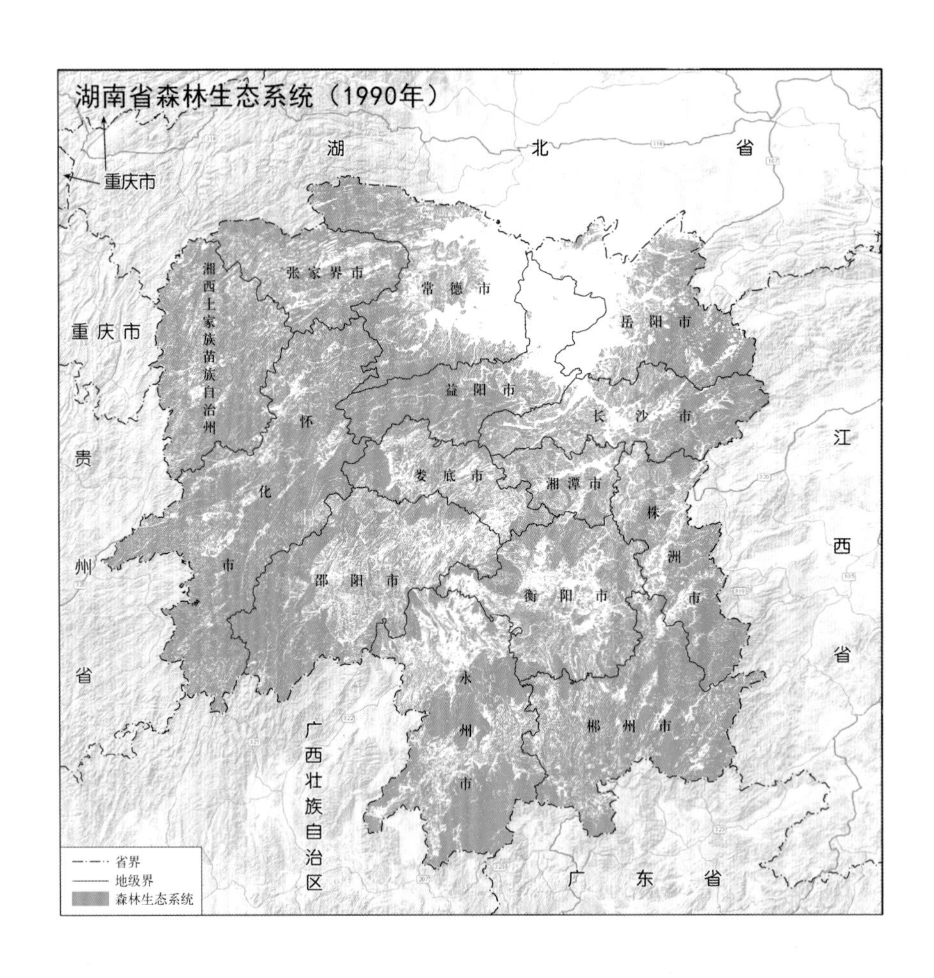

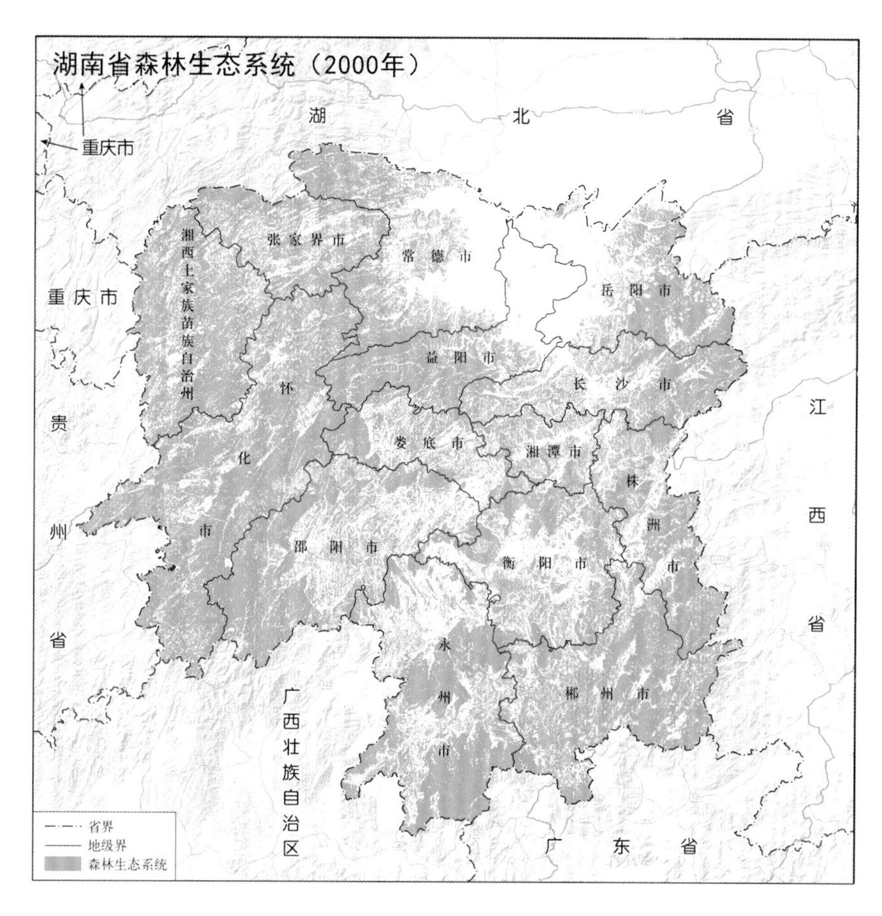
湖南省森林生态系统（2000年）
湖
北
省
重庆市
张家界市
常德市
湘西土家族苗族自治州
重庆市
岳阳市
益阳市
怀
长沙市
江
贵
娄底市
湘潭市
化
林
西
州
市
邵阳市
株
洲
衡阳市
市
省
省
永
州
郴州市
市
广西壮族自治区
广
东
省
省界
地级界
森林生态系统

湖南省森林生态系统（2013年）
湖
北
省
重庆市
张家界市
常德市
湘西土家族苗族自治州
重庆市
岳阳市
益阳市
怀
长沙市
江
贵
娄底市
湘潭市
化
林
西
州
市
邵阳市
株
洲
衡阳市
市
省
省
永
州
郴州市
市
广西壮族自治区
广
东
省
省界
地级界
森林生态系统

13 闽浙赣湘草地生态系统类型空间分布

草地生态系统是指在中纬度地带大陆性半湿润和半干旱气候条件下，由多年生耐旱、耐低温、以禾草占优势的植物群落的总称，指的是以多年生草本植物为主要生产者的陆地生态系统。

闽浙赣湘草地生态系统类型空间分布数据格式为矢量数据，数据时间为 1990 年、2000 年和 2013 年。

该数据表明，从 1990 年至 2013 年，闽浙赣湘四省草地生态系统范围都较小且分布较为分散。其中，福建省森林生态系统面积最大，占四省草地生态系统总面积的 53%；湖南省和江西省森林生态系统范围相近；浙江省相对来说草地生态系统面积最小，仅占四省草地生态系统总面积 4%。

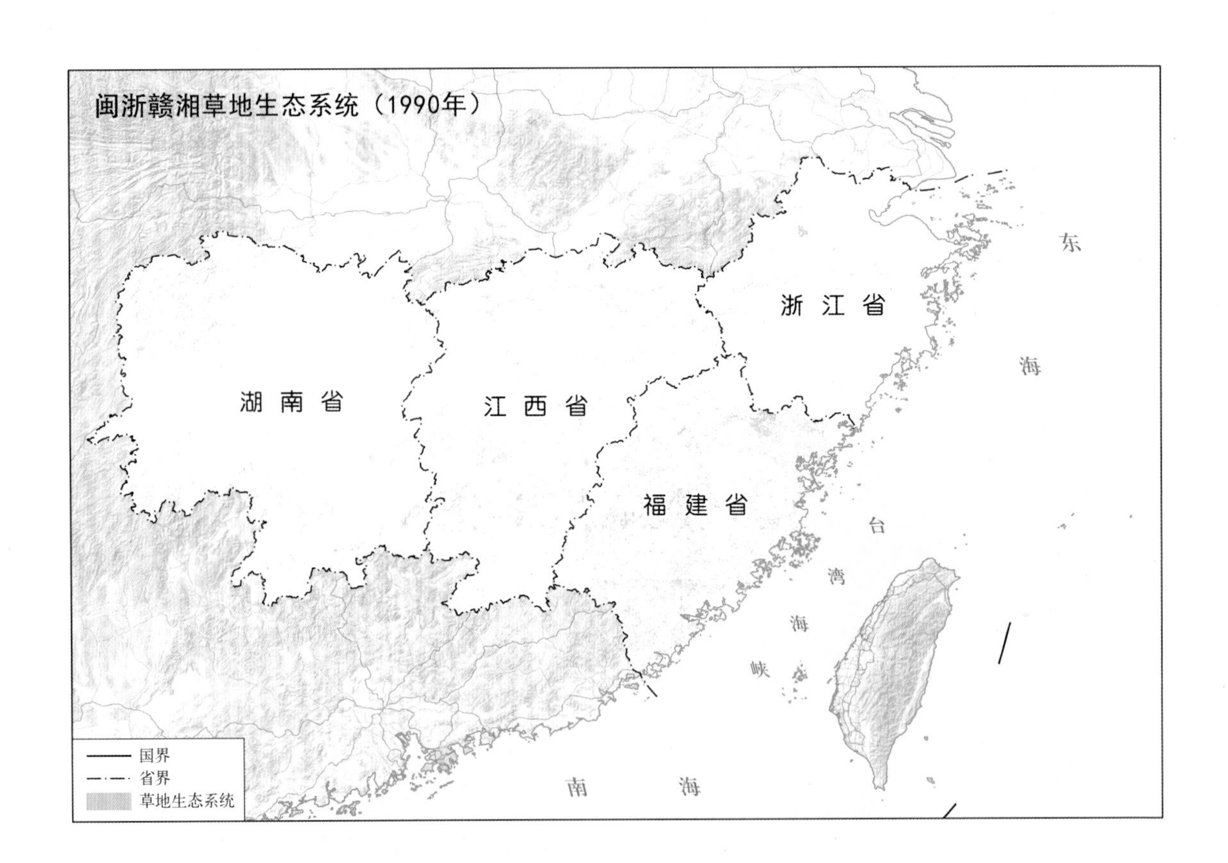

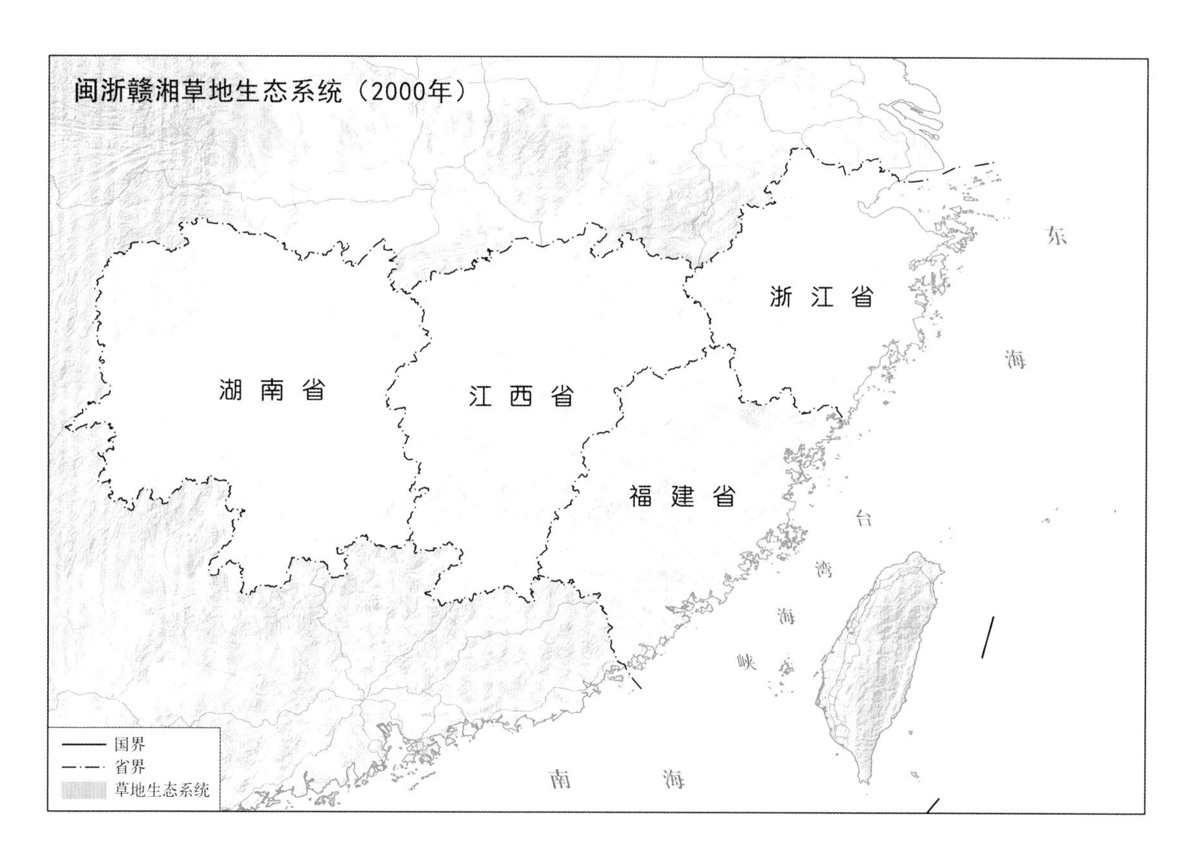
闽浙赣湘草地生态系统（2000年）
浙 江 省
湖 南 省
江 西 省
福 建 省
东
海
台
湾
海
峡
南
海
国界
省界
草地生态系统

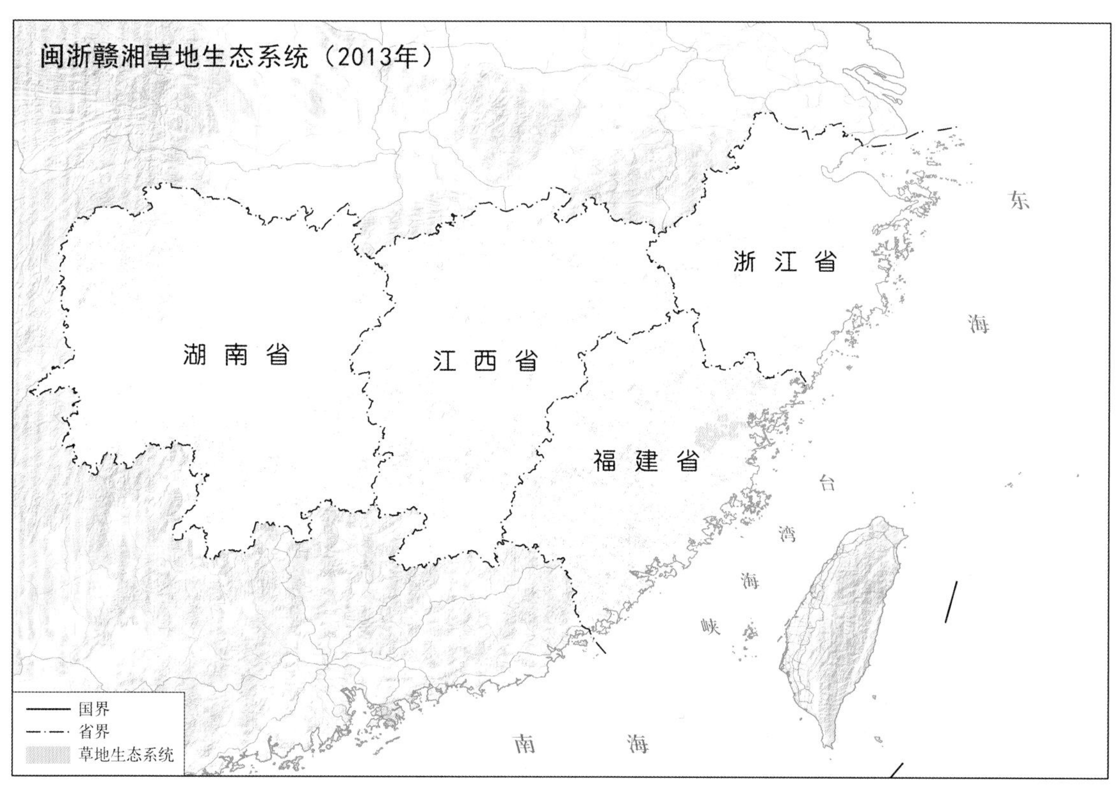
闽浙赣湘草地生态系统（2013年）
浙 江 省
湖 南 省
江 西 省
福 建 省
东
海
台
湾
海
峡
南
海
国界
省界
草地生态系统

1.3.1 福建省草地生态系统类型空间分布

福建省草地生态系统类型空间分布数据格式为矢量数据，数据时间为 1990 年、2000 年和 2013 年。

该数据表明，从 1990 年至 2013 年，福建省草地生态系统整体分布较为分散，较为集中的区域位置从东北边界区域（南平市东部）向东部部分区域（宁德市与福州市交界处）转移。

截至 2013 年，福建省三明市和宁德市草地生态系统面积最大，共占全省草地生态系统面积的 35%；莆田市和厦门市草地分布较少，仅分别占全省草地生态系统面积的 2.6% 和 0.7%。

福建省草地生态系统（2000年）
浙　江　省
江
西
省
南　平　市
宁　德　市
三　明　市
福　州　市
莆　田　市
龙　岩　市
泉　州　市
厦门市
漳　州　市
广　东　省
东
海
台
湾
海
峡
台
湾
省
南　海
省界
地级界
草地生态系统

福建省草地生态系统（2013年）
浙　江　省
江
西
省
南　平　市
宁　德　市
三　明　市
福　州　市
莆　田　市
龙　岩　市
泉　州　市
厦门市
漳　州　市
广　东　省
东
海
台
湾
海
峡
台
湾
省
南　海
省界
地级界
草地生态系统

1.3.2 浙江省草地生态系统类型空间分布

浙江省草地生态系统类型空间分布数据格式为矢量数据，数据时间为1990年、2000年和2013年。

该数据表明，从1990年至2013年，浙江省草地生态系统整体一直较为稀少，且范围面积还在逐年减少，到2013年草地生态系统分布更为分散。

截至2013年，浙江省杭州市草地生态系统面积最大，约占全省草地生态系统面积的20%；衢州市次之，约占18%；而嘉兴市和舟山市几乎没有草地生态系统分布。

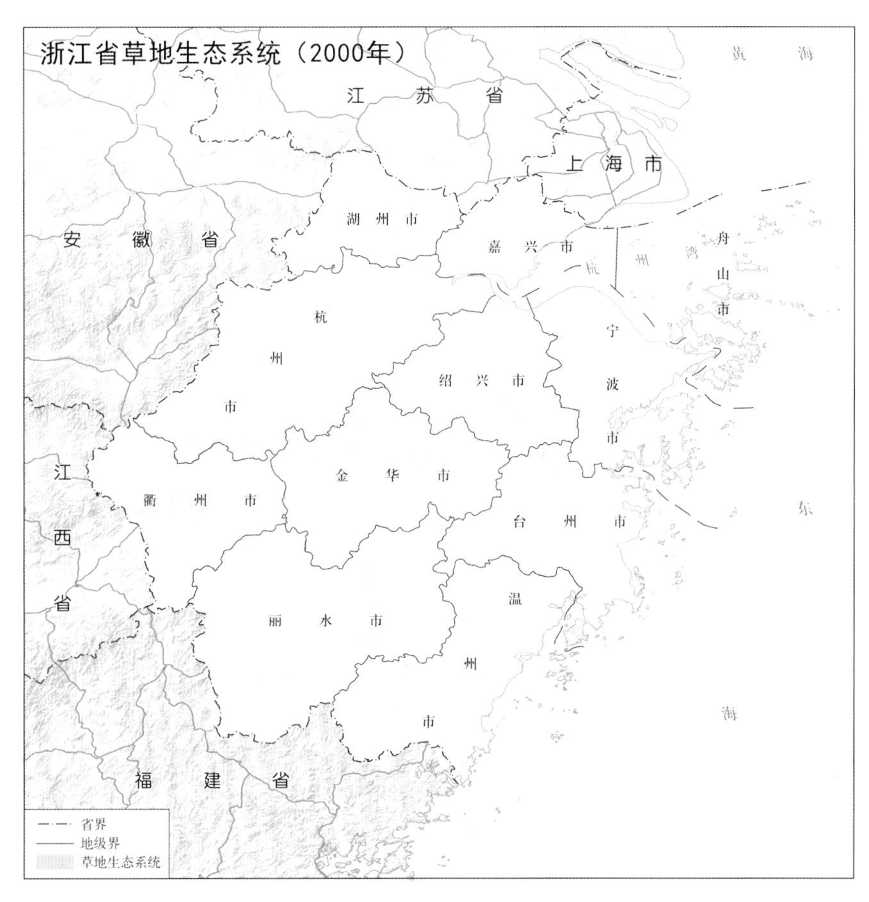
浙江省草地生态系统（2000年）
黄　海
江　苏　省
上　海　市
湖　州　市
安　徽　省
嘉　兴　市
杭　州　湾
舟　山　市
杭　州　市
绍　兴　市
宁　波　市
江　西　省
衢　州　市
金　华　市
台　州　市
东
丽　水　市
温　州　市
海
福　建　省
省界
地级界
草地生态系统

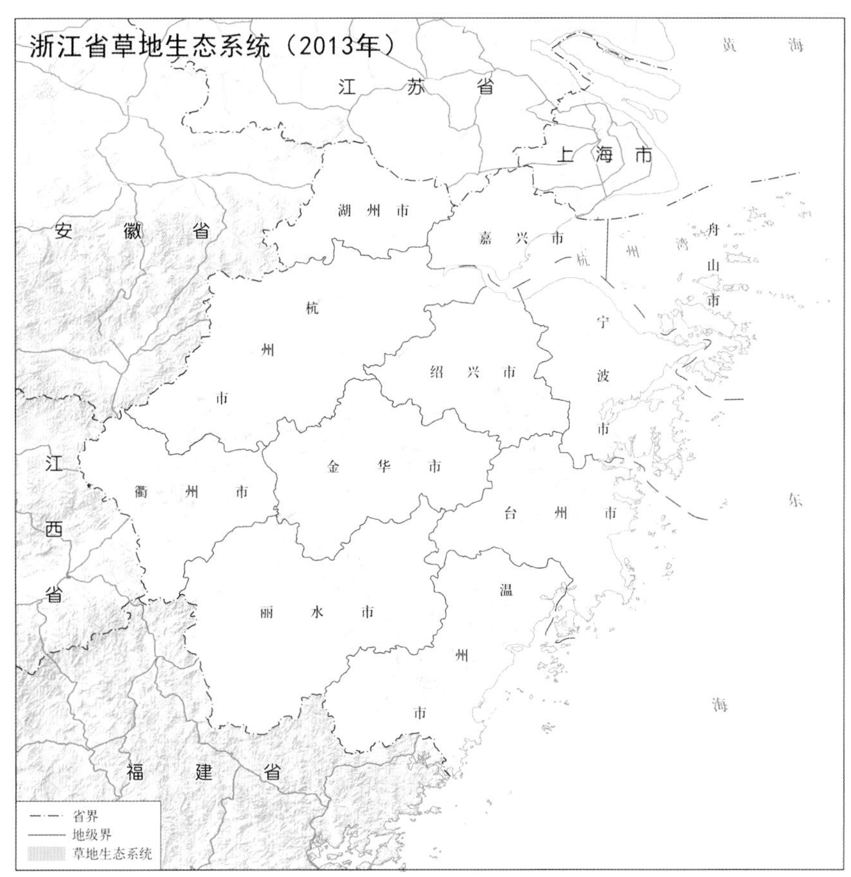
浙江省草地生态系统（2013年）
黄　海
江　苏　省
上　海　市
湖　州　市
安　徽　省
嘉　兴　市
杭　州　湾
舟　山　市
杭　州　市
绍　兴　市
宁　波　市
江　西　省
衢　州　市
金　华　市
台　州　市
东
丽　水　市
温　州　市
海
福　建　省
省界
地级界
草地生态系统

1.3.3 江西省草地生态系统类型空间分布

江西省草地生态系统类型空间分布数据格式为矢量数据，数据时间为1990年、2000年和2013年。

该数据表明，从1990年到2013年，江西省草地生态系统整体分布比较分散，且分布面积较小，分布格局年变化不大。

截至2013年，江西省赣州市草地生态系统面积最大，约占全省草地生态系统面积的34%；吉安市次之，约占22%；而新余市和萍乡市草地生态系统面积较少，其草地生态系统面积之和仅占全省草地生态系统面积的1%。

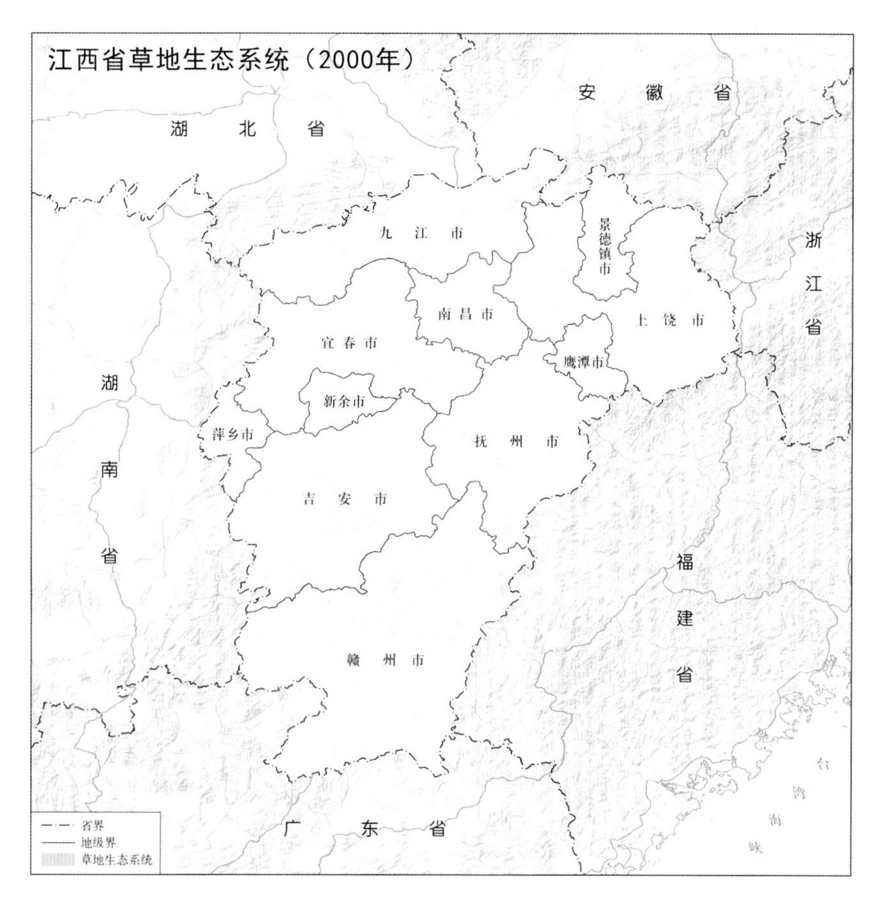
江西省草地生态系统（2000年）
安　徽　省
湖　北　省
景德镇市
九　江　市
浙江省
南昌市
上　饶　市
宜　春　市
鹰潭市
湖南省
新余市
萍乡市
抚　州　市
吉　安　市
福建省
赣　州　市
台湾海峡
广　东　省
省界
地级界
草地生态系统

江西省草地生态系统（2013年）
安　徽　省
湖　北　省
景德镇市
九　江　市
浙江省
南昌市
上　饶　市
宜　春　市
鹰潭市
湖南省
新余市
萍乡市
抚　州　市
吉　安　市
福建省
赣　州　市
台湾海峡
广　东　省
省界
地级界
草地生态系统

1.3.4　湖南省草地生态系统类型空间分布

湖南省草地生态系统类型空间分布数据格式为矢量数据，数据时间为 1990 年、2000 年和 2013 年。

该数据表明，从 1990 年到 2013 年，湖南省同样草地生态系统整体范围较为分散，且分布格局年变化不大，位于湖南省西北部的张家界市和湘西土家族苗族自治州草地生态系统分布相对较多。

截至 2013 年，湖南省湘西自治州草地生态系统面积最大，约占全省草地生态系统面积的 22%；张家界市次之，约占 16%；而湘潭市、益阳市和娄底市草地生态系统面积较少，均低于全省草地生态系统面积的 1%。

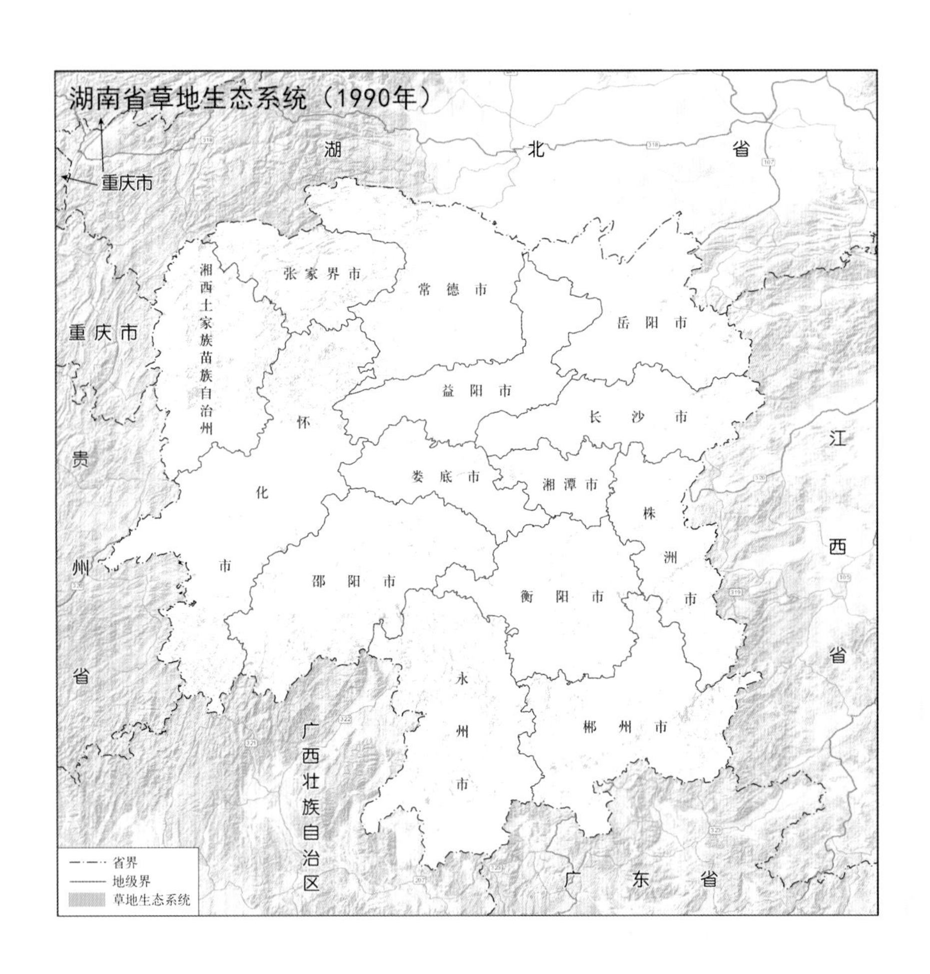

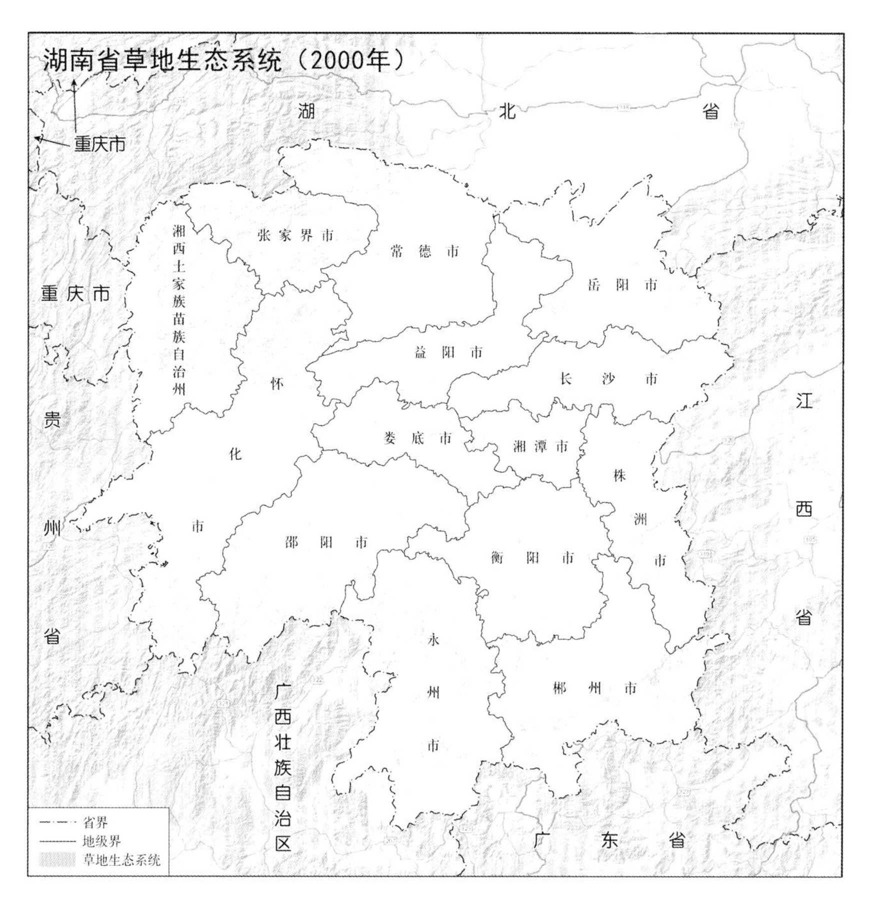
湖南省草地生态系统（2000年）
湖 北 省
重庆市
重庆市
贵州省
江西省
广西壮族自治区
广东省
张家界市
常德市
岳阳市
湘西土家族苗族自治州
益阳市
长沙市
怀化市
娄底市
湘潭市
株洲市
邵阳市
衡阳市
永州市
郴州市
省界
地级界
草地生态系统

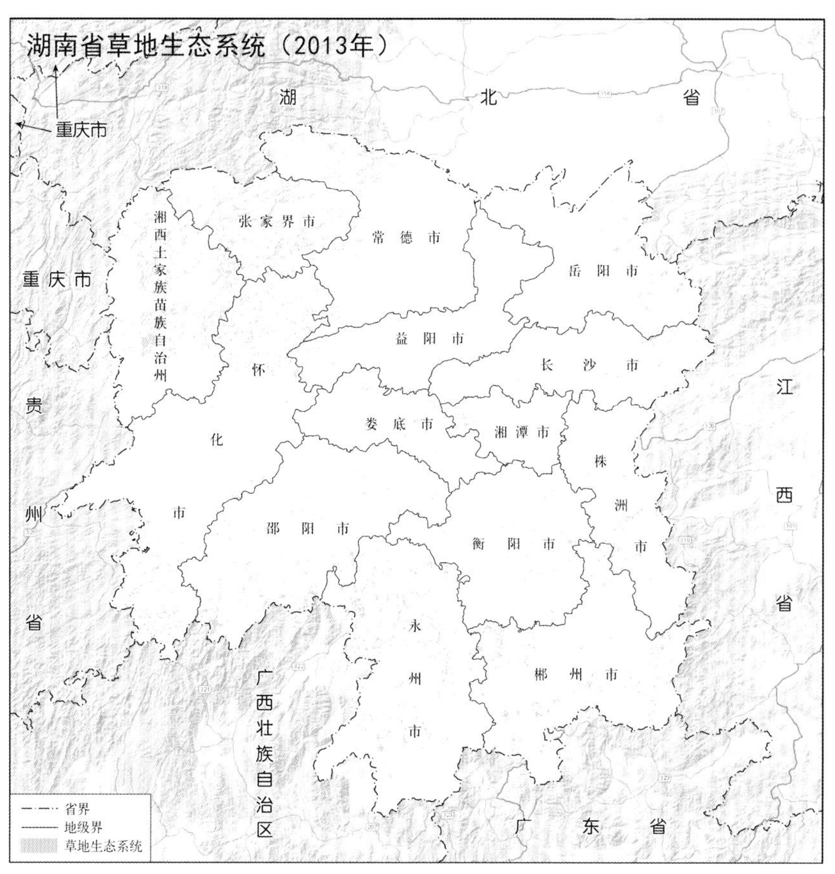
湖南省草地生态系统（2013年）
湖 北 省
重庆市
重庆市
贵州省
江西省
广西壮族自治区
广东省
张家界市
常德市
岳阳市
湘西土家族苗族自治州
益阳市
长沙市
怀化市
娄底市
湘潭市
株洲市
邵阳市
衡阳市
永州市
郴州市
省界
地级界
草地生态系统

14 闽浙赣湘农田生态系统类型空间分布

农田生态系统是为人类提供食物及化工原料等种植农作物的半人工生态系统。

闽浙赣湘农田生态系统类型空间分布数据格式为矢量数据，数据时间为 1990 年、2000 年和 2013 年。

该数据表明，从 1990 年到 2013 年，闽浙赣湘四省均有农田生态系统，且各省分布呈一定程度的聚集式，总体分布格局年变化不大。其中，湖南省农田生态系统面积最大，占四省农田生态系统总面积的 40%；江西省次之，占 30%；福建省相对来说农田生态系统面积最小，仅占四省农田生态系统总面积 12%。

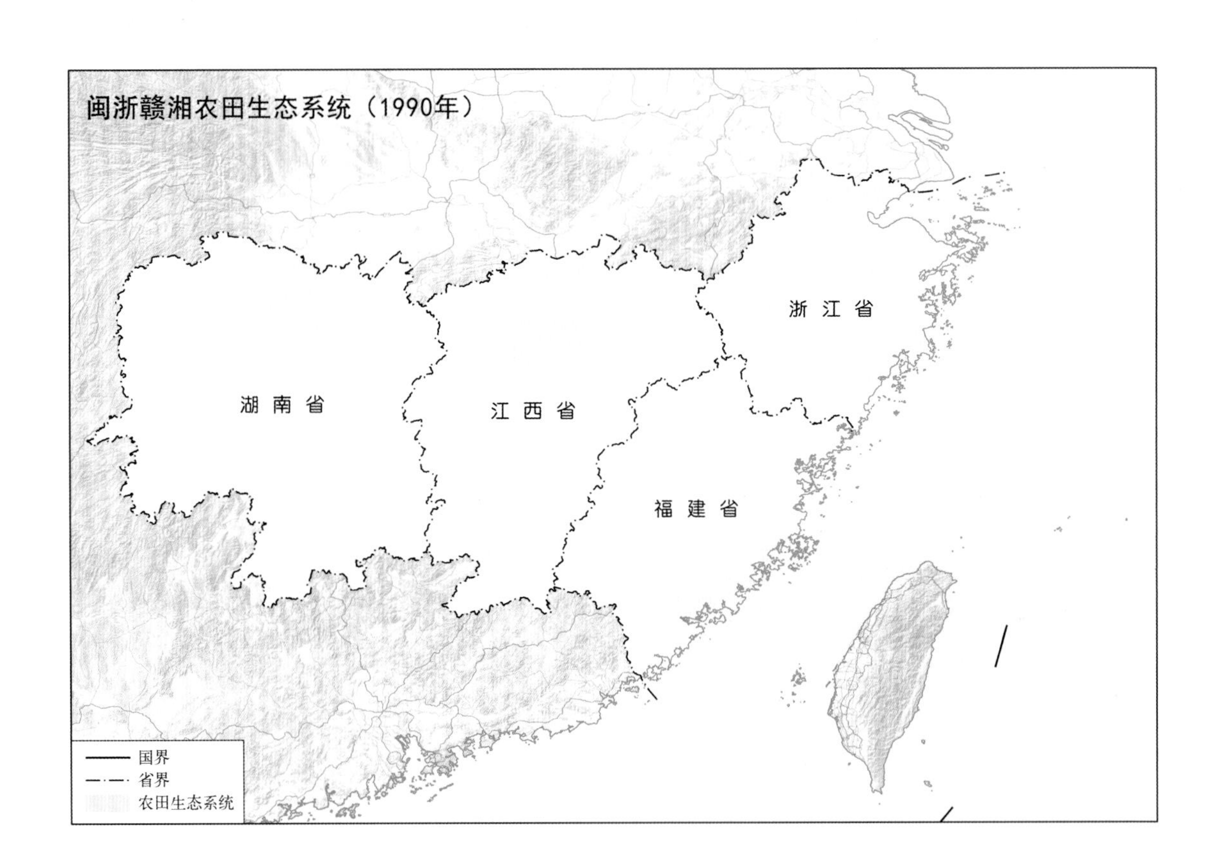

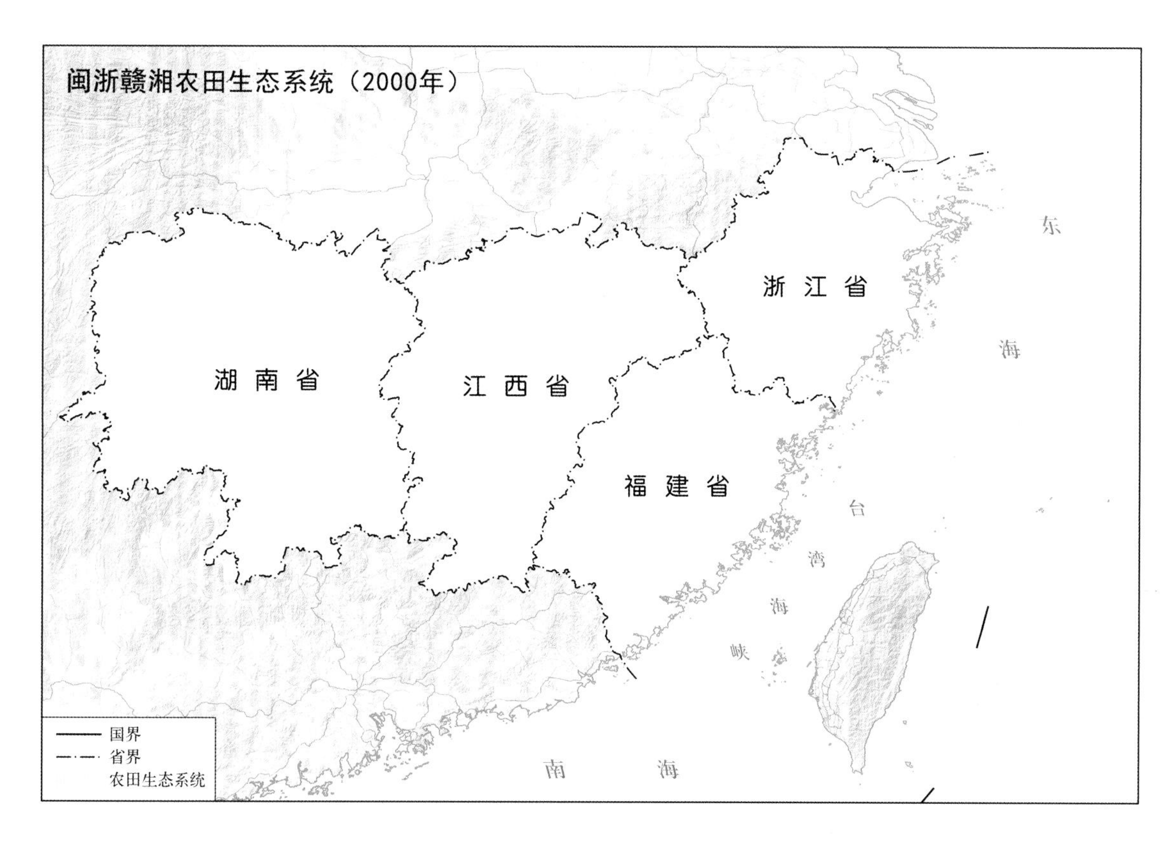
闽浙赣湘农田生态系统（2000年）
湖 南 省
江 西 省
浙 江 省
福 建 省
东
海
台
湾
海
峡
南
海
国界
省界
农田生态系统

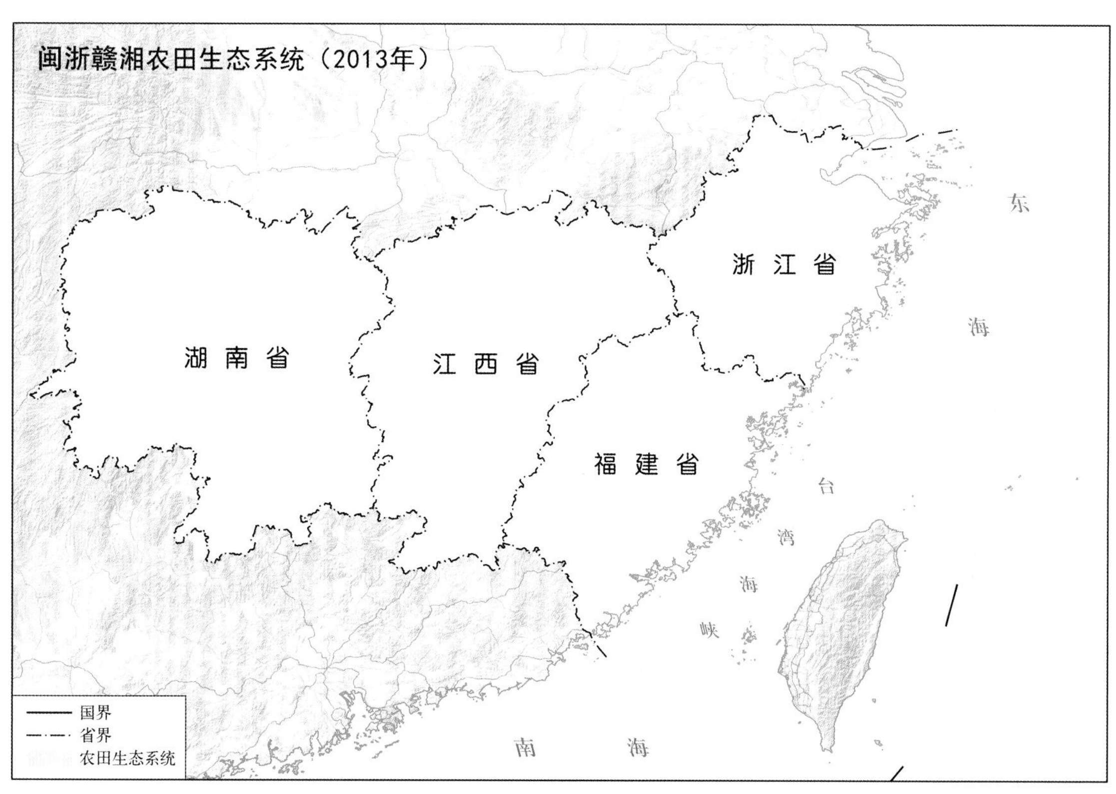
闽浙赣湘农田生态系统（2013年）
湖 南 省
江 西 省
浙 江 省
福 建 省
东
海
台
湾
海
峡
南
海
国界
省界
农田生态系统

1.4.1 福建省农田生态系统类型空间分布

福建省农田生态系统类型空间分布数据格式为矢量数据，数据时间为1990年、2000年和2013年。

该数据表明，福建省农田生态系统整体分布较为分散，在东南沿海区域分布较广，从1990年至2013年，农田生态系统分布范围有所减少。

截至2013年，福建省南平市农田生态系统面积最大，约占全省农田生态系统面积的23%；漳州市次之，约占15%；而厦门市和萍乡莆田市农田生态系统面积较少，分别占全省农田生态系统面积的3%和4%。

福建省农田生态系统（2000年）
浙江省
江西省
南平市
宁德市
东海
三明市
福州市
莆田市
龙岩市
泉州市
台湾海峡
厦门市
漳州市
广东省
台湾省
南海
省界
地级界
农田生态系统

福建省农田生态系统（2013年）
浙江省
江西省
南平市
宁德市
东海
三明市
福州市
莆田市
龙岩市
泉州市
台湾海峡
厦门市
漳州市
广东省
台湾省
南海
省界
地级界
农田生态系统

1.4.2 浙江省农田生态系统类型空间分布

浙江省农田生态系统类型空间分布数据格式为矢量数据，数据时间为1990年、2000年和2013年。

该数据表明，浙江省农田生态系统在东南沿海区域、中部地区和北部地区分布较广，从1990年至2013年，分布格局变化不大，整体分布范围有了一定的减少。

截至2013年，浙江省嘉兴市农田生态系统面积最大，约占全省农田生态系统面积的14%；金华市次之，约占12.5%；而舟山市农田生态系统面积较少，仅占全省农田生态系统面积的1.7%。

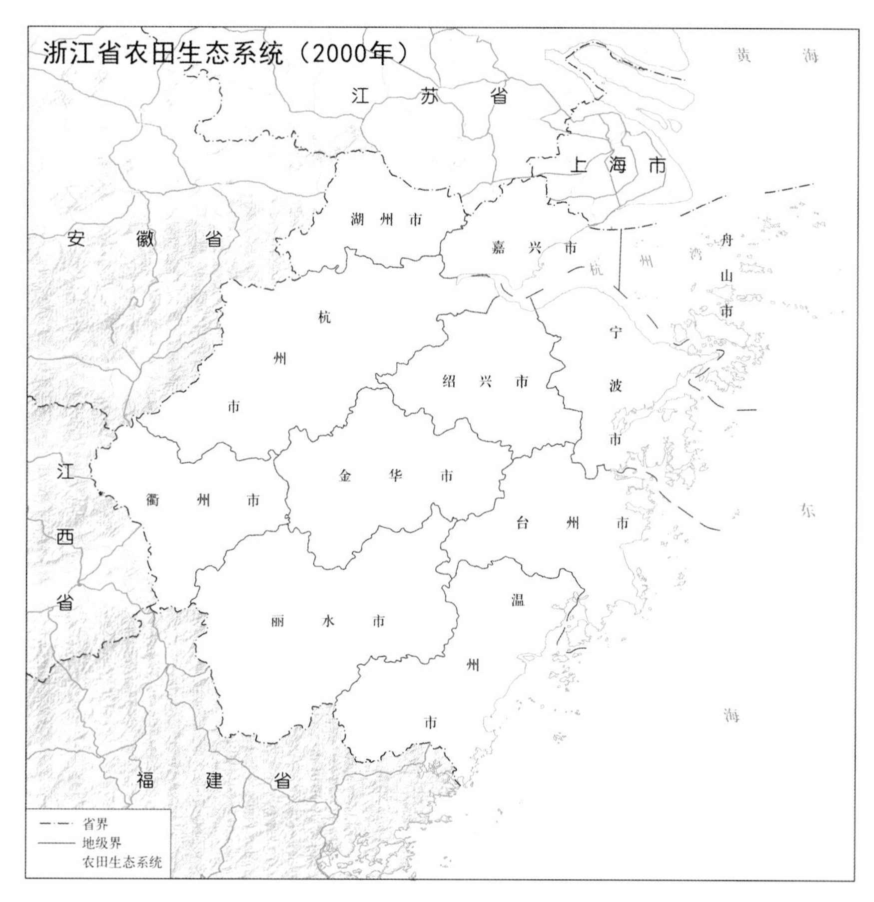
浙江省农田生态系统（2000年）
江　苏　省
上　海　市
黄　海
安　徽　省
湖　州　市
嘉　兴　市
杭
州
湾
舟
山
市
杭
州
市
宁
波
市
绍　兴　市
江
西
省
衢　州　市
金　华　市
台　州　市
东
丽　水　市
温
州
市
海
福　建　省
省界
地级界
农田生态系统

浙江省农田生态系统（2013年）
江　苏　省
上　海　市
黄　海
安　徽　省
湖　州　市
嘉　兴　市
杭
州
湾
舟
山
市
杭
州
市
宁
波
市
绍　兴　市
江
西
省
衢　州　市
金　华　市
台　州　市
东
丽　水　市
温
州
市
海
福　建　省
省界
地级界
农田生态系统

1.4.3 江西省农田生态系统类型空间分布

江西省农田生态系统类型空间分布数据格式为矢量数据，数据时间为1990年、2000年和2013年。

该数据表明，从1990年到2013年，江西省农田生态系统分布较广，在以南昌市为中心的偏北中部地区较为集中，分布格局年变化不大。

截至2013年，江西省宜春市、吉安市和上饶市农田生态系统面积最大，均占全省农田生态系统面积的15%；而萍乡市农田生态系统面积较少，仅占全省农田生态系统面积的1.8%。

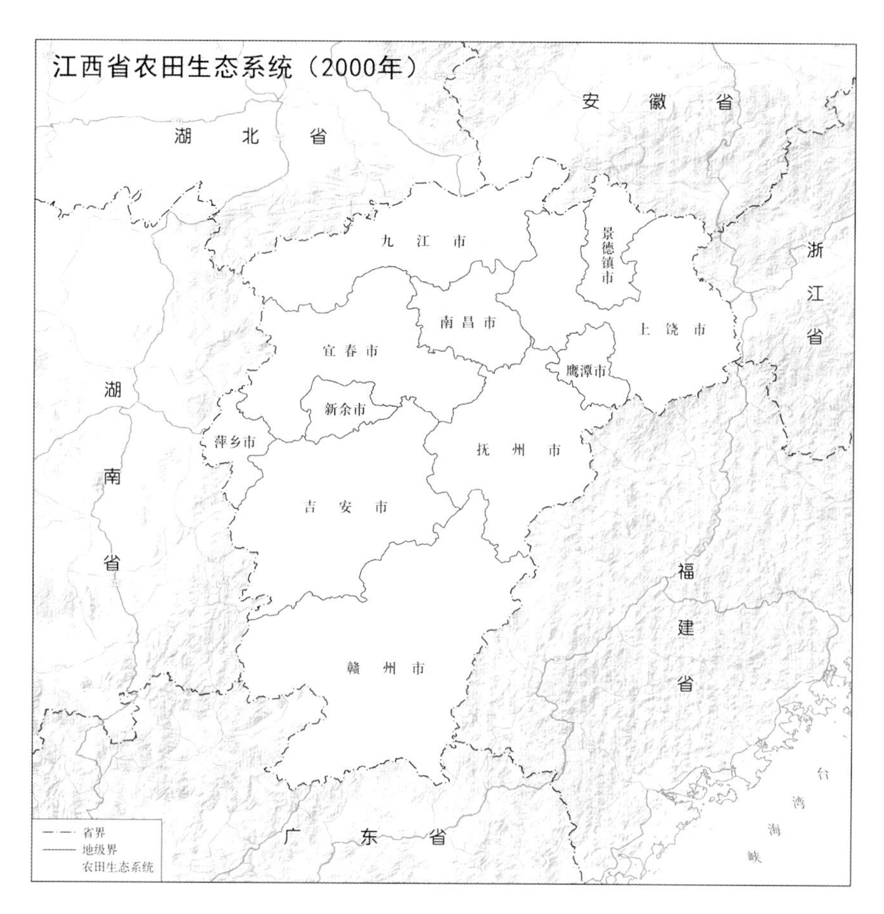
江西省农田生态系统（2000年）
安　徽　省
湖　北　省
九　江　市
景德镇市
浙江省
南昌市
上　饶　市
宜春市
鹰潭市
湖南省
新余市
萍乡市
抚　州　市
吉　安　市
福建省
赣　州　市
台湾海峡
广　东　省
省界
地级界
农田生态系统

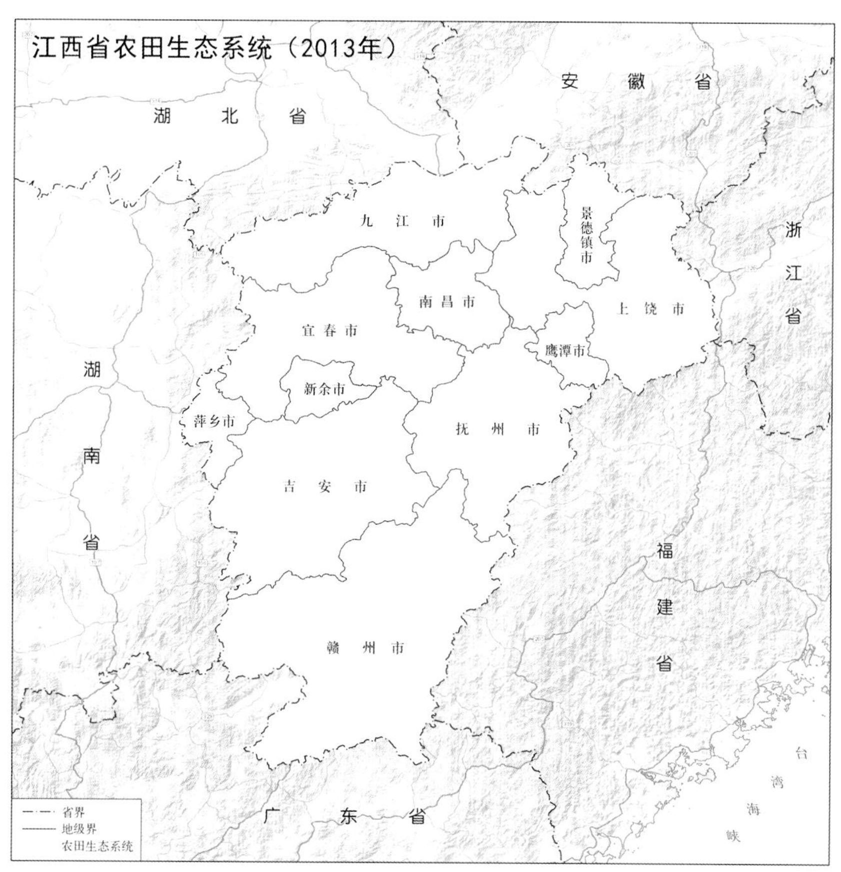
江西省农田生态系统（2013年）
安　徽　省
湖　北　省
九　江　市
景德镇市
浙江省
南昌市
上　饶　市
宜春市
鹰潭市
湖南省
新余市
萍乡市
抚　州　市
吉　安　市
福建省
赣　州　市
台湾海峡
广　东　省
省界
地级界
农田生态系统

1.4.4 湖南省农田生态系统类型空间分布

湖南省农田生态系统类型空间分布数据格式为矢量数据，数据时间为1990年、2000年和2013年。

该数据表明，从1990年到2013年，湖南省农田生态系统分布范围较大，在中部和中北部区域分布较为集中，分布格局年变化不大。

截至2013年，湖南省常德市农田生态系统面积最大，占全省农田生态系统面积的14%；永州市次之，占12%；而张家界市和湘西自治州农田生态系统面积较少，仅占全省农田生态系统面积的2.7%。

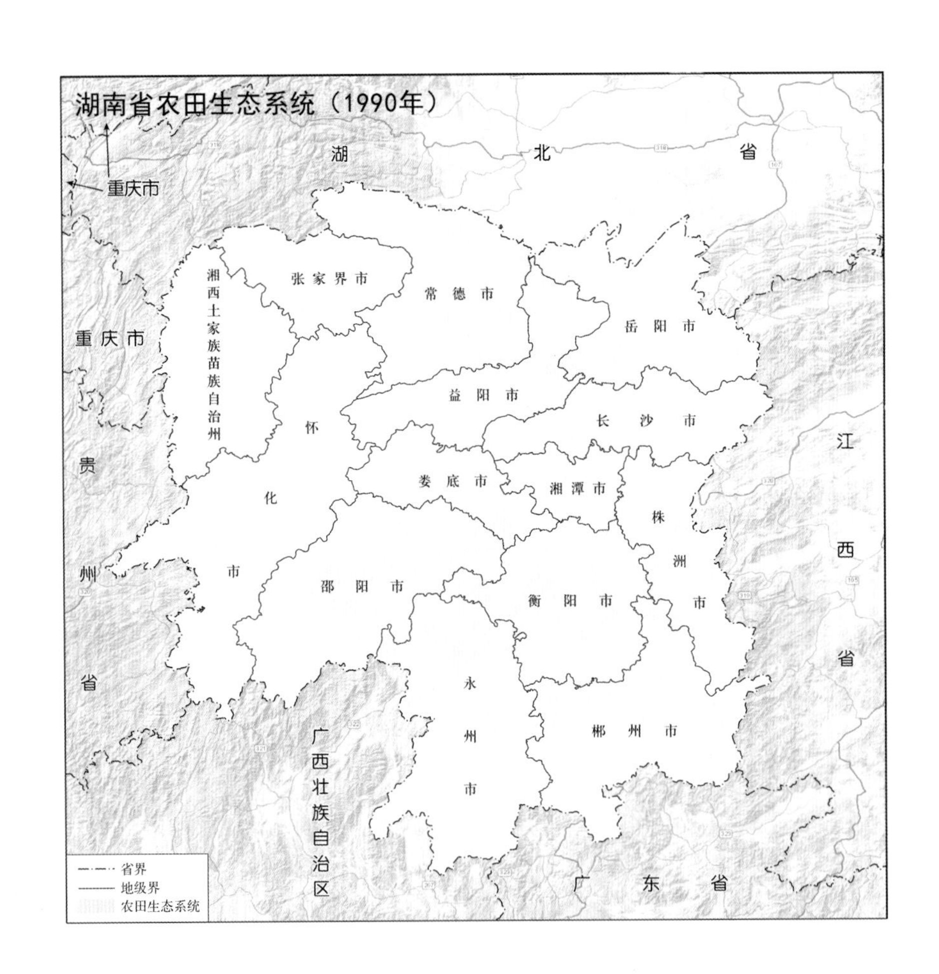

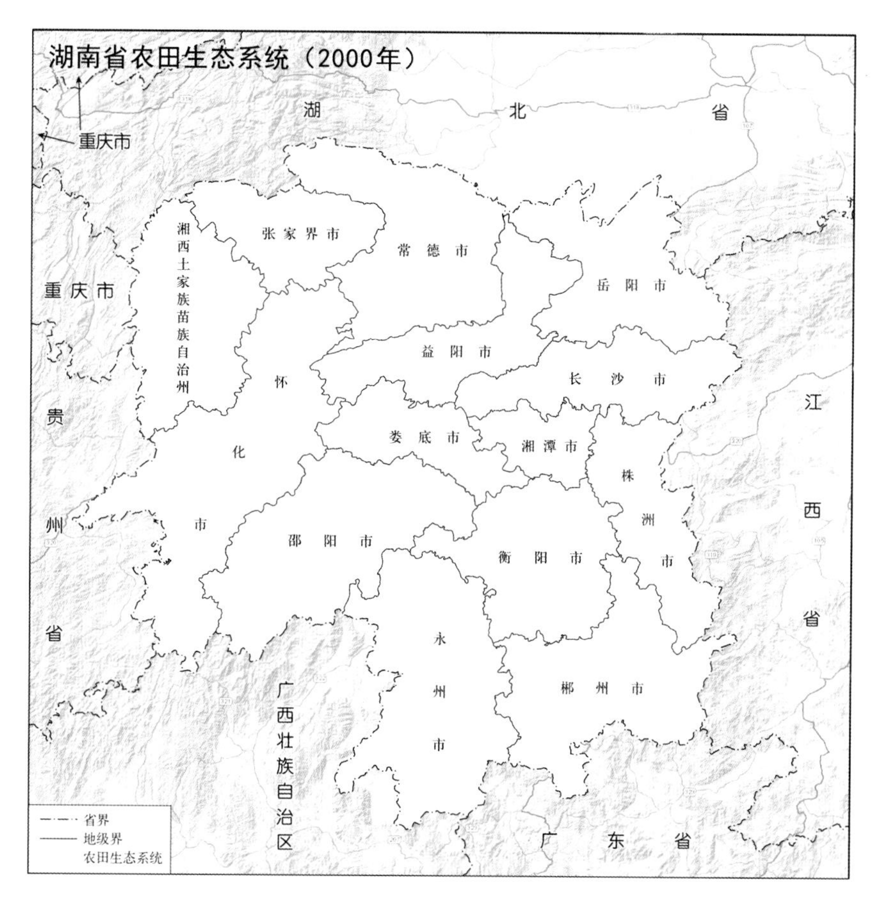
湖南省农田生态系统（2000年）
湖
北
省
重庆市
重庆市
贵
州
省
湘西土家族苗族自治州
张家界市
常德市
岳阳市
益阳市
长沙市
怀化市
娄底市
湘潭市
株洲市
邵阳市
衡阳市
永州市
郴州市
江
西
省
广西壮族自治区
广东省
省界
地级界
农田生态系统

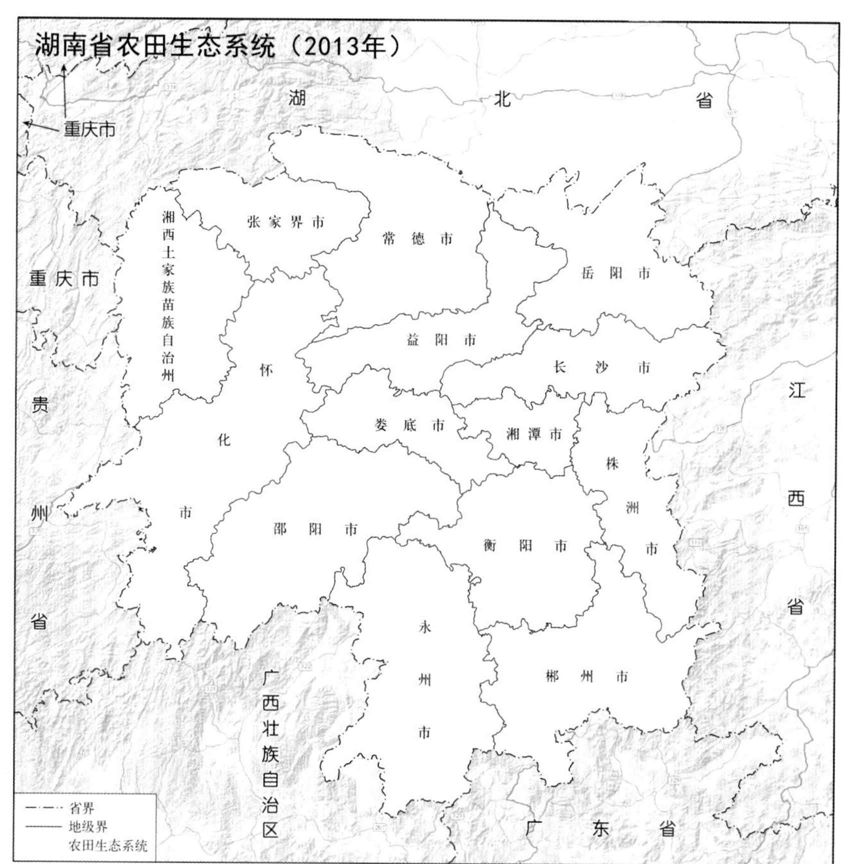
湖南省农田生态系统（2013年）
湖
北
省
重庆市
重庆市
贵
州
省
湘西土家族苗族自治州
张家界市
常德市
岳阳市
益阳市
长沙市
怀化市
娄底市
湘潭市
株洲市
邵阳市
衡阳市
永州市
郴州市
江
西
省
广西壮族自治区
广东省
省界
地级界
农田生态系统

15 闽浙赣湘水体与湿地生态系统类型空间分布

水体与湿地生态系统指海滨之外的永久水体以及生态条件和利用状况受永久性、季节性或间断性洪水控制的区域。

闽浙赣湘水体与湿地生态系统类型空间分布数据格式为矢量数据，数据时间为 1990 年、2000 年和 2013 年。

该数据表明，从 1990 年到 2013 年，闽浙赣湘四省水体与湿地生态系统各省都有，且各省分布以主要湖泊为主呈聚集模式，总体分布格局年变化不大，分布范围有一定减少。截至 2013 年，湖南省与江西省水体与湿地生态系统面积相似且最大，均占四省水体与湿地生态系统总面积的 40%；浙江省次之，占 13%；福建省水体与湿地生态系统面积最小，仅占四省总面积的 7%。

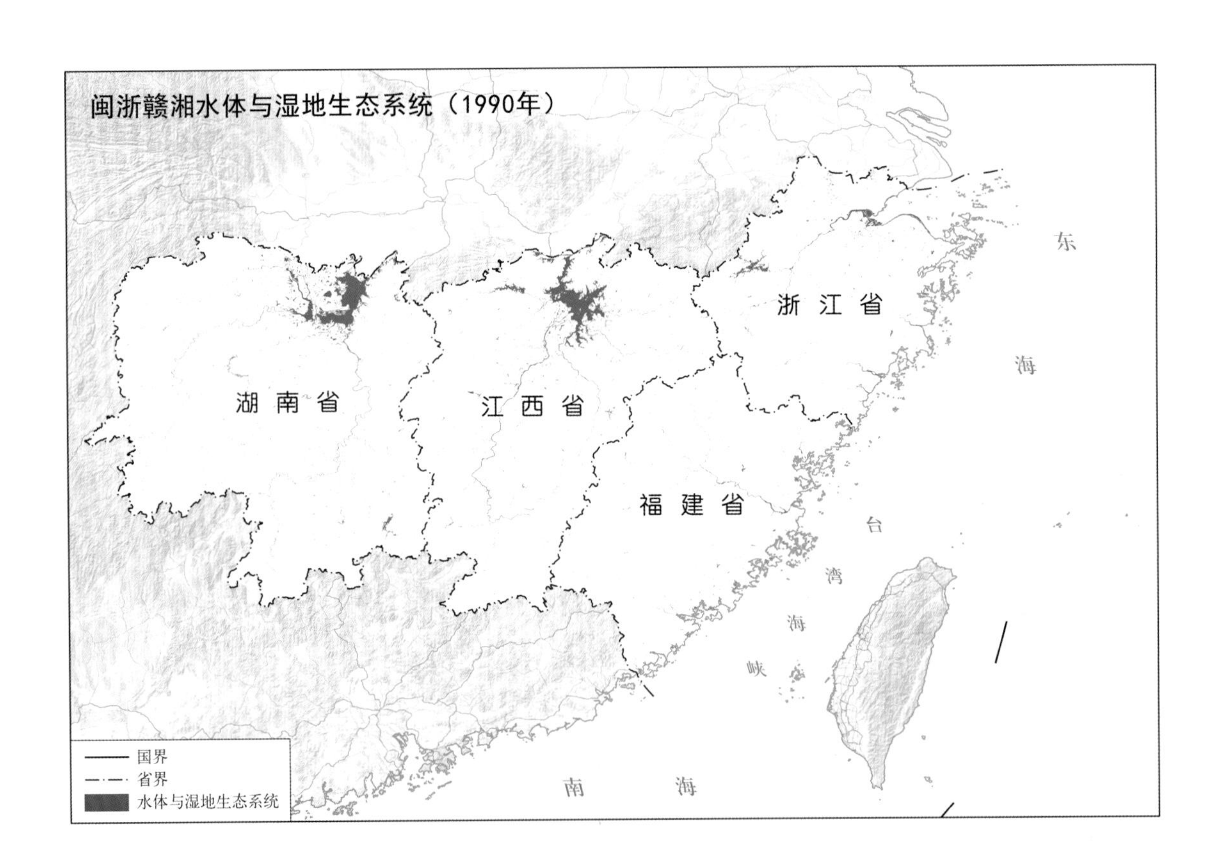

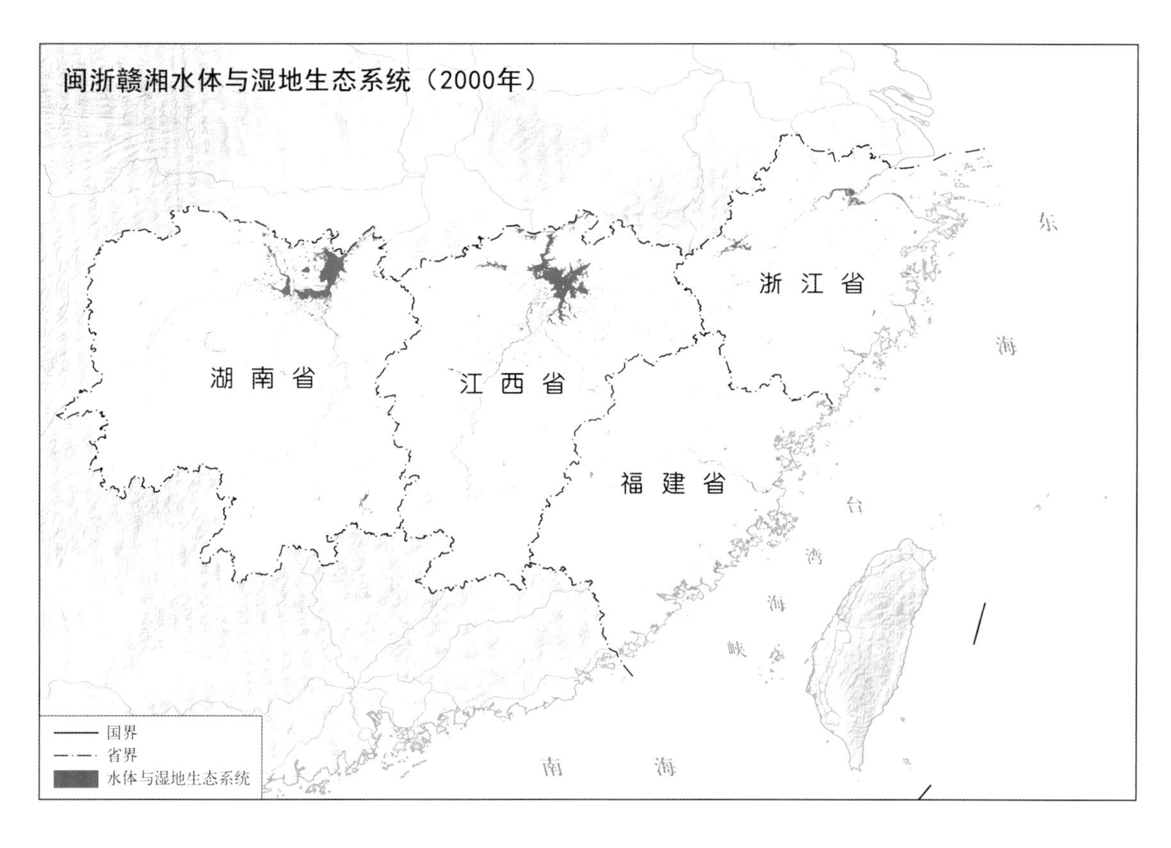
闽浙赣湘水体与湿地生态系统（2000年）
湖南省
江西省
浙江省
福建省
东
海
台
湾
海
峡
南
海
国界
省界
水体与湿地生态系统

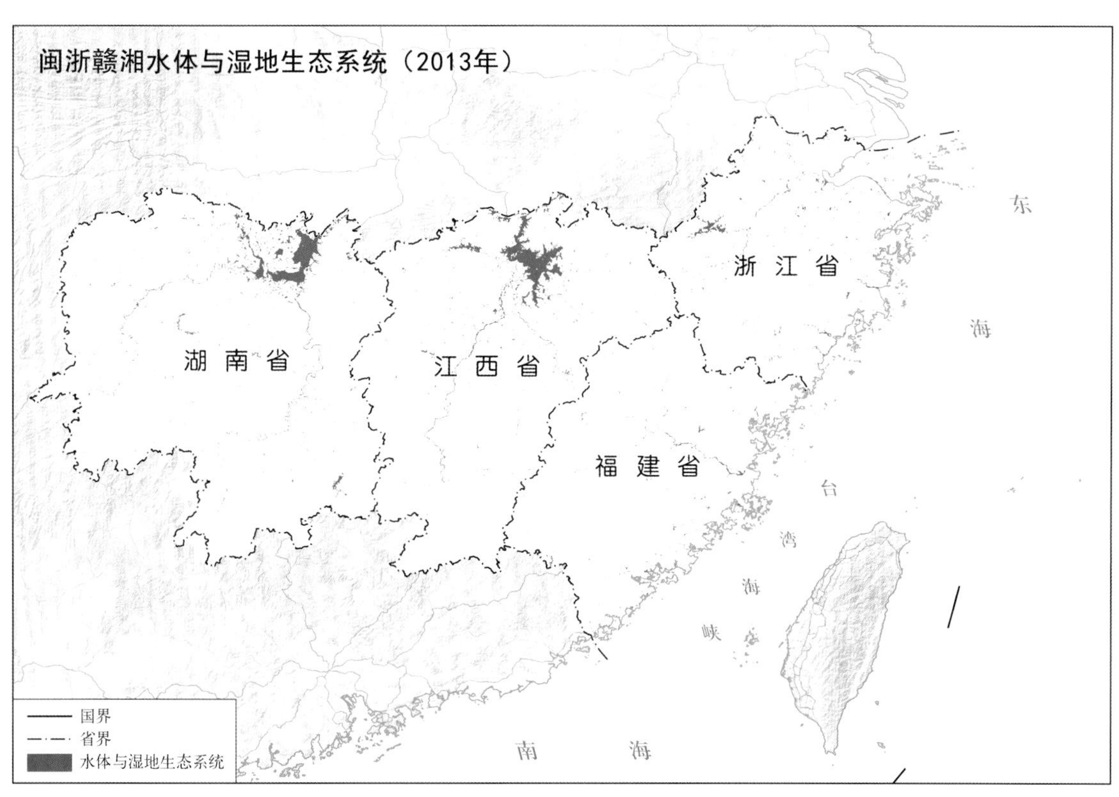
闽浙赣湘水体与湿地生态系统（2013年）
湖南省
江西省
浙江省
福建省
东
海
台
湾
海
峡
南
海
国界
省界
水体与湿地生态系统

1.5.1 福建省水体与湿地生态系统类型空间分布

福建省水体与湿地生态系统类型空间分布数据格式为矢量数据，数据时间为 1990 年、2000 年和 2013 年。

该数据表明，从 1990 年至 2013 年，福建省水体与湿地生态系统整体分布较为少，主要在东南沿海区域，且到了 2013 年水体与湿地面积有一定的减少。

截至 2013 年，福建省福州市水体与湿地生态系统面积最大，占全省水体与湿地生态系统面积的 25%；漳州市次之，占 19%；而厦门市和龙岩市水体与湿地生态系统面积较少，均约占全省水体与湿地生态系统面积的 4.5%。

福建省水体与湿地生态系统（2000年）
浙　江　省
江
西
省
南　平　市
宁　德　市
三　明　市
福　州　市
莆　田　市
龙　岩　市
泉　州　市
厦门市
漳　州　市
广　东　省
东
海
台
湾
海
峡
南　海
台
湾
省
省界
地级界
水体与湿地生态系统

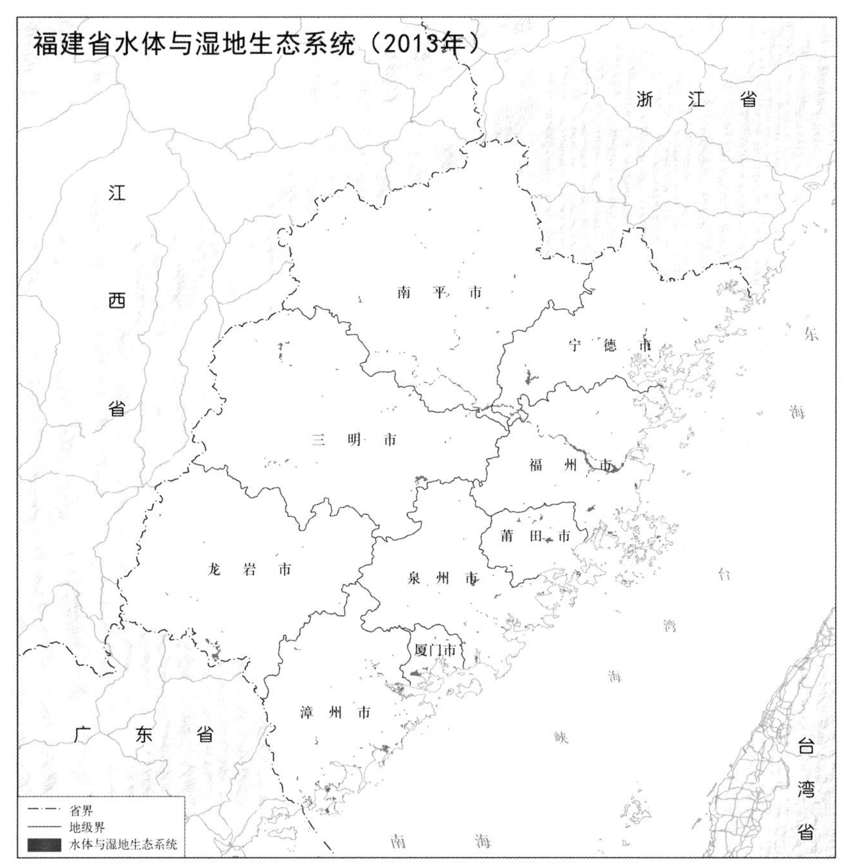
福建省水体与湿地生态系统（2013年）
浙　江　省
江
西
省
南　平　市
宁　德　市
三　明　市
福　州　市
莆　田　市
龙　岩　市
泉　州　市
厦门市
漳　州　市
广　东　省
东
海
台
湾
海
峡
南　海
台
湾
省
省界
地级界
水体与湿地生态系统

1.5.2 浙江省水体与湿地生态系统类型空间分布

浙江省水体与湿地生态系统类型空间分布数据格式为矢量数据，数据时间为 1990 年、2000 年和 2013 年。

该数据表明，从 1990 年至 2013 年，浙江省水体与湿地生态系统在东南区域和西部部分区域分布较广，到 2013 年整体分布范围有了一定的减少。

截至 2013 年，福建省福州市水体与湿地生态系统面积最大，占全省水体与湿地生态系统面积的 25%；漳州市次之，占 19%；而厦门市和龙岩市水体与湿地生态系统面积较少，均约占全省水体与湿地生态系统面积的 4.5%。

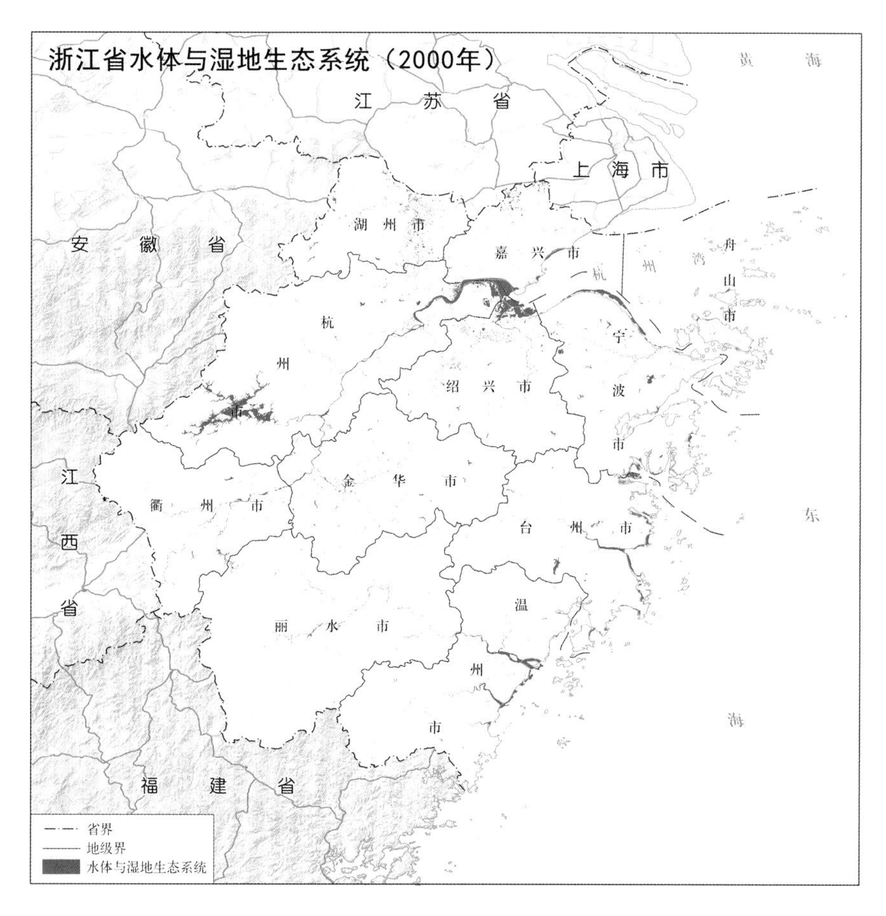
浙江省水体与湿地生态系统（2000年）
黄　海
江　苏　省
上　海　市
安　徽　省
湖　州　市
嘉　兴　市
杭
州　湾
舟
山
市
杭
州
宁
波
市
绍　兴　市
江
西
省
衢　州　市
金　华　市
台　州　市
东
丽　水　市
温
州
市
海
福　建　省
省界
地级界
水体与湿地生态系统

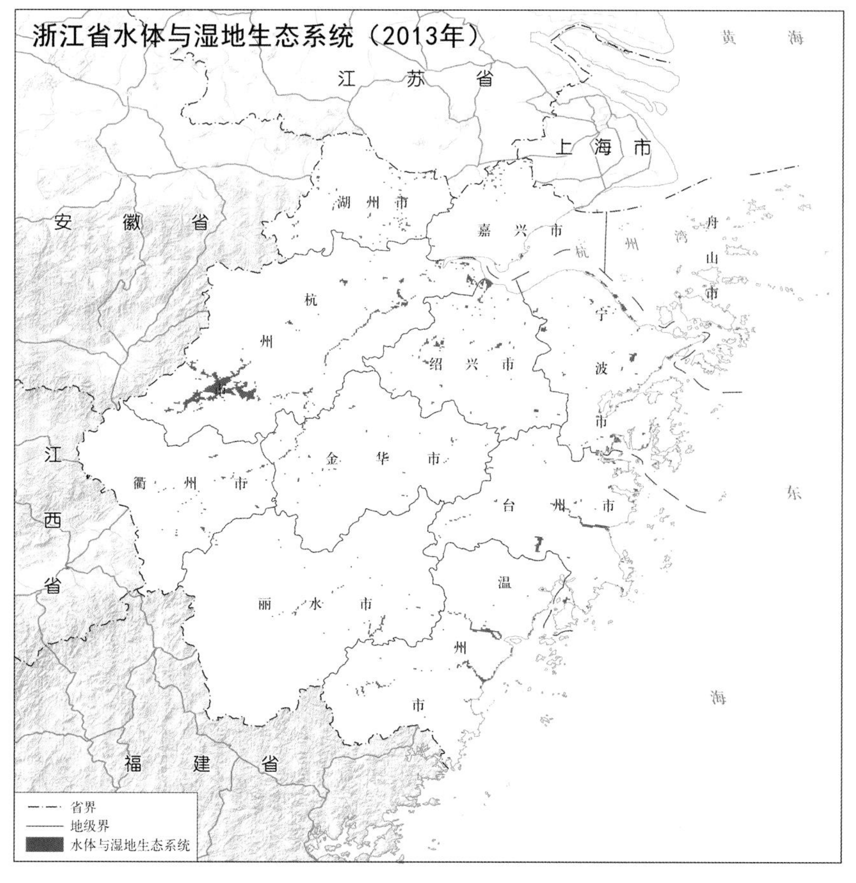
浙江省水体与湿地生态系统（2013年）
黄　海
江　苏　省
上　海　市
安　徽　省
湖　州　市
嘉　兴　市
杭
州　湾
舟
山
市
杭
州
宁
波
市
绍　兴　市
江
西
省
衢　州　市
金　华　市
台　州　市
东
丽　水　市
温
州
市
海
福　建　省
省界
地级界
水体与湿地生态系统

1.5.3 江西省水体与湿地生态系统类型空间分布

江西省水体与湿地生态系统类型空间分布数据格式为矢量数据，数据时间为 1990 年、2000 年和 2013 年。

该数据表明，从 1990 年到 2013 年，江西省水体与湿地生态系统分布较广，在中北部地区较为集中，以鄱阳湖为主，分布格局年变化不大。

截至 2013 年，江西省九江市水体与湿地生态系统面积最大，占全省水体与湿地生态系统面积的 39%；上饶市次之，占 23%；而景德镇市和鹰潭市水体与湿地生态系统面积较少，占全省水体与湿地生态系统面积均不足 1%。

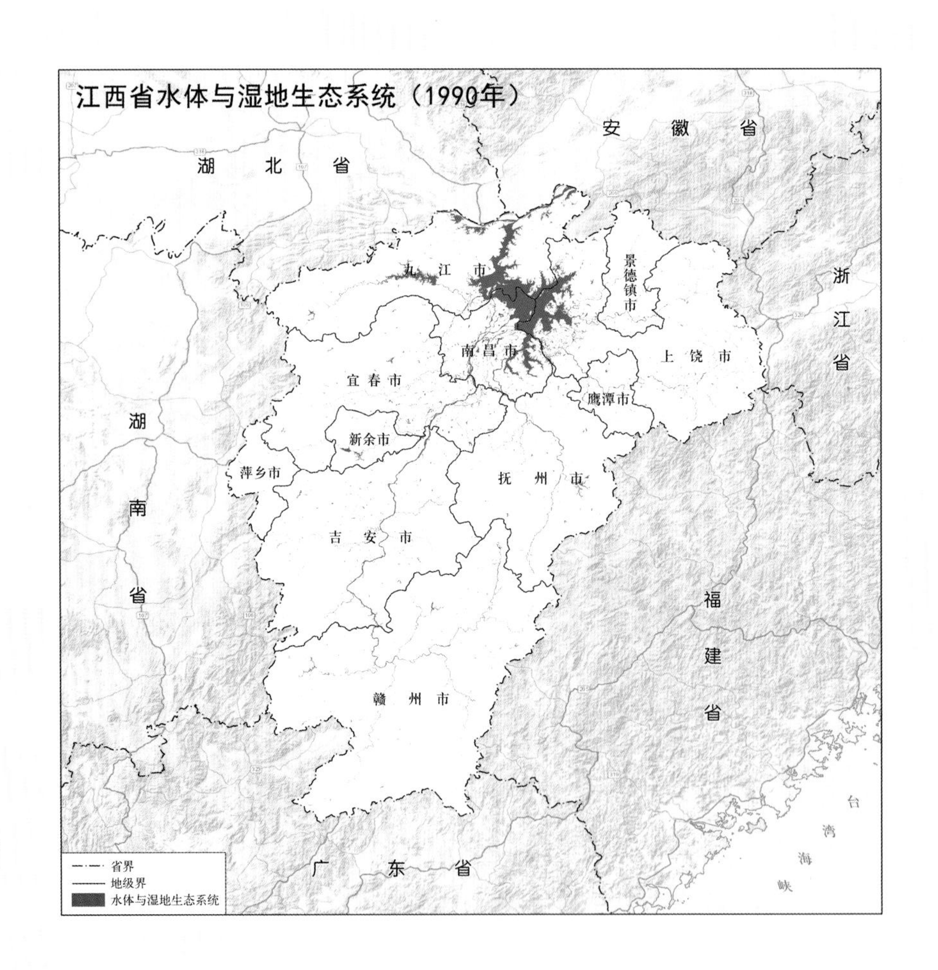

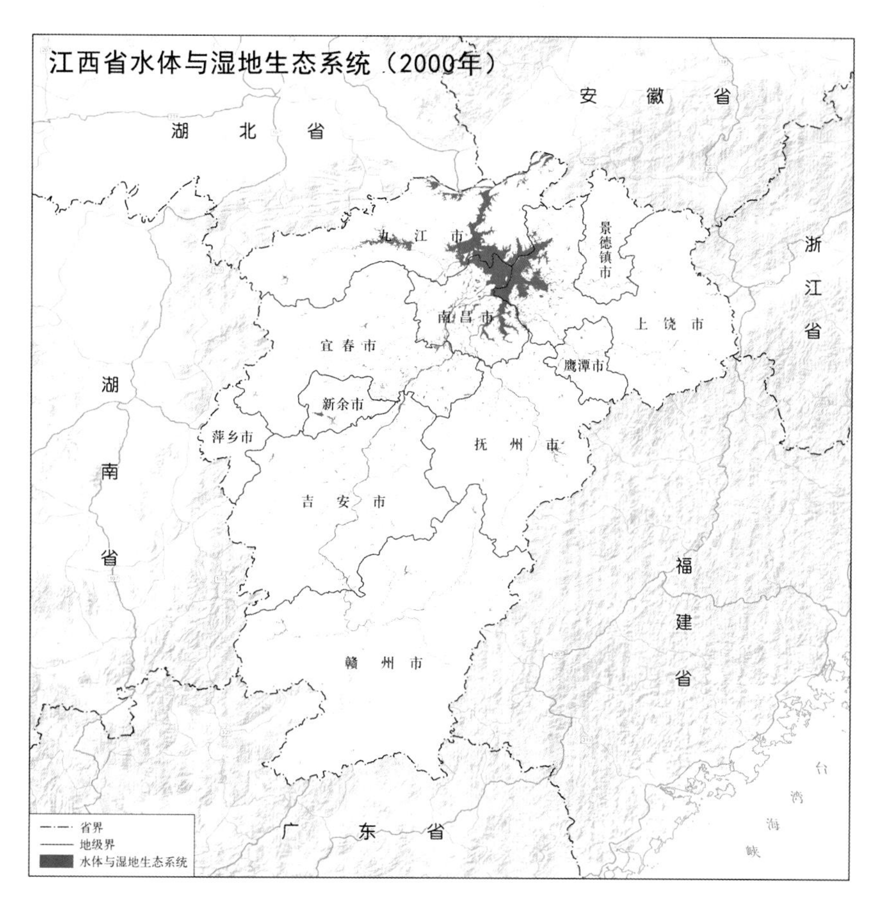
江西省水体与湿地生态系统（2000年）
安　徽　省
湖　北　省
九　江　市
景德镇市
浙江省
南昌市
上　饶　市
宜　春　市
鹰潭市
湖南省
新余市
萍乡市
抚　州　市
吉　安　市
福建省
赣　州　市
台湾海峡
广　东　省
省界
地级界
水体与湿地生态系统

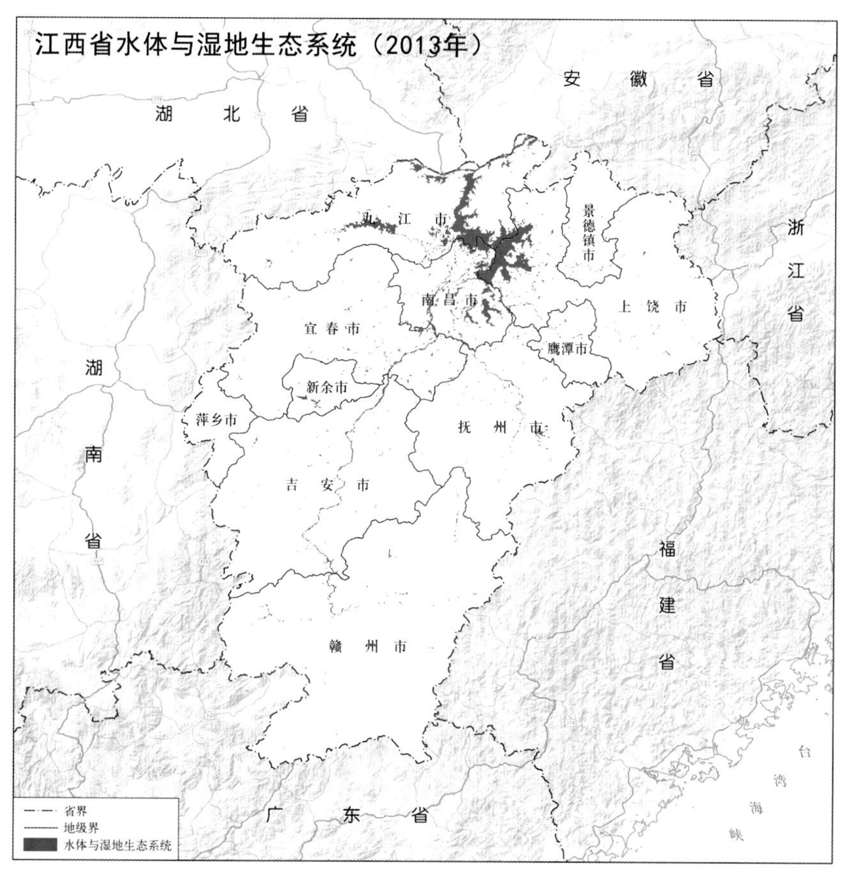
江西省水体与湿地生态系统（2013年）
安　徽　省
湖　北　省
九　江　市
景德镇市
浙江省
南昌市
上　饶　市
宜　春　市
鹰潭市
湖南省
新余市
萍乡市
抚　州　市
吉　安　市
福建省
赣　州　市
台湾海峡
广　东　省
省界
地级界
水体与湿地生态系统

1.5.4 湖南省水体与湿地生态系统类型空间分布

湖南省水体与湿地生态系统类型空间分布数据格式为矢量数据，数据时间为 1990 年、2000 年和 2013 年。

该数据表明，从 1990 年到 2013 年，湖南省水体与湿地生态系统在东北部区域分布较为集中，以洞庭湖和湘江为主，分布格局年变化不大，但有了一定的减少。

截至 2013 年，湖南省岳阳市水体与湿地生态系统面积最大，占全省水体与湿地生态系统面积的 36%；益阳市和常德市次之，均占 22%；而张家界市和邵阳市水体与湿地生态系统面积较少，均仅占全省水体与湿地生态系统面积的 0.5%。

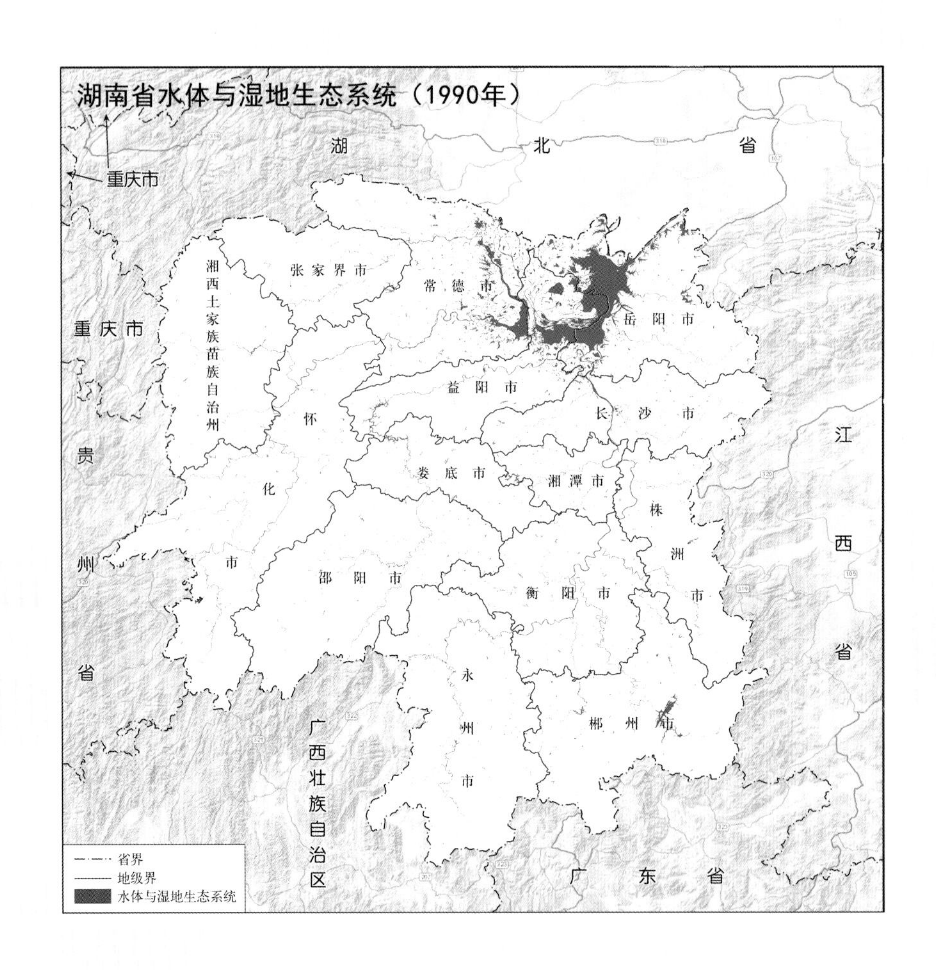

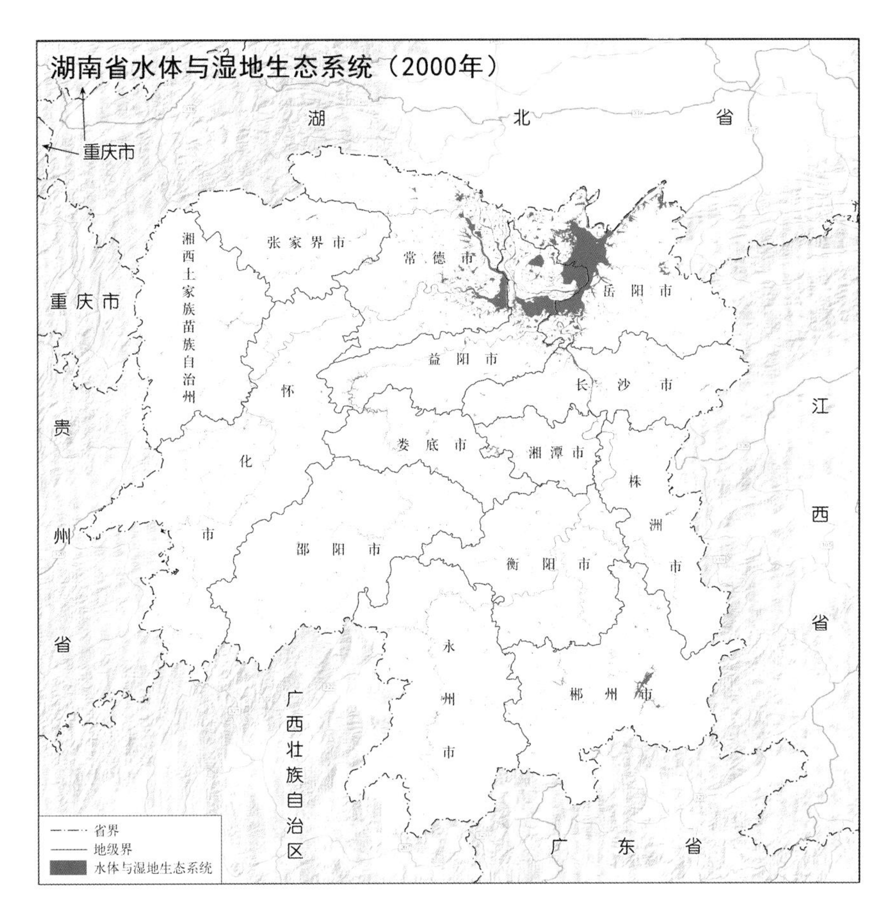
湖南省水体与湿地生态系统（2000年）
湖
北
省
重庆市
张家界市
常德市
岳阳市
湘西土家族苗族自治州
重庆市
益阳市
长沙市
江
怀
贵
化
娄底市
湘潭市
株
西
州
市
邵阳市
衡阳市
洲
市
省
省
永
郴州市
州
广西壮族自治区
市
省界
地级界
水体与湿地生态系统
广东省

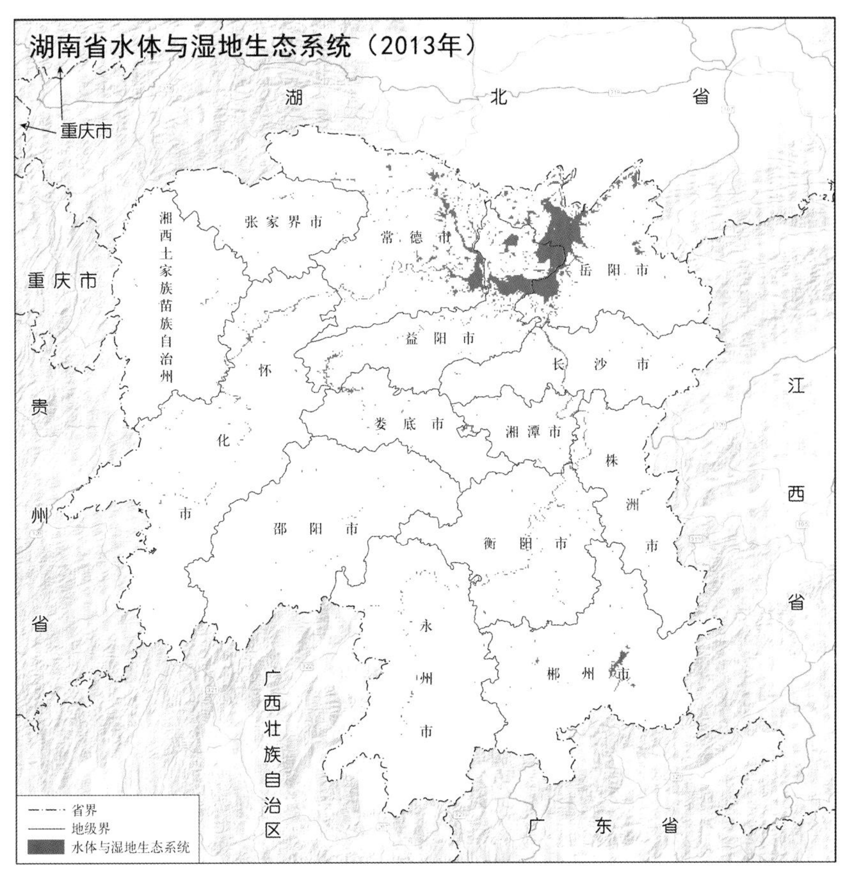
湖南省水体与湿地生态系统（2013年）
湖
北
省
重庆市
张家界市
常德市
岳阳市
湘西土家族苗族自治州
重庆市
益阳市
长沙市
江
怀
贵
化
娄底市
湘潭市
株
西
州
市
邵阳市
衡阳市
洲
市
省
省
永
郴州市
州
广西壮族自治区
市
省界
地级界
水体与湿地生态系统
广东省

16 闽浙赣湘聚落生态系统类型空间分布

聚落生态系统主要包括城镇用地、农村居民点和其他建设用地。

闽浙赣湘聚落生态系统类型空间分布数据格式为矢量数据，数据时间为 1990 年、2000 年和 2013 年。

该数据表明，从 1990 年到 2013 年，闽浙赣湘四省聚落生态系统分布较广，浙江和福建主要集中于沿海区域，且聚落生态系统分布范围在逐年增多。截至 2013 年，湖南省聚落生态系统面积最大，占四省聚落生态系统总面积的 35%；江西省次之，占 28%；福建省和浙江省聚落生态系统面积相近，分别占四省总面积的 20% 和 17%。

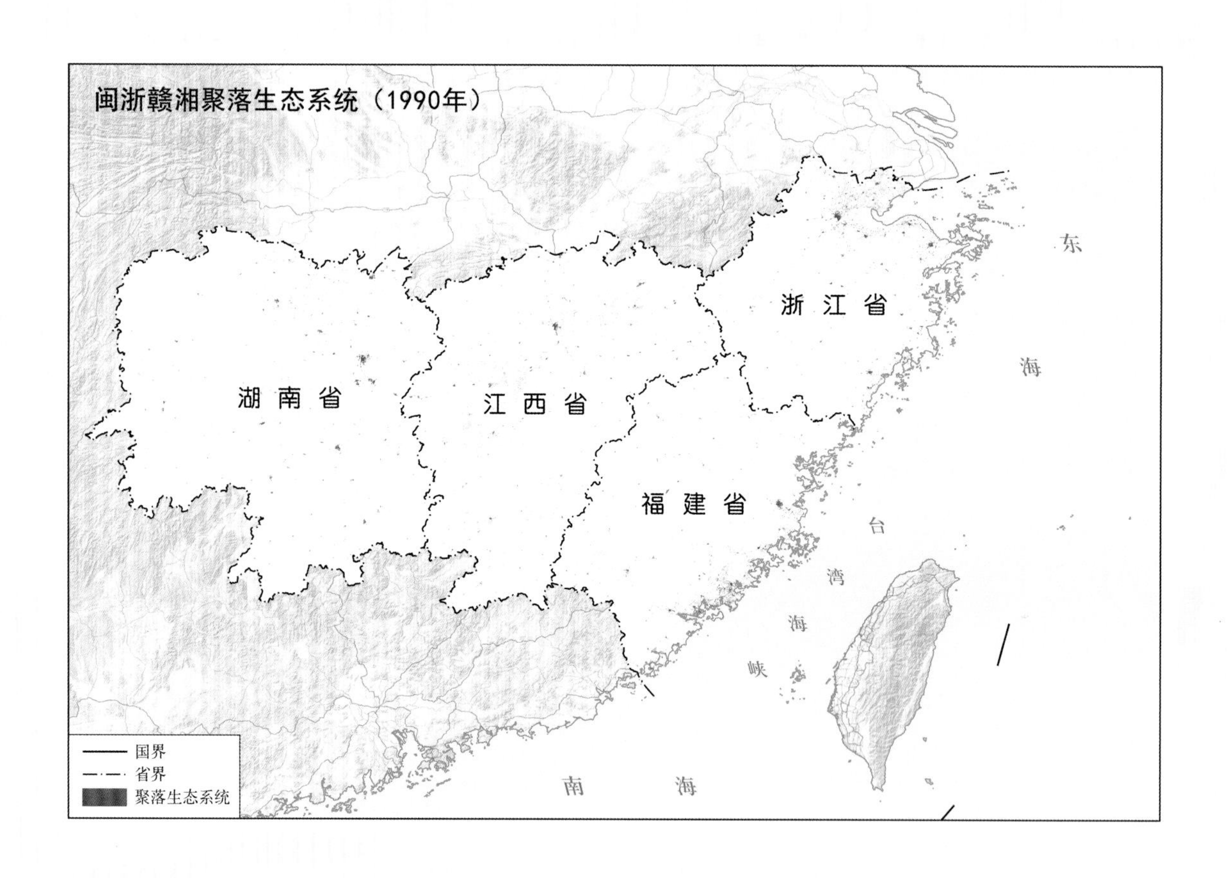

闽浙赣湘聚落生态系统（1990年）

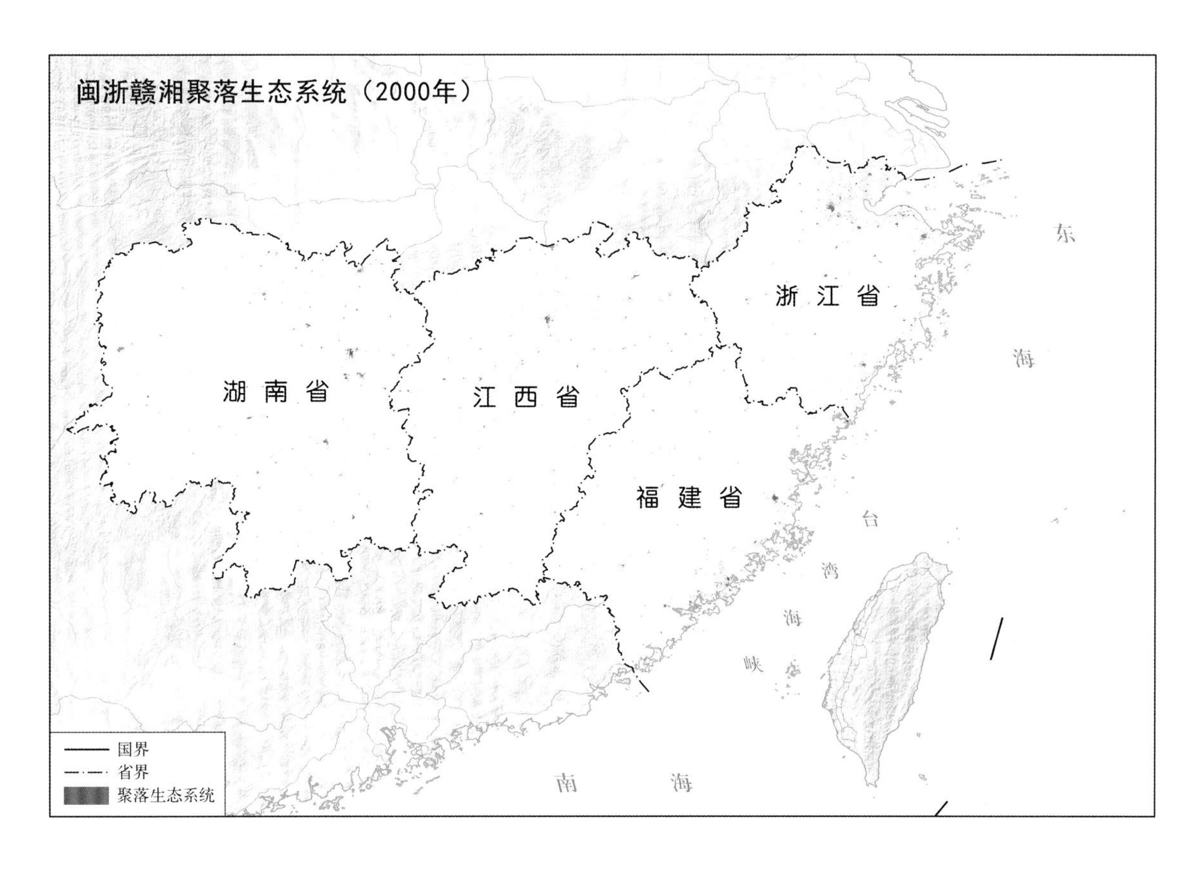
闽浙赣湘聚落生态系统（2000年）
浙 江 省
湖 南 省
江 西 省
福 建 省
东
海
台
湾
海
峡
南
海
国界
省界
聚落生态系统

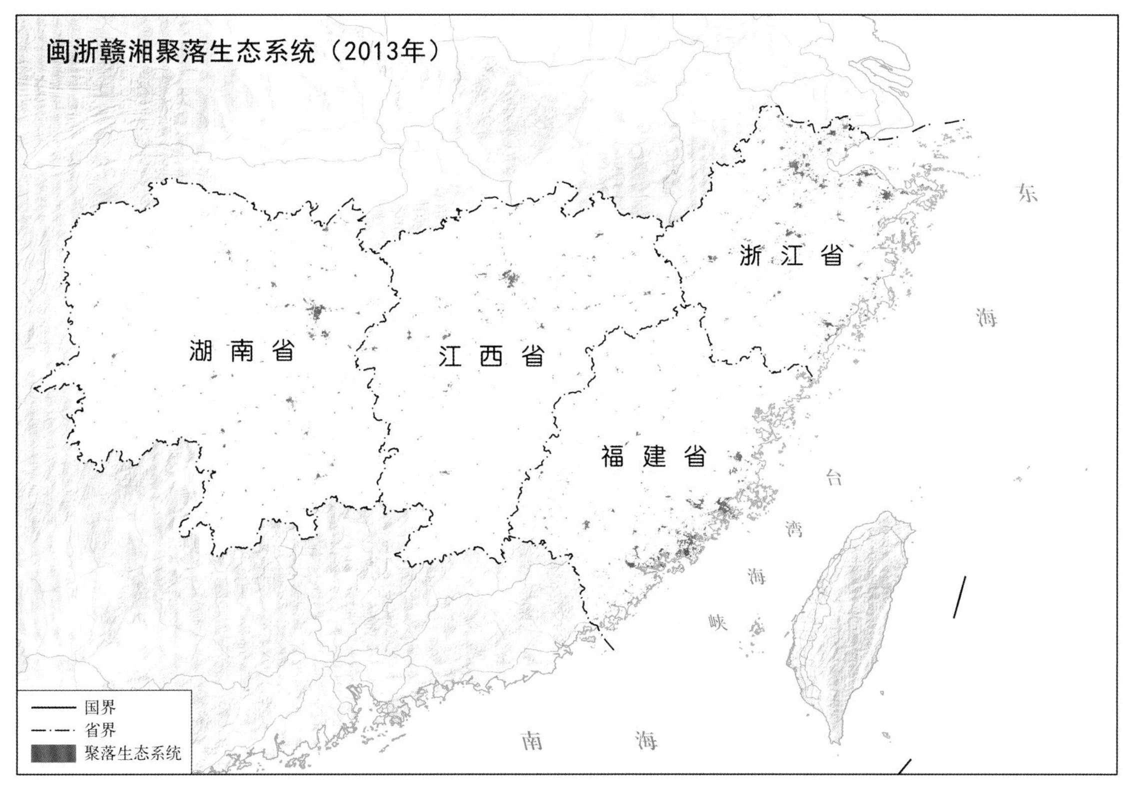
闽浙赣湘聚落生态系统（2013年）
浙 江 省
湖 南 省
江 西 省
福 建 省
东
海
台
湾
海
峡
南
海
国界
省界
聚落生态系统

1.6.1 福建省聚落生态系统类型空间分布

福建省聚落生态系统类型空间分布数据格式为矢量数据，数据时间为1990年、2000年和2013年。

该数据表明，从1990年至2013年，福建省聚落生态系统各市均有零星分布，在东南沿海地区呈一定聚集状，且逐年增多。

截至2013年，福建省泉州市聚落生态系统面积最大，占全省聚落生态系统面积的29%；莆田市次之，占18%；而宁德市聚落生态系统面积最少，约占全省聚落生态系统面积的1.7%。

福建省聚落生态系统（2000年）
浙　江　省
江
西
省
南　平　市
宁　德　市
三　明　市
福　州　市
莆　田　市
龙　岩　市
泉　州　市
厦门市
漳　州　市
广　东　省
东
海
台
湾
海
峡
台
湾
省
南　海
省界
地级界
聚落生态系统

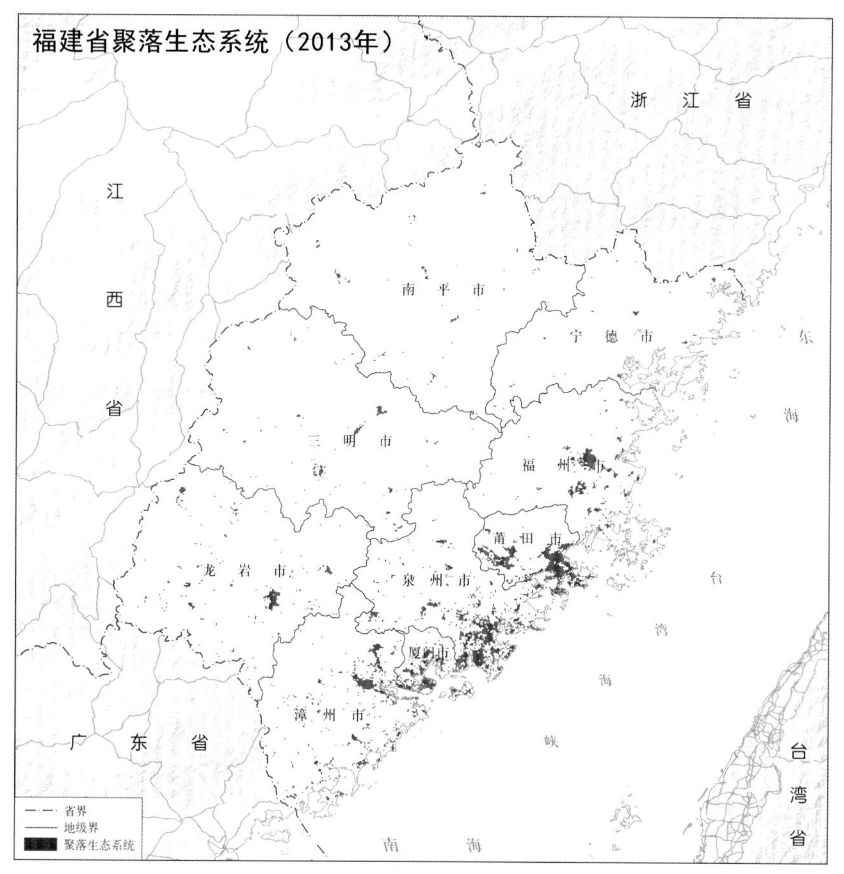
福建省聚落生态系统（2013年）
浙　江　省
江
西
省
南　平　市
宁　德　市
三　明　市
福　州　市
莆　田　市
龙　岩　市
泉　州　市
厦门市
漳　州　市
广　东　省
东
海
台
湾
海
峡
台
湾
省
南　海
省界
地级界
聚落生态系统

1.6.2 浙江省聚落生态系统类型空间分布

浙江省聚落生态系统类型空间分布数据格式为矢量数据，数据时间为1990年、2000年和2013年。

该数据表明，浙江省聚落生态系统在中部及沿海区域分布较多，从1990年至2013年，聚落生态系统分布范围有了明显的增加。

截至2013年，浙江省宁波市聚落生态系统面积最大，占全省聚落生态系统面积的19.7%；杭州市次之，占16%；而舟山市聚落生态系统面积最少，约占全省聚落生态系统面积的2%。

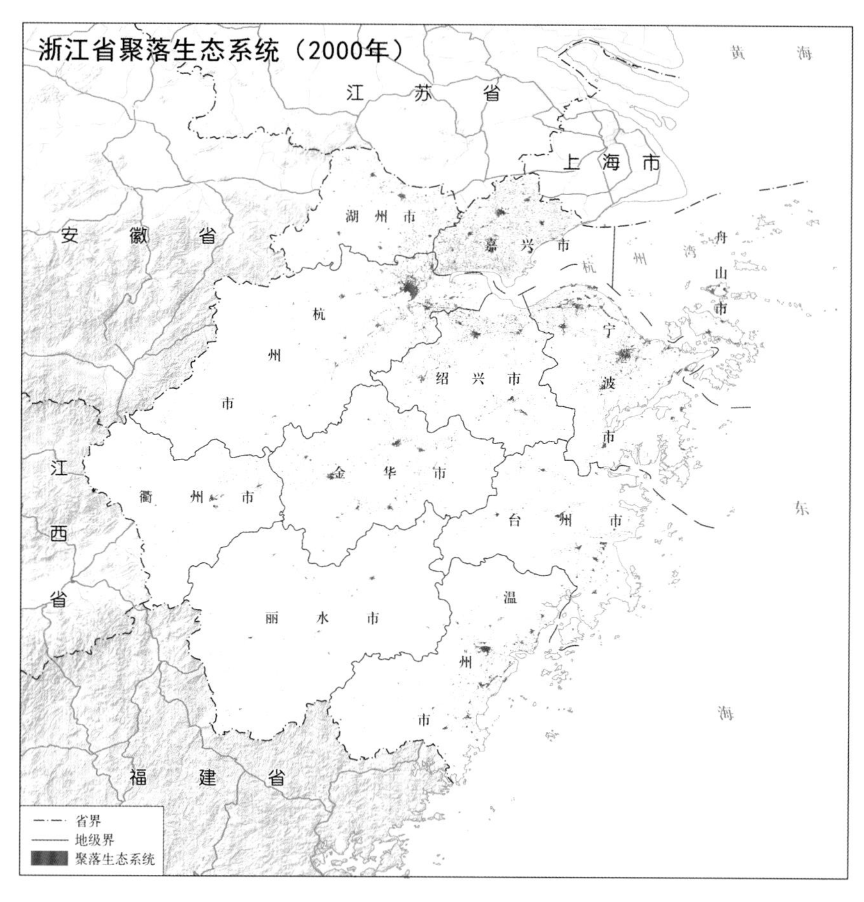
浙江省聚落生态系统（2000年）
江　苏　省
上 海 市
黄　海
安　徽　省
湖 州 市
嘉 兴 市
杭　州　湾
舟 山 市
杭 州 市
绍 兴 市
宁 波 市
江 西 省
衢 州 市
金 华 市
台 州 市
东
丽 水 市
温 州 市
海
福　建　省
省界
地级界
聚落生态系统

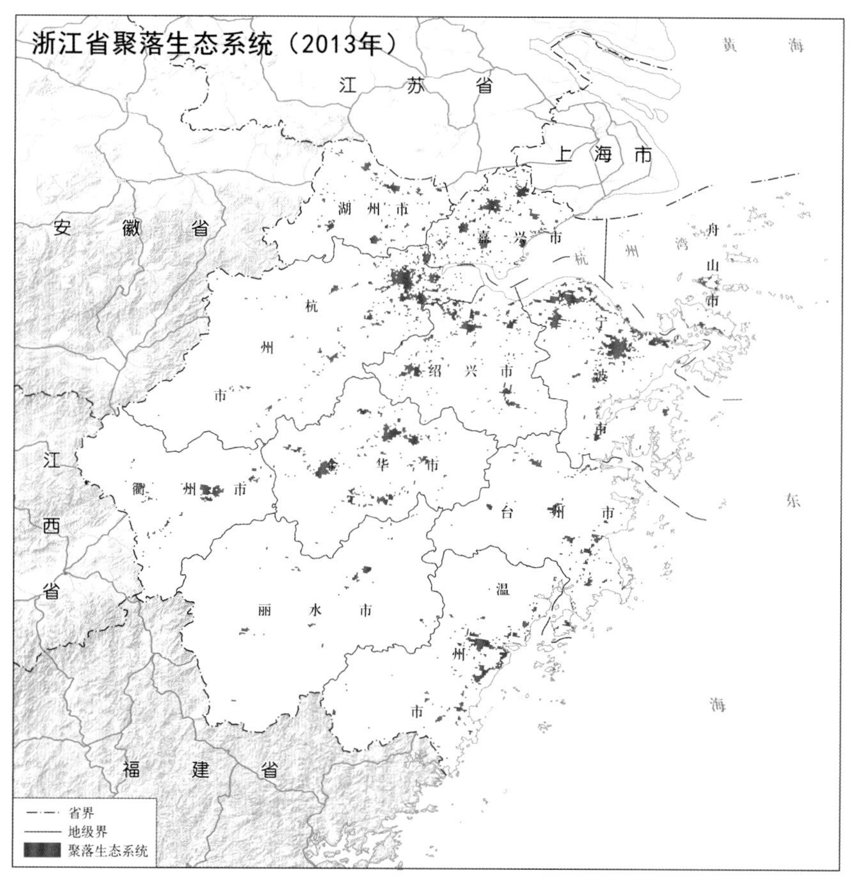
浙江省聚落生态系统（2013年）
江　苏　省
上 海 市
黄　海
安　徽　省
湖 州 市
嘉 兴 市
杭　州　湾
舟 山 市
杭 州 市
绍 兴 市
宁 波 市
江 西 省
衢 州 市
金 华 市
台 州 市
东
丽 水 市
温 州 市
海
福　建　省
省界
地级界
聚落生态系统

1.6.3 江西省聚落生态系统类型空间分布

江西省聚落生态系统类型空间分布数据格式为矢量数据，数据时间为 1990 年、2000 年和 2013 年。

该数据表明，从 1990 年到 2013 年，江西省聚落生态系统分布较为分散，聚落生态系统分布格局年变化不大，但分布面积在逐渐增大。

截至 2013 年，江西省南昌市聚落生态系统面积最大，占全省聚落生态系统面积的 23%；宜春市次之，占 15%；而鹰潭市聚落生态系统面积最少，约占全省聚落生态系统面积的 2.5%。

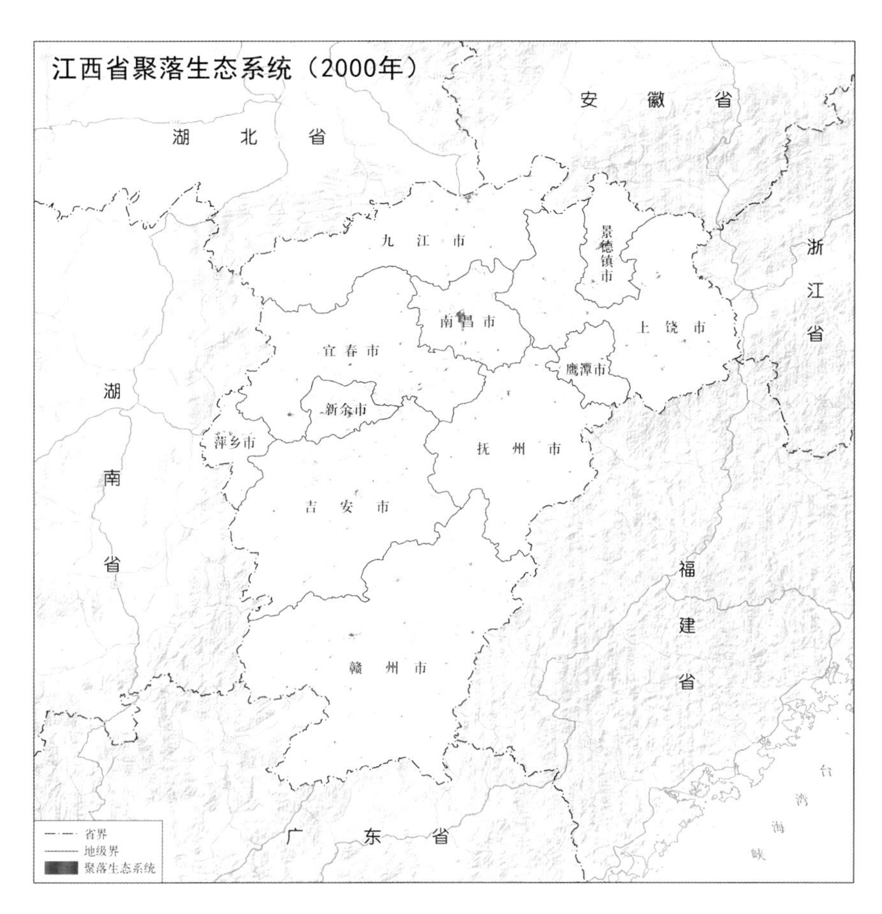
江西省聚落生态系统（2000年）
安徽省
湖北省
浙江省
九江市
景德镇市
南昌市
上饶市
宜春市
鹰潭市
新余市
萍乡市
抚州市
湖南省
吉安市
福建省
赣州市
台湾海峡
广东省
省界
地级界
聚落生态系统

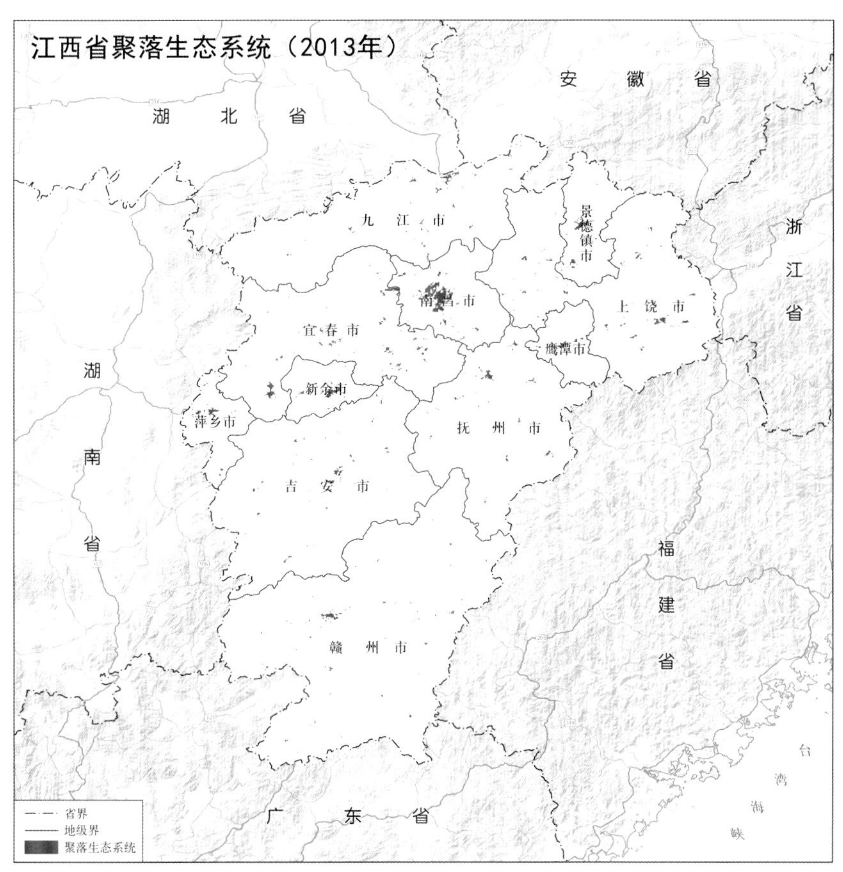
江西省聚落生态系统（2013年）
安徽省
湖北省
浙江省
九江市
景德镇市
南昌市
上饶市
宜春市
鹰潭市
新余市
萍乡市
抚州市
湖南省
吉安市
福建省
赣州市
台湾海峡
广东省
省界
地级界
聚落生态系统

1.6.4 湖南省聚落生态系统类型空间分布

湖南省聚落生态系统类型空间分布数据格式为矢量数据，数据时间为1990年、2000年和2013年。

该数据表明，从1990年到2013年，湖南省聚落生态系统分布较为分散，聚落生态系统分布格局年变化不大，但分布面积在逐渐增大。

截至2013年，湖南省长沙市聚落生态系统面积最大，占全省聚落生态系统面积的24%；而张家界市和湘西自治州聚落生态系统面积较少，分别占全省聚落生态系统面积的1.4%和2.5%。

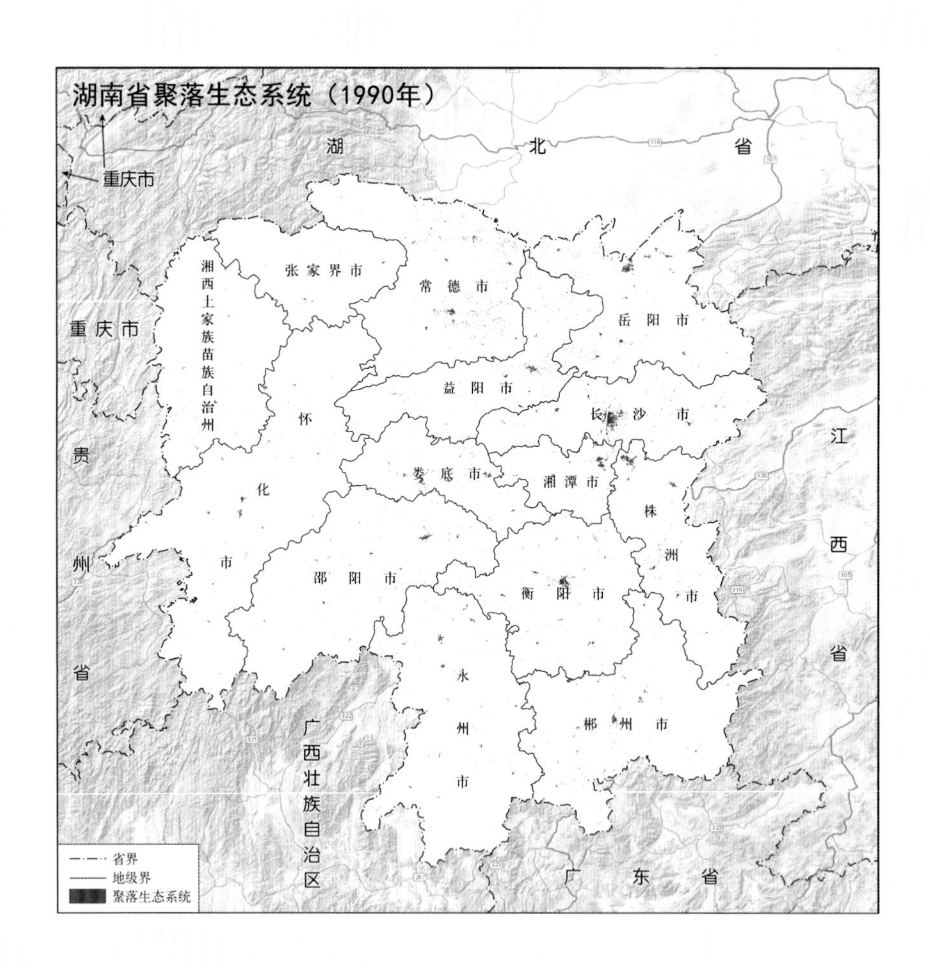

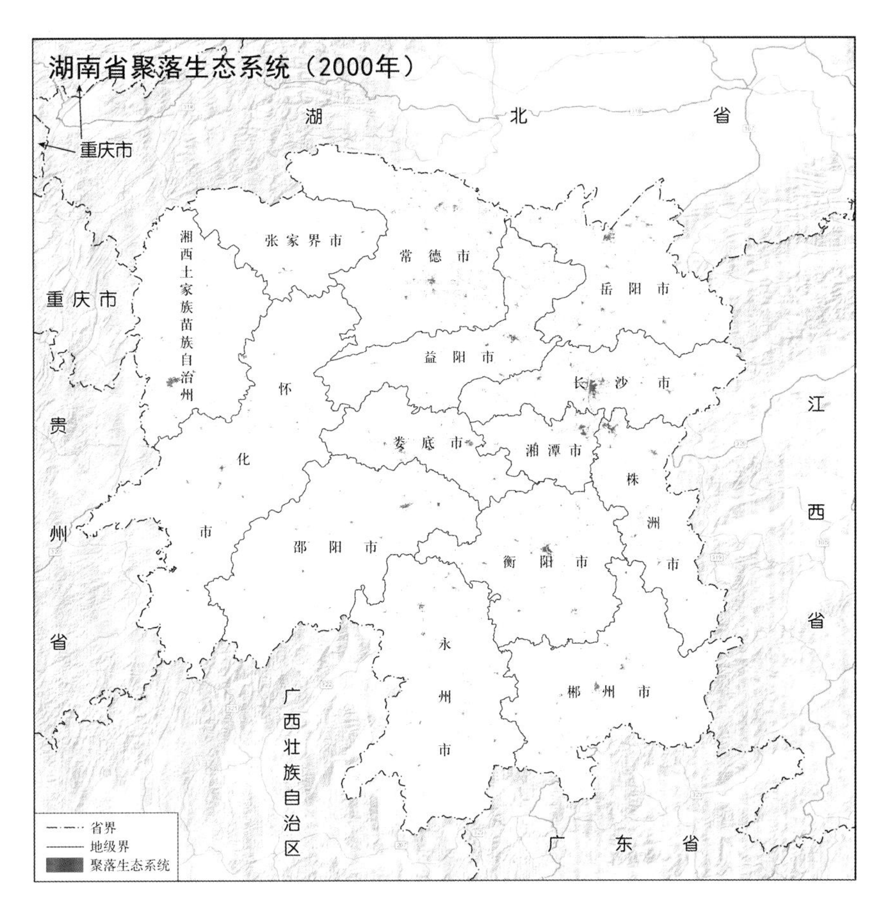
湖南省聚落生态系统（2000年）
重庆市
湖
北
省
湘西土家族苗族自治州
张家界市
常德市
岳阳市
重庆市
益阳市
长沙市
怀
江
贵
化
娄底市
湘潭市
株
西
州
市
邵阳市
衡阳市
洲
市
省
永
郴州市
州
广西壮族自治区
市
省界
地级界
聚落生态系统
广
东
省

湖南省聚落生态系统（2013年）
重庆市
湖
北
省
湘西土家族苗族自治州
张家界市
常德市
岳阳市
重庆市
益阳市
长沙市
怀
江
贵
化
娄底市
湘潭市
株
西
州
市
邵阳市
衡阳市
洲
市
省
永
郴州市
州
广西壮族自治区
市
省界
地级界
聚落生态系统
广
东
省

第2章

我国南方丘陵山区生态系统内部格局

21 闽浙赣湘森林生态系统内部格局

森林生态系统主要分为自然林和人工林，落叶阔叶林、常绿阔叶林等为自然林，常绿果树园和经济林为人工林。

闽浙赣湘森林生态系统类型内部格局数据格式为矢量数据，比例尺为 1:271 万，数据时间为 1990 年、2000 年和 2013 年。

该数据表明，闽浙赣湘四省的森林生态系统分布较广，在湖南省和江西省的部分区域分布较少，主要为常绿阔叶林，常绿灌丛面积较小。

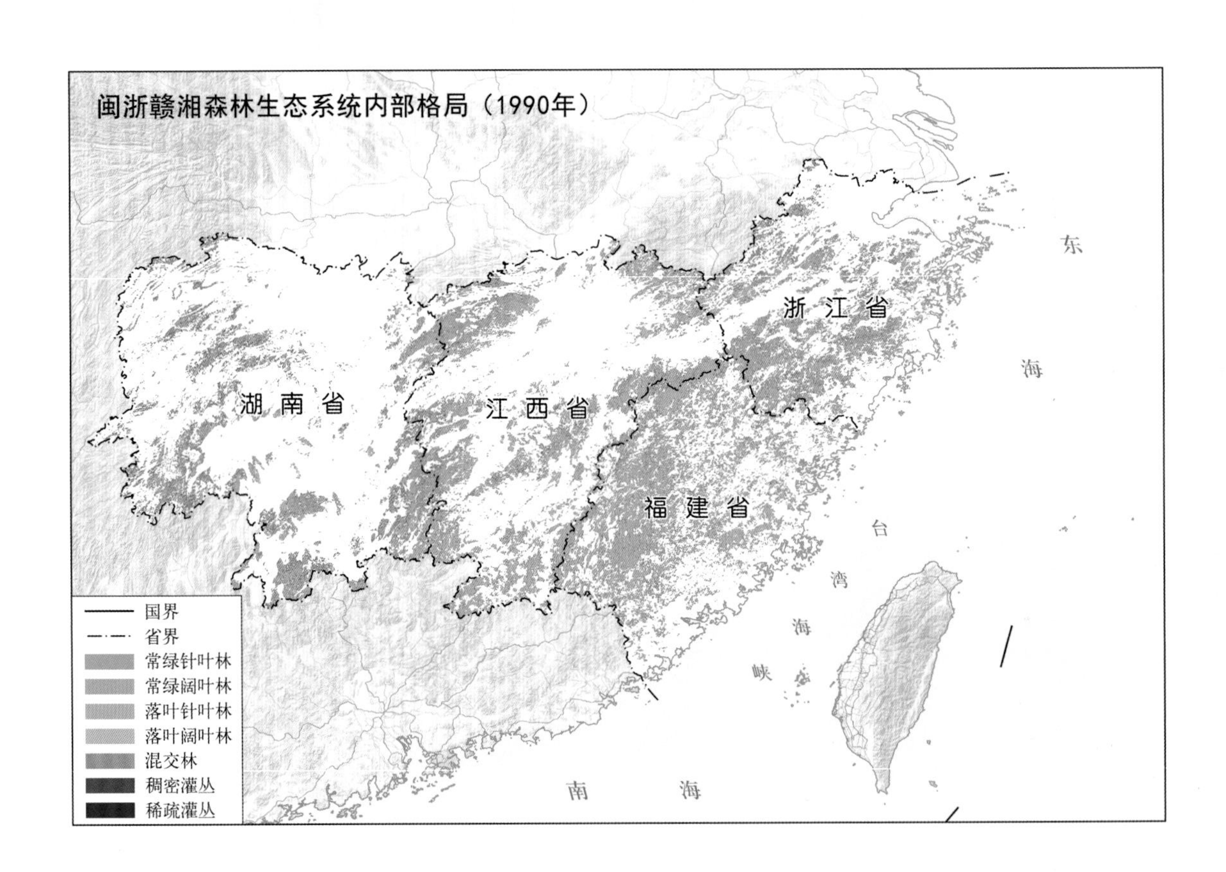

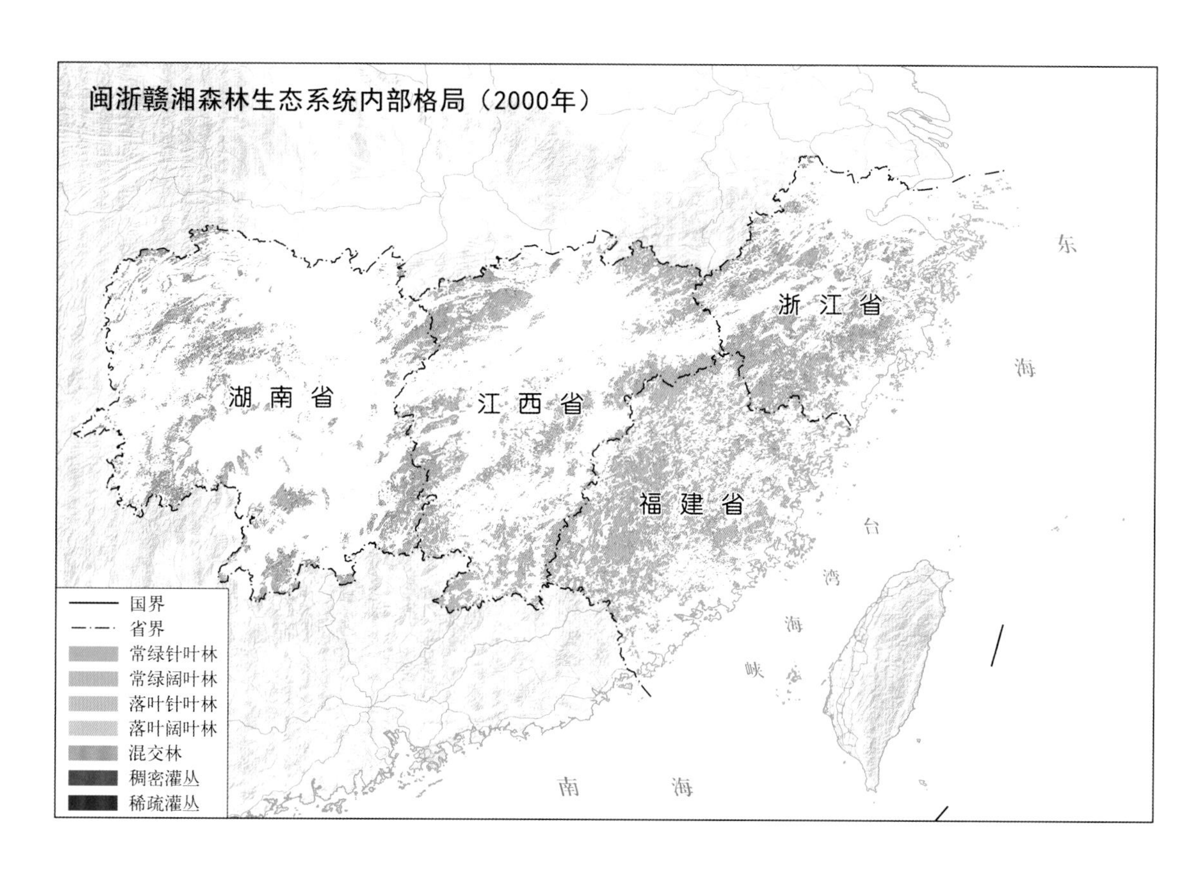
闽浙赣湘森林生态系统内部格局（2000年）
湖南省
江西省
浙江省
福建省
东
海
台
湾
海
峡
南
海
国界
省界
常绿针叶林
常绿阔叶林
落叶针叶林
落叶阔叶林
混交林
稠密灌丛
稀疏灌丛

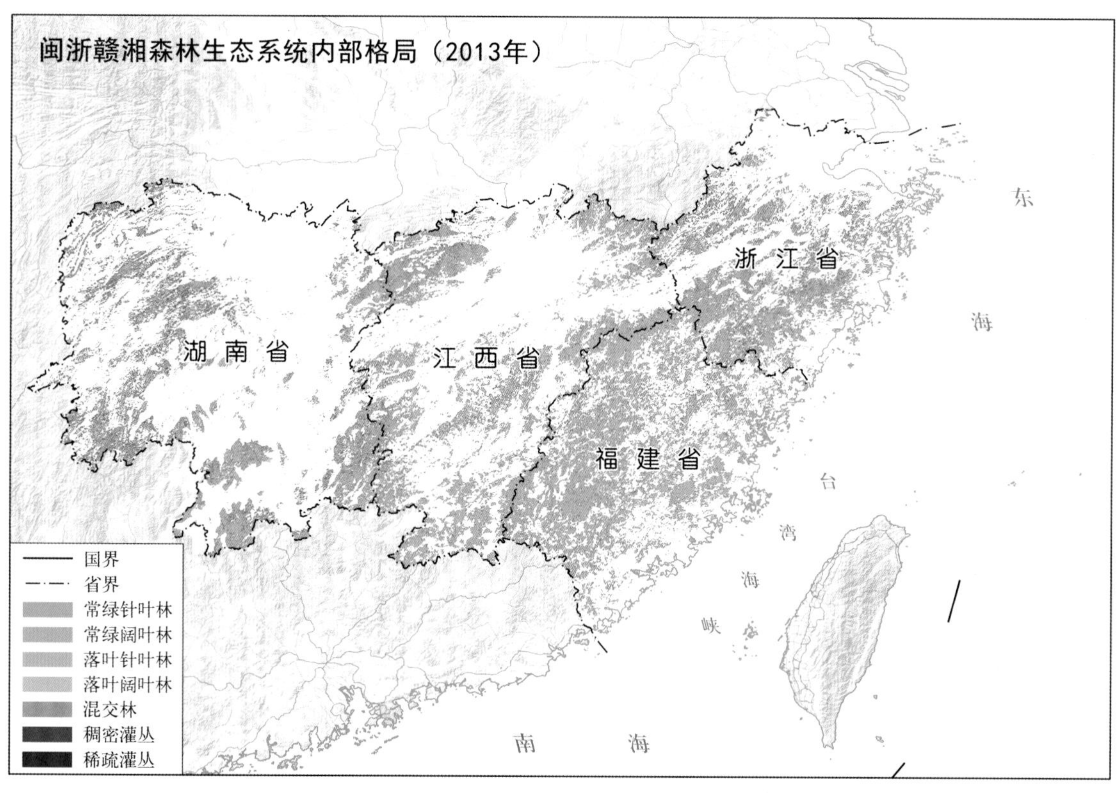
闽浙赣湘森林生态系统内部格局（2013年）
湖南省
江西省
浙江省
福建省
东
海
台
湾
海
峡
南
海
国界
省界
常绿针叶林
常绿阔叶林
落叶针叶林
落叶阔叶林
混交林
稠密灌丛
稀疏灌丛

2.1.1 福建省森林生态系统内部格局

福建省森林生态系统类型内部格局数据格式为矢量数据，数据时间为 1990 年、2000 年和 2013 年。

该数据表明，从 1990 年至 2013 年，福建省常绿阔叶林分布较为广泛，且面积逐渐扩大，常绿灌丛分布较为稀疏，且面积较小。

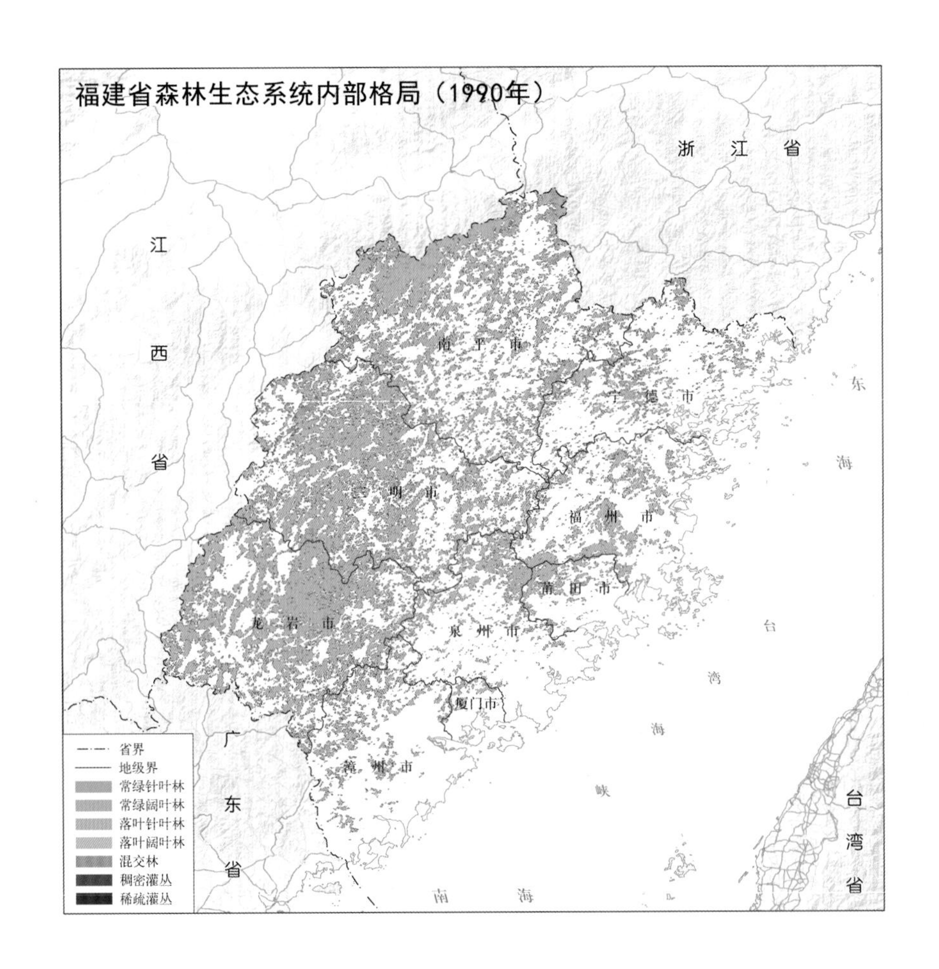

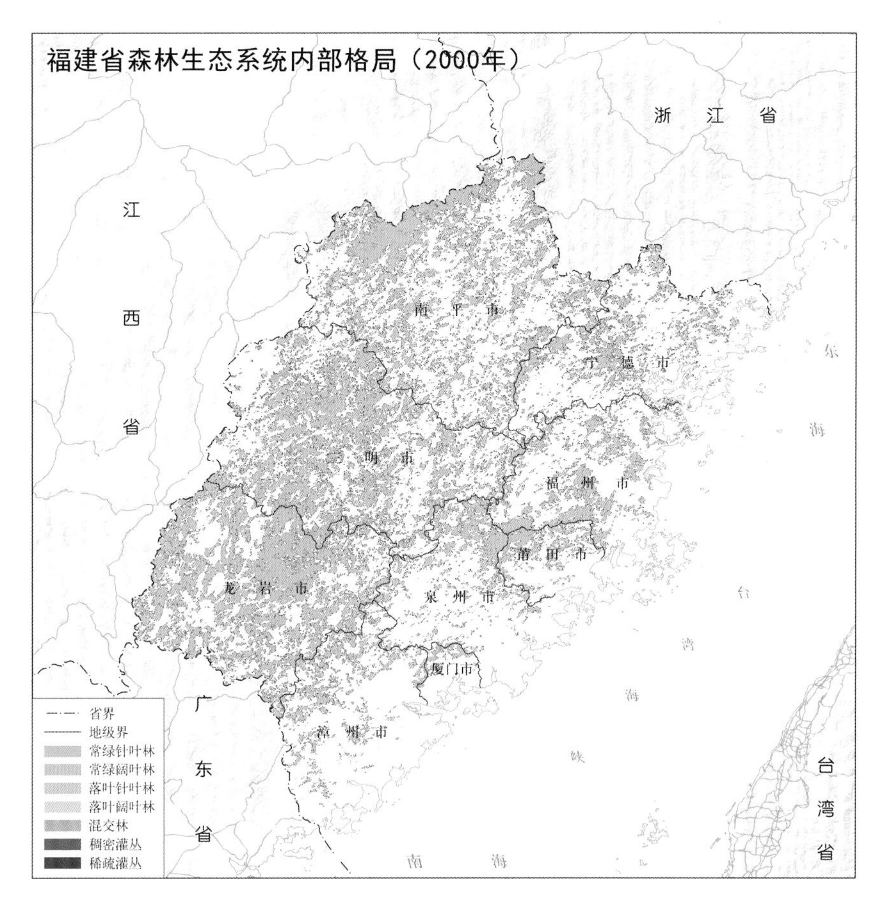
福建省森林生态系统内部格局（2000年）
浙江省
江西省
南平市
宁德市
东海
三明市
福州市
莆田市
龙岩市
泉州市
台湾海峡
厦门市
漳州市
广东省
台湾省
南海
省界
地级界
常绿针叶林
常绿阔叶林
落叶针叶林
落叶阔叶林
混交林
稠密灌丛
稀疏灌丛

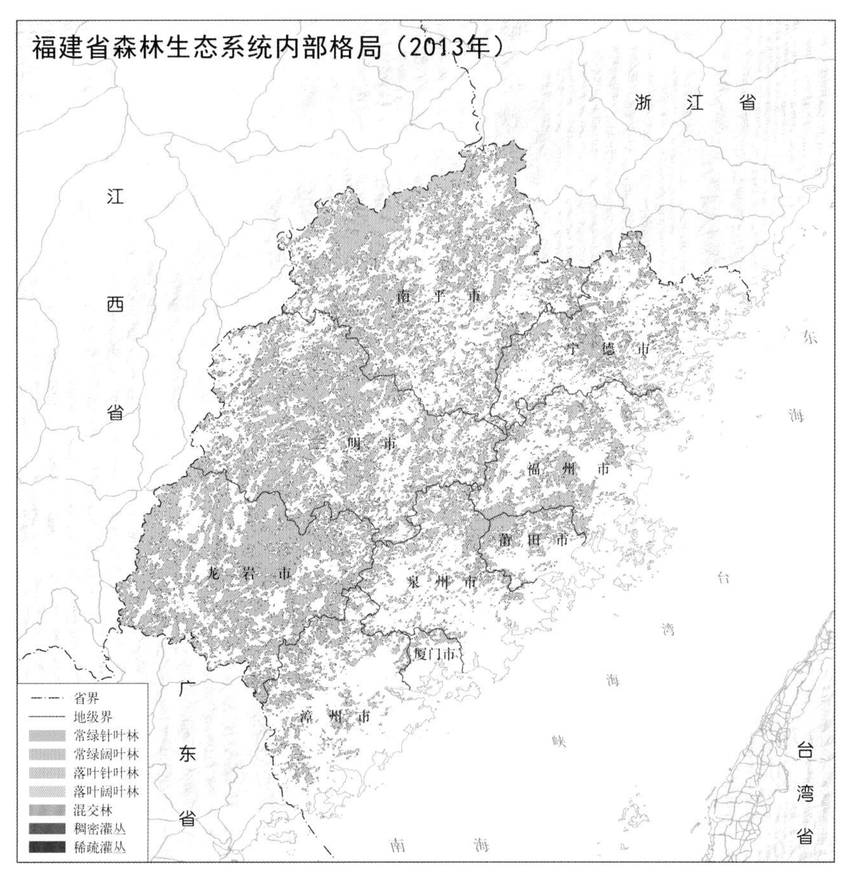
福建省森林生态系统内部格局（2013年）
浙江省
江西省
南平市
宁德市
东海
三明市
福州市
莆田市
龙岩市
泉州市
台湾海峡
厦门市
漳州市
广东省
台湾省
南海
省界
地级界
常绿针叶林
常绿阔叶林
落叶针叶林
落叶阔叶林
混交林
稠密灌丛
稀疏灌丛

2.1.2 浙江省森林生态系统内部格局

浙江省森林生态系统类型内部格局数据格式为矢量数据，数据时间为 1990 年、2000 年和 2013 年。

该数据表明，从 1990 年至 2013 年，浙江省常绿阔叶林分布广泛，且面积有了一定的扩大，常绿灌丛分布较少，到 2013 年有了一定的增多。

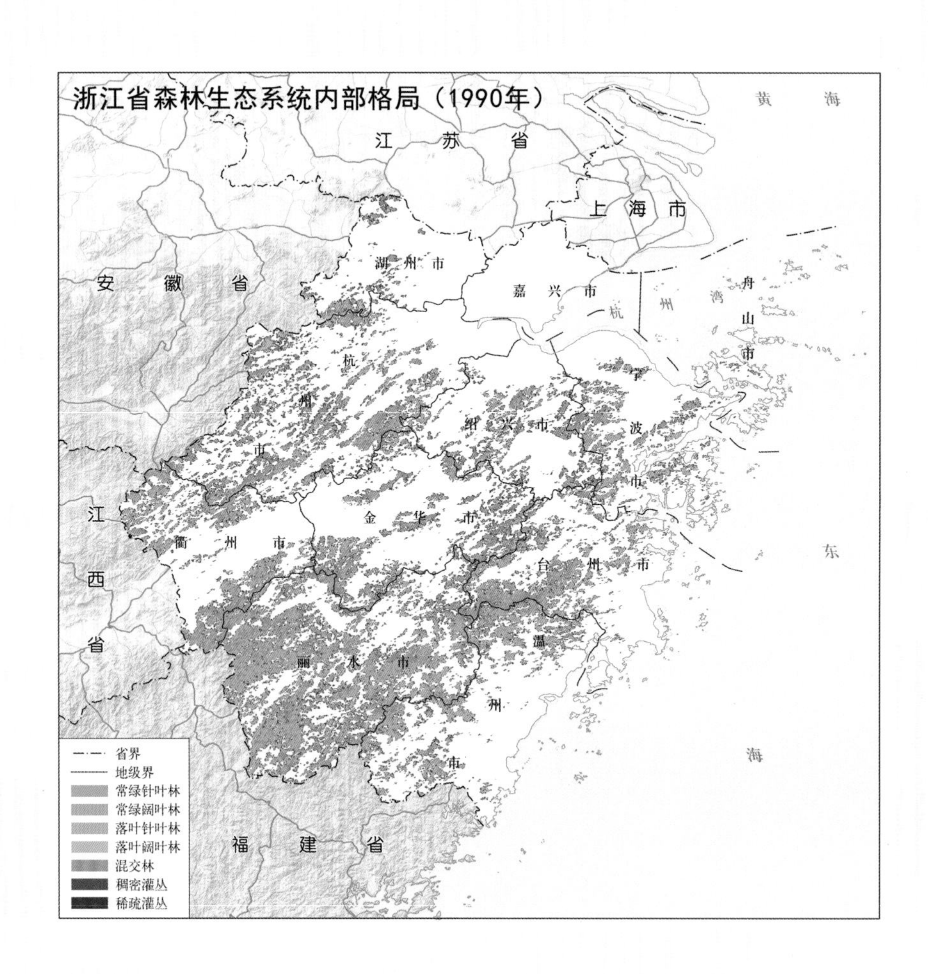

浙江省森林生态系统内部格局（1990年）

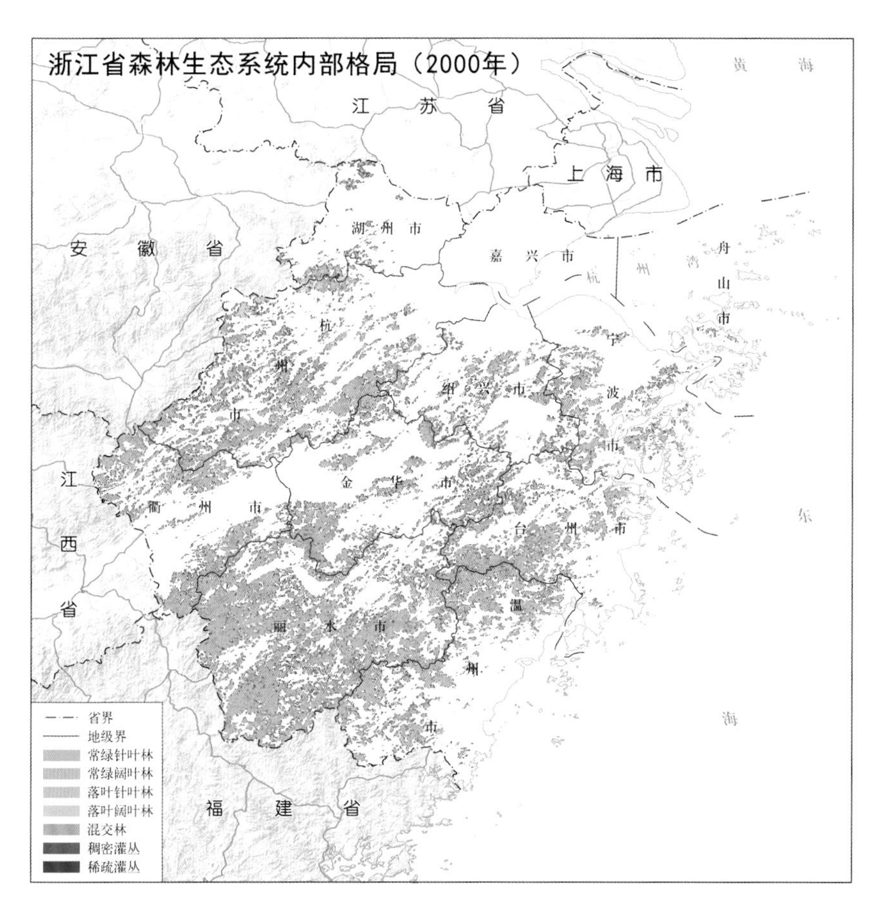
浙江省森林生态系统内部格局（2000年）
黄　海
江　苏　省
上 海 市
湖 州 市
安　徽　省
嘉 兴 市
舟
山
市
杭
州
市
宁
波
市
绍 兴 市
江
西
省
衢　州　市
金　华　市
台　州　市
东
丽　水　市
温
州
市
海
福　建　省
省界
地级界
常绿针叶林
常绿阔叶林
落叶针叶林
落叶阔叶林
混交林
稠密灌丛
稀疏灌丛

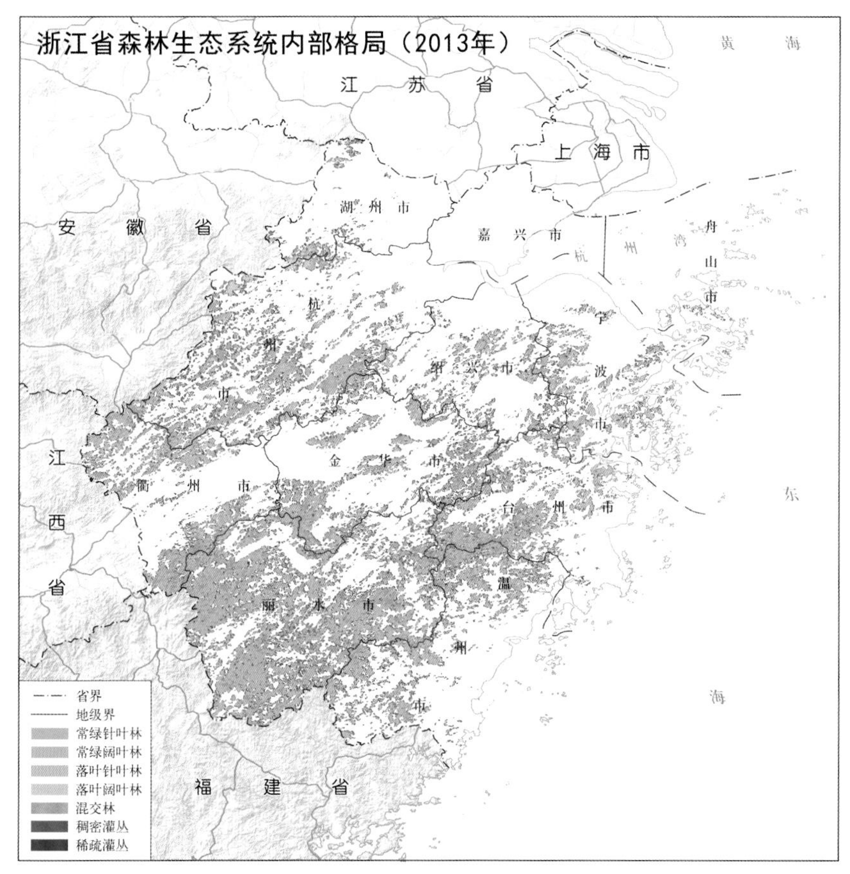
浙江省森林生态系统内部格局（2013年）
黄　海
江　苏　省
上 海 市
湖 州 市
安　徽　省
嘉 兴 市
舟
山
市
杭
州
市
宁
波
市
绍 兴 市
江
西
省
衢　州　市
金　华　市
台　州　市
东
丽　水　市
温
州
市
海
福　建　省
省界
地级界
常绿针叶林
常绿阔叶林
落叶针叶林
落叶阔叶林
混交林
稠密灌丛
稀疏灌丛

2.1.3 江西省森林生态系统内部格局

江西省森林生态系统类型内部格局数据格式为矢量数据，数据时间为1990年、2000年和2013年。

该数据表明，从1990年到2013年，江西省常绿阔叶林分布较为广泛，且面积逐渐扩大；常绿灌丛分布较为稀疏，且面积较小。

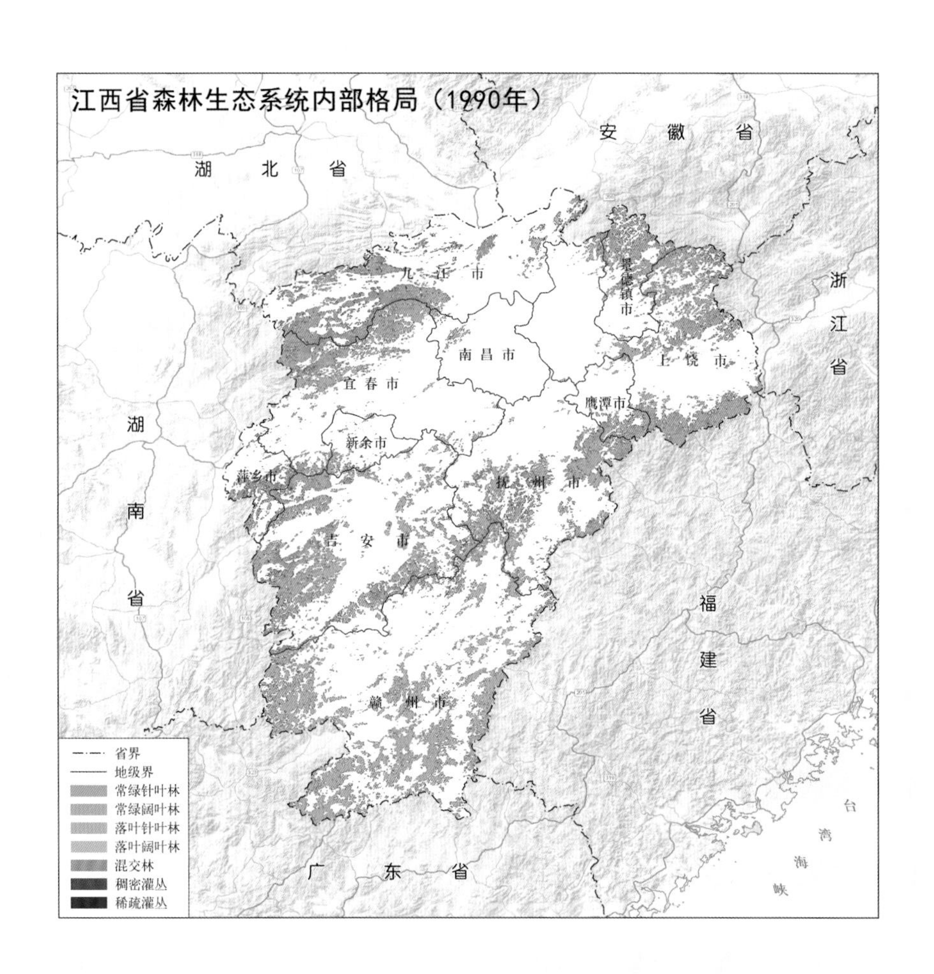

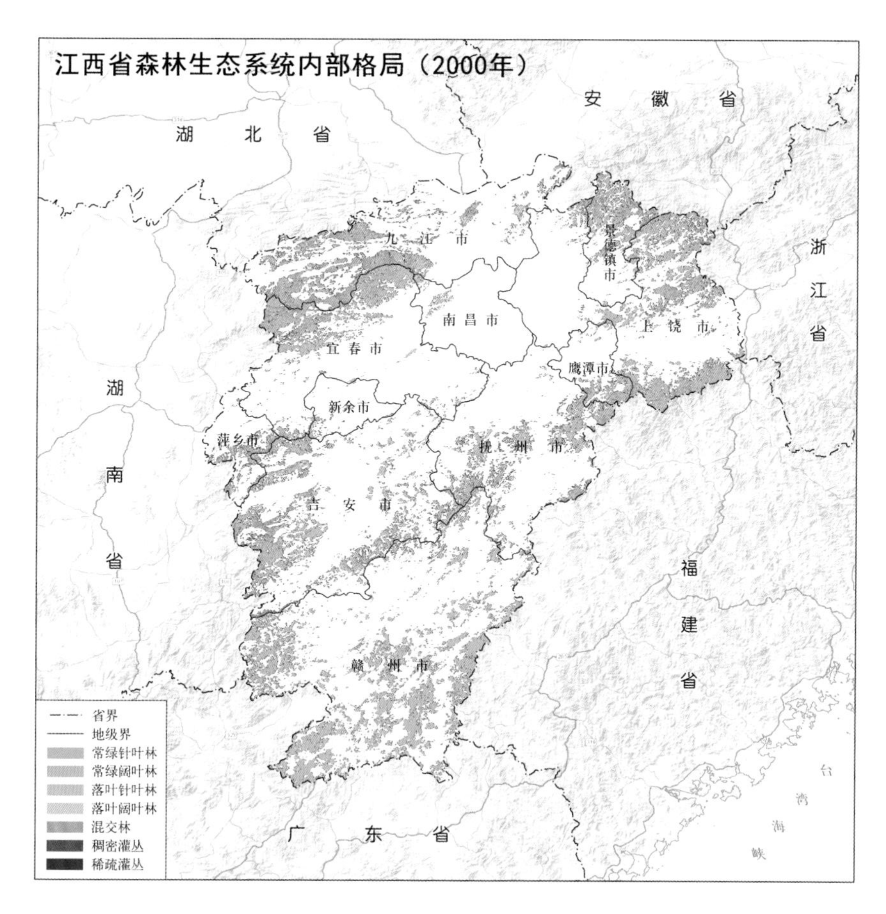
江西省森林生态系统内部格局（2000年）
安　徽　省
湖　北　省
浙江省
湖南省
福建省
广　东　省
九　江　市
景德镇市
南昌市
上饶市
宜春市
鹰潭市
新余市
萍乡市
抚　州　市
吉　安　市
赣　州　市
台湾海峡
省界
地级界
常绿针叶林
常绿阔叶林
落叶针叶林
落叶阔叶林
混交林
稠密灌丛
稀疏灌丛

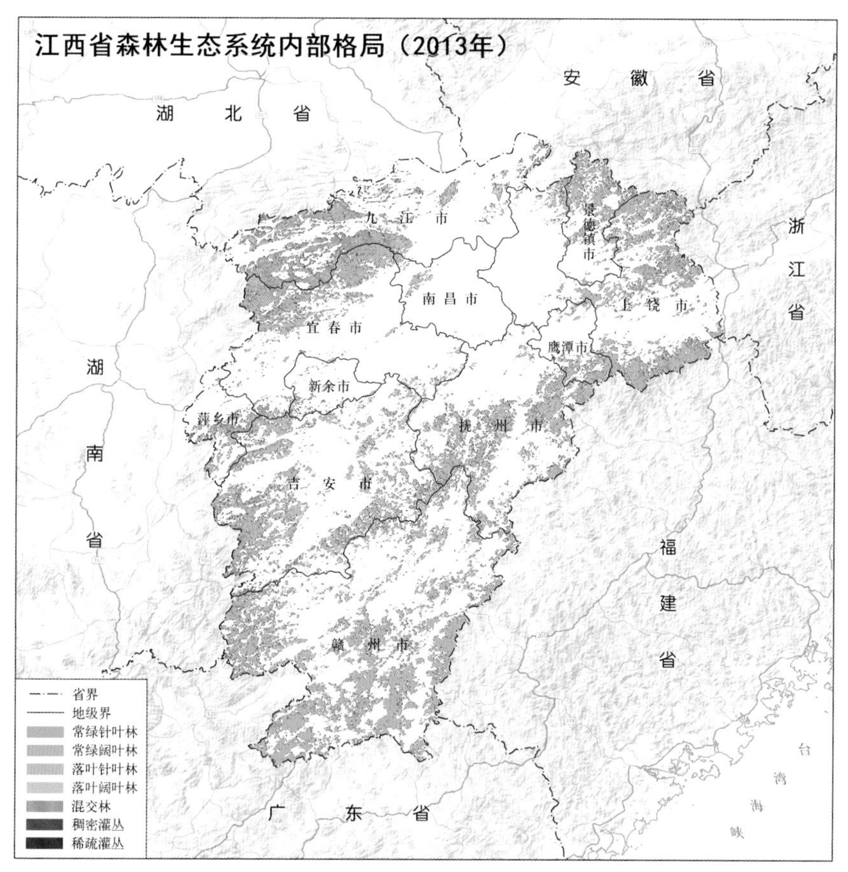
江西省森林生态系统内部格局（2013年）
安　徽　省
湖　北　省
浙江省
湖南省
福建省
广　东　省
九　江　市
景德镇市
南昌市
上饶市
宜春市
鹰潭市
新余市
萍乡市
抚　州　市
吉　安　市
赣　州　市
台湾海峡
省界
地级界
常绿针叶林
常绿阔叶林
落叶针叶林
落叶阔叶林
混交林
稠密灌丛
稀疏灌丛

2.1.4 湖南省森林生态系统内部格局

湖南省森林生态系统类型内部格局数据格式为矢量数据，数据时间为1990年、2000年和2013年。

该数据表明，从1990年到2010年，湖南省常绿阔叶林分布较为广泛，且面积逐渐扩大；常绿灌丛分布较为稀疏，且面积较小。

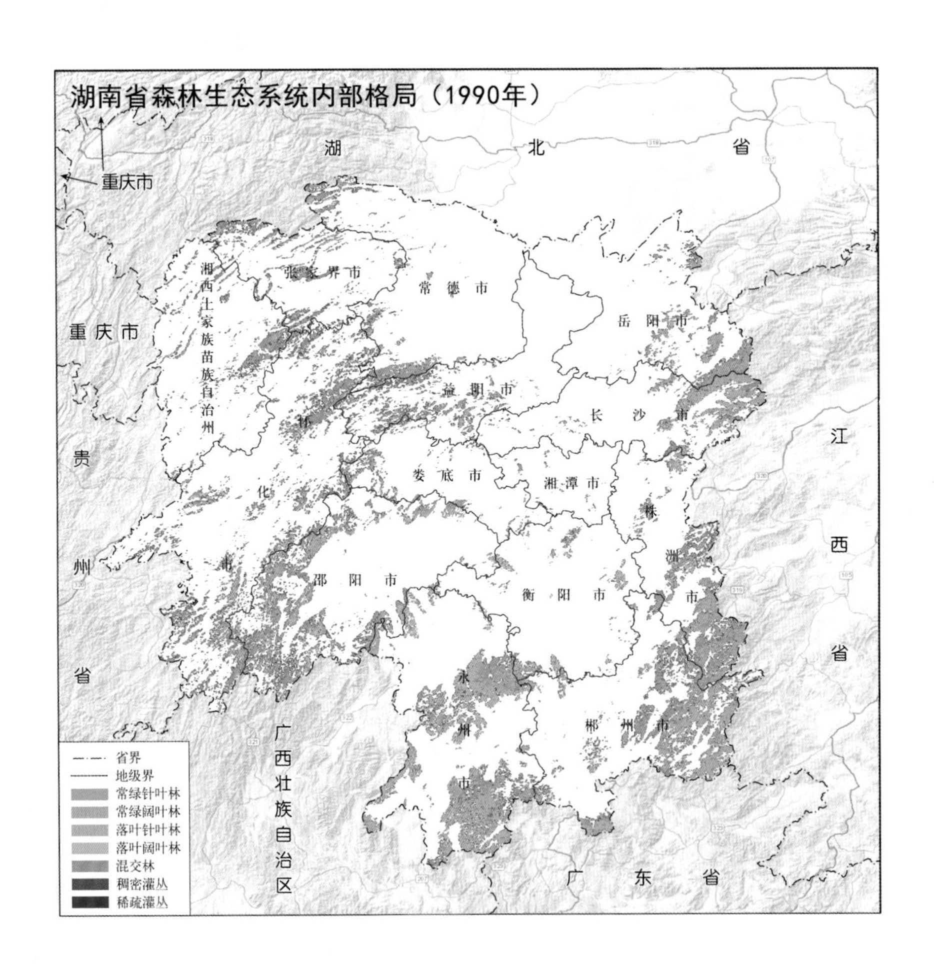

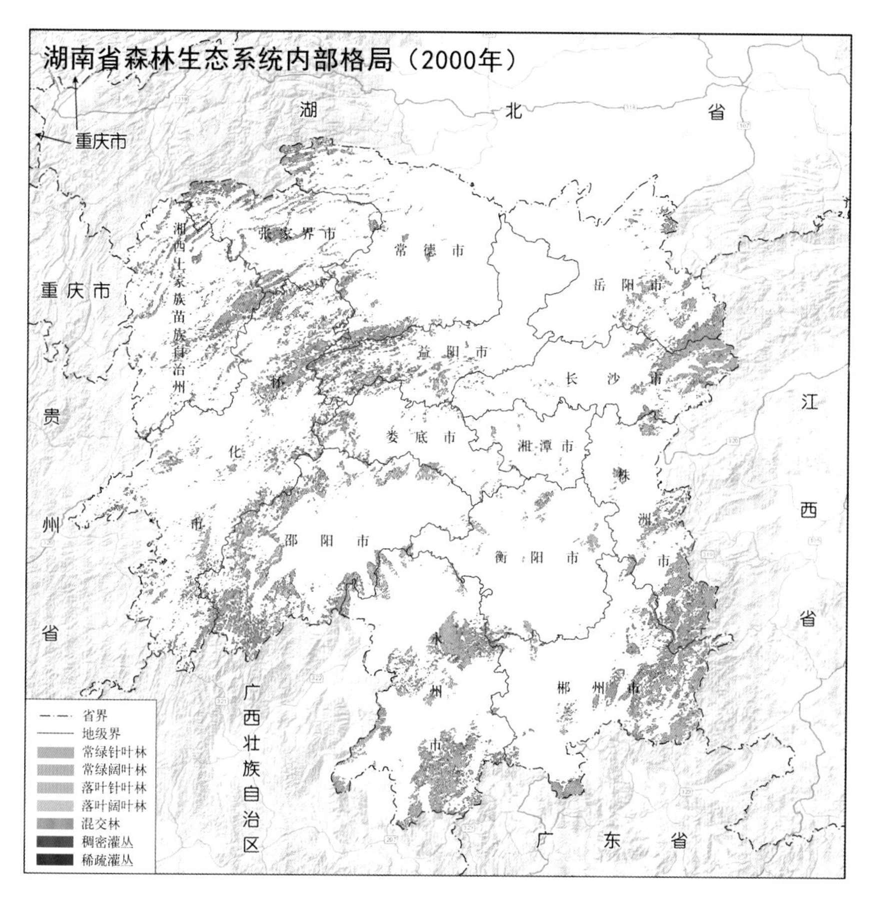
湖南省森林生态系统内部格局（2000年）
湖
北
省
重庆市
重庆市
贵
州
省
湘西土家族苗族自治州
张家界市
常德市
岳阳市
益阳市
长沙市
怀化市
娄底市
湘潭市
株洲市
邵阳市
衡阳市
永州市
郴州市
江
西
省
广西壮族自治区
广东省
省界
地级界
常绿针叶林
常绿阔叶林
落叶针叶林
落叶阔叶林
混交林
稠密灌丛
稀疏灌丛

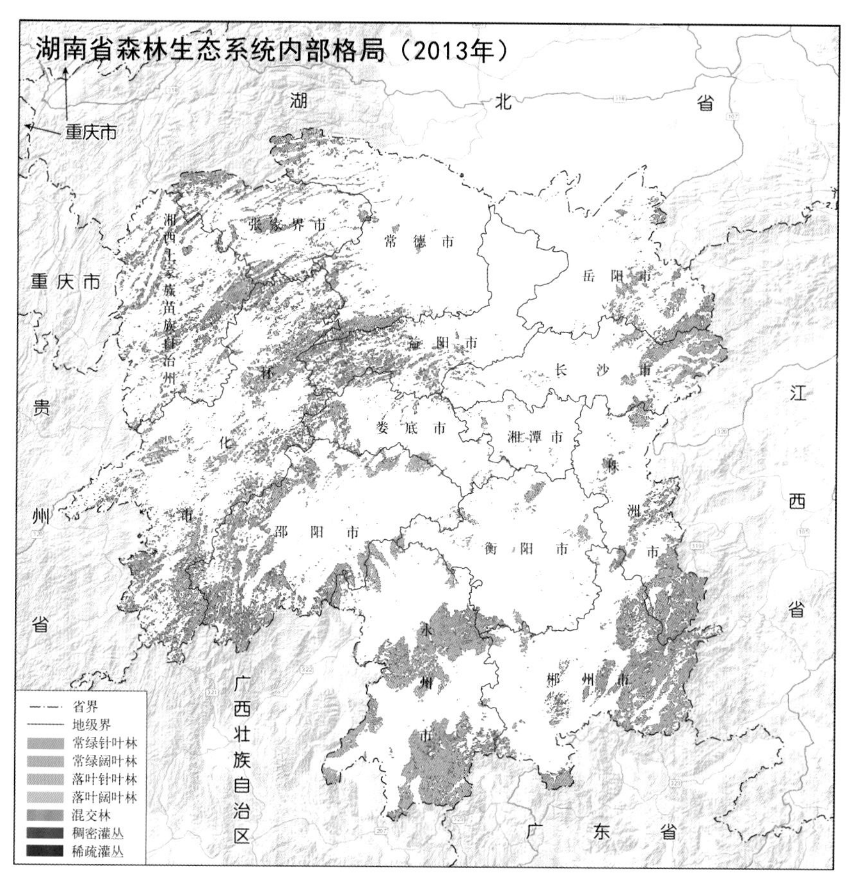
湖南省森林生态系统内部格局（2013年）
湖
北
省
重庆市
重庆市
贵
州
省
湘西土家族苗族自治州
张家界市
常德市
岳阳市
益阳市
长沙市
怀化市
娄底市
湘潭市
株洲市
邵阳市
衡阳市
永州市
郴州市
江
西
省
广西壮族自治区
广东省
省界
地级界
常绿针叶林
常绿阔叶林
落叶针叶林
落叶阔叶林
混交林
稠密灌丛
稀疏灌丛

2.2 闽浙赣湘草地生态系统内部格局

草地分为温带草丛、亚热带—热带草丛、温带禾草、杂类草草甸、苔草及杂类草沼泽化草甸、山地草甸等。

闽浙赣湘草地生态系统类型内部格局数据格式为矢量数据，数据时间为1990年、2000年和2013年。

该数据表明，闽浙赣湘四省草地生态系统主要为山地草甸和低地草甸两类，分布较为分散，在福建省较多，从1990年到2013年总体分布有所减少。

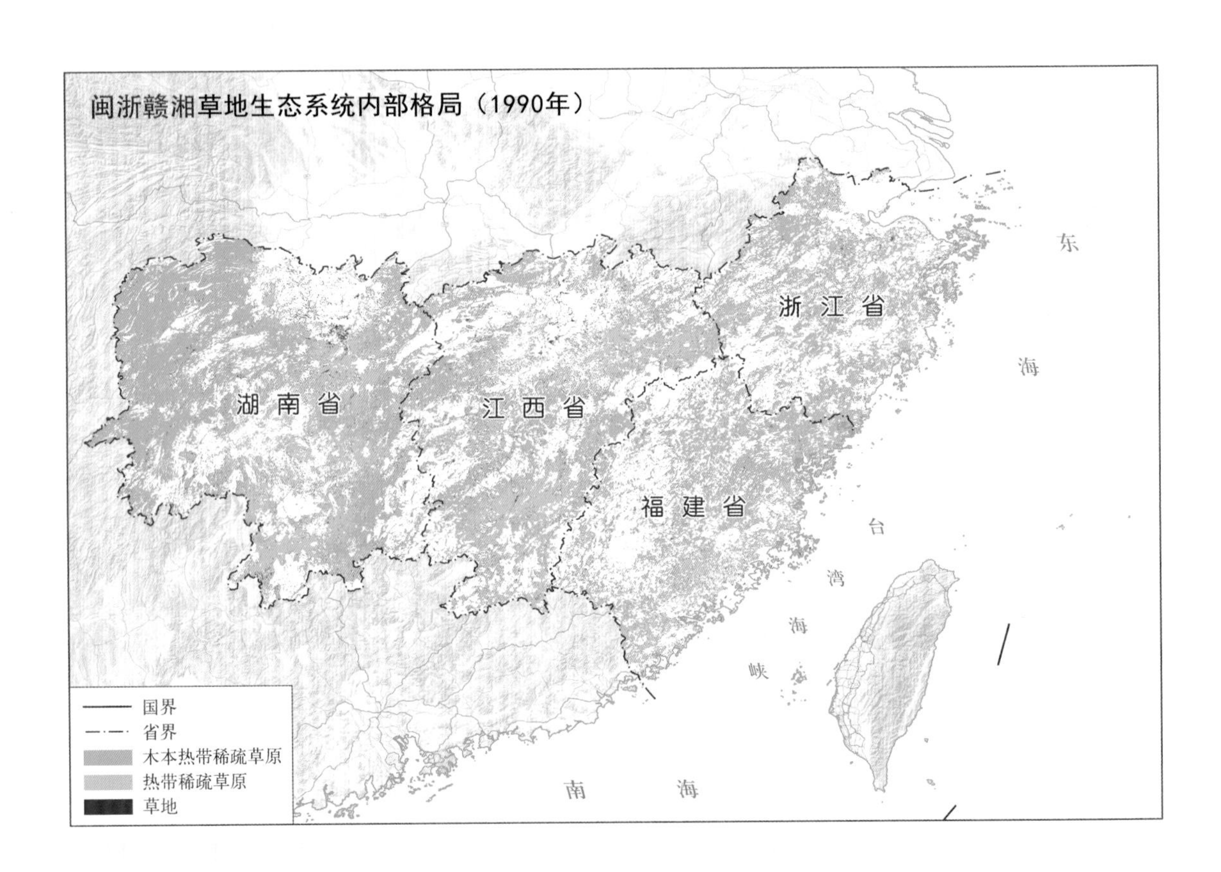

闽浙赣湘草地生态系统内部格局（1990年）

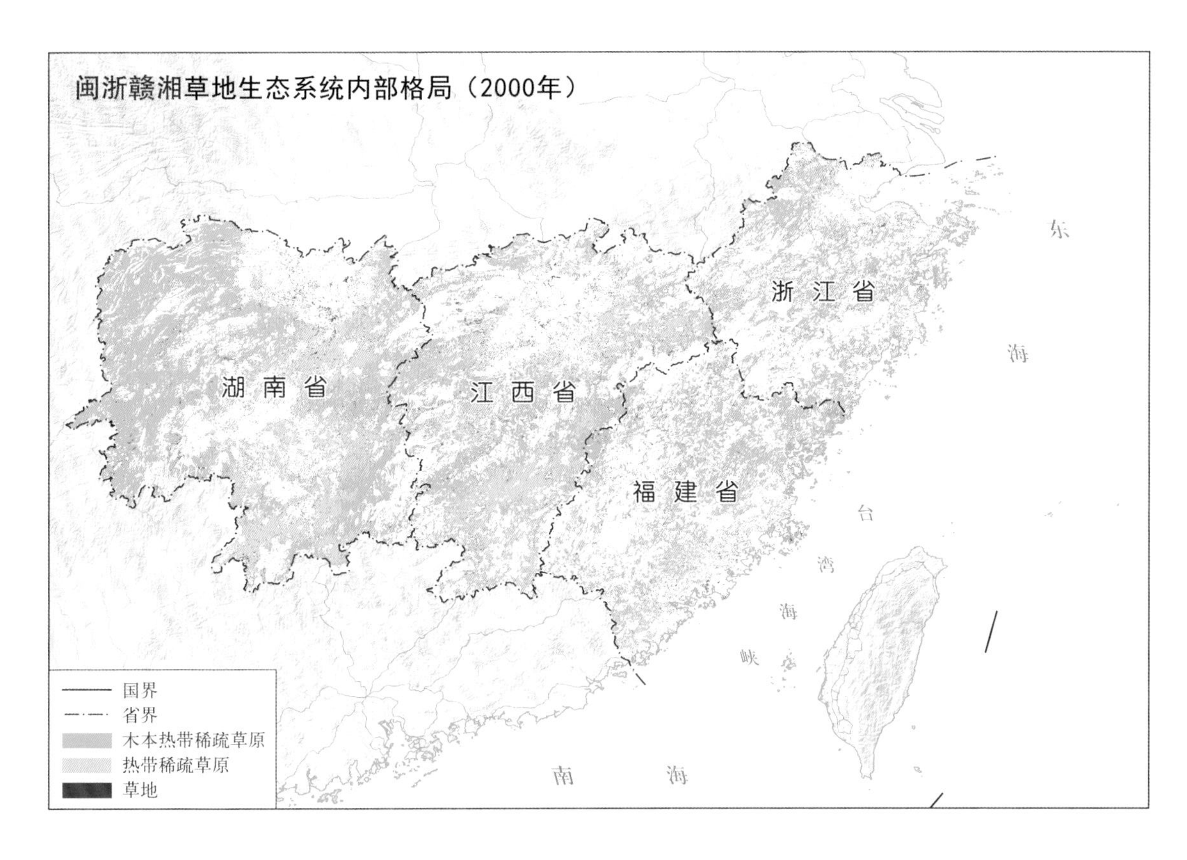
闽浙赣湘草地生态系统内部格局（2000年）
湖南省
江西省
浙江省
福建省
东
海
台
湾
海
峡
南
海
国界
省界
木本热带稀疏草原
热带稀疏草原
草地

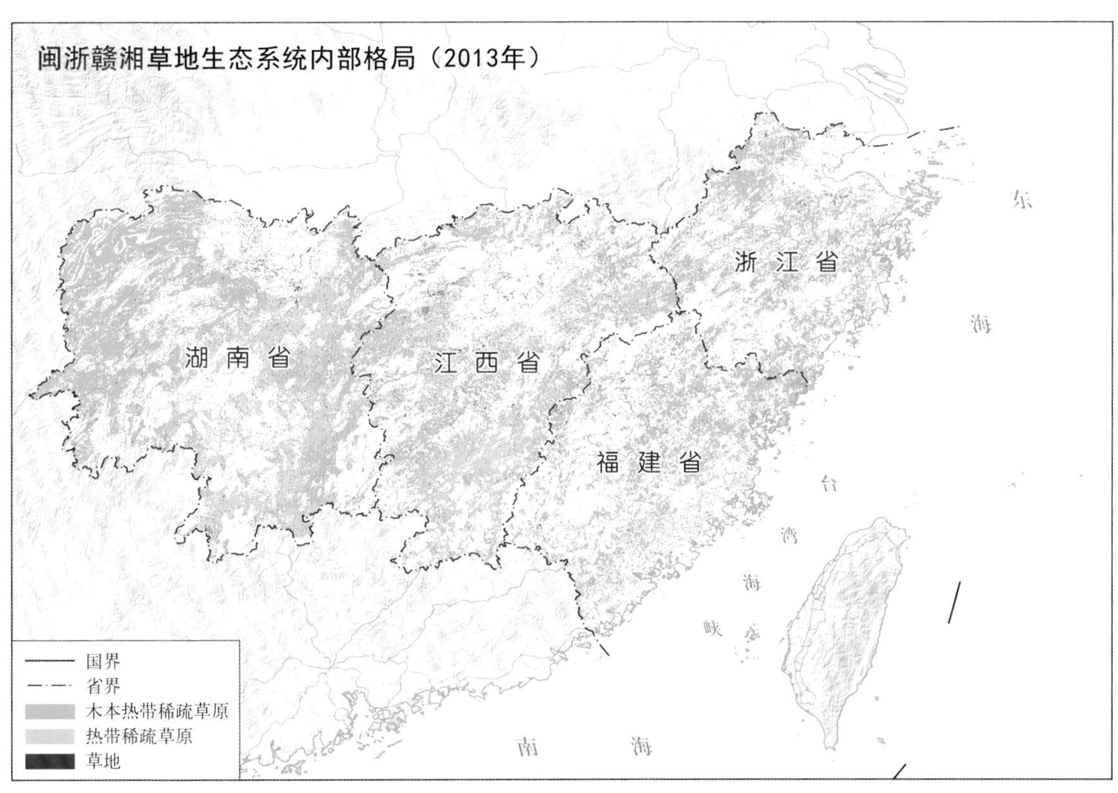
闽浙赣湘草地生态系统内部格局（2013年）
湖南省
江西省
浙江省
福建省
东
海
台
湾
海
峡
南
海
国界
省界
木本热带稀疏草原
热带稀疏草原
草地

2.2.1 福建省草地生态系统内部格局

福建省草地生态系统类型内部格局数据格式为矢量数据，数据时间为1990年、2000年和2013年。

该数据表明，从1990年至2013年，福建省山地草甸和低地草甸分布都比较分散，山地草甸集中区域有了一定的变化，分散程度有所减少。

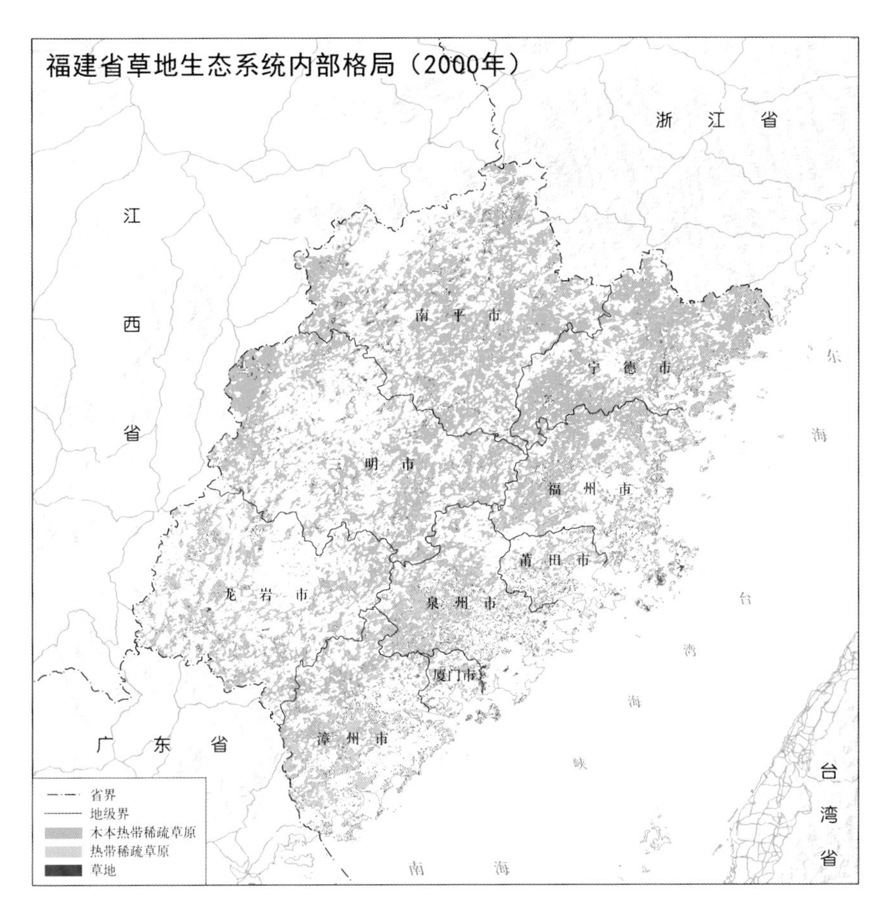
福建省草地生态系统内部格局（2000年）
浙　江　省
江
西
省
南　平　市
宁　德　市
三　明　市
福　州　市
莆　田　市
龙　岩　市
泉　州　市
厦门市
漳　州　市
广　东　省
东
海
台
湾
海
峡
台
湾
省
南　海
省界
地级界
木本热带稀疏草原
热带稀疏草原
草地

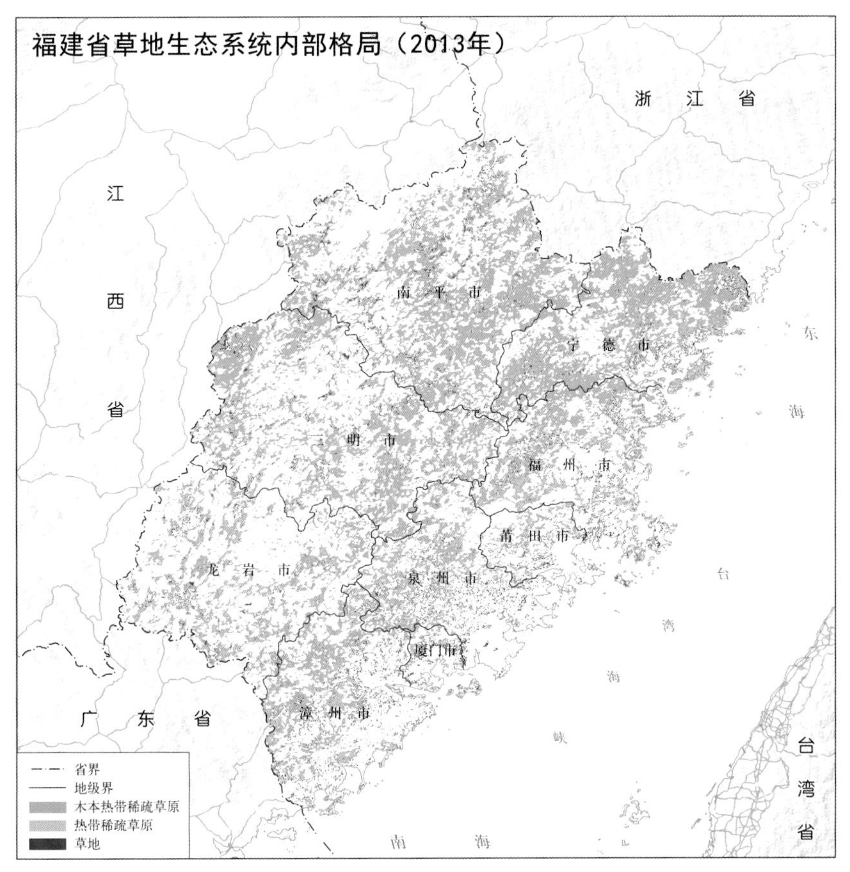
福建省草地生态系统内部格局（2013年）
浙　江　省
江
西
省
南　平　市
宁　德　市
明　市
福　州　市
莆　田　市
龙　岩　市
泉　州　市
厦门市
漳　州　市
广　东　省
东
海
台
湾
海
峡
台
湾
省
南　海
省界
地级界
木本热带稀疏草原
热带稀疏草原
草地

2.2.2 浙江省草地生态系统内部格局

浙江省草地生态系统类型内部格局数据格式为矢量数据，数据时间为1990年、2000年和2013年。

该数据表明，从1990年至2013年，浙江省山地草甸和低地草甸分布比较分散总体面积也比较小，且逐渐在减少。

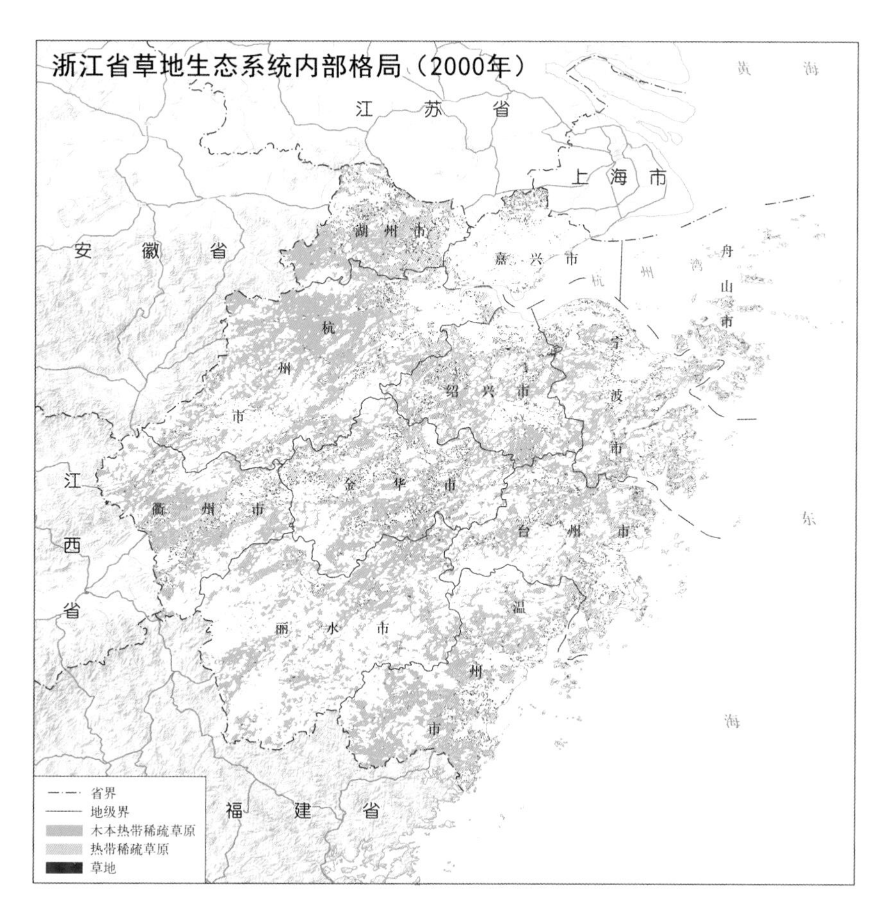
浙江省草地生态系统内部格局（2000年）
江苏省
上海市
黄海
安徽省
湖州市
嘉兴市
杭州湾
舟山市
杭州市
绍兴市
宁波市
金华市
衢州市
台州市
江西省
丽水市
温州市
东海
福建省
省界
地级界
木本热带稀疏草原
热带稀疏草原
草地

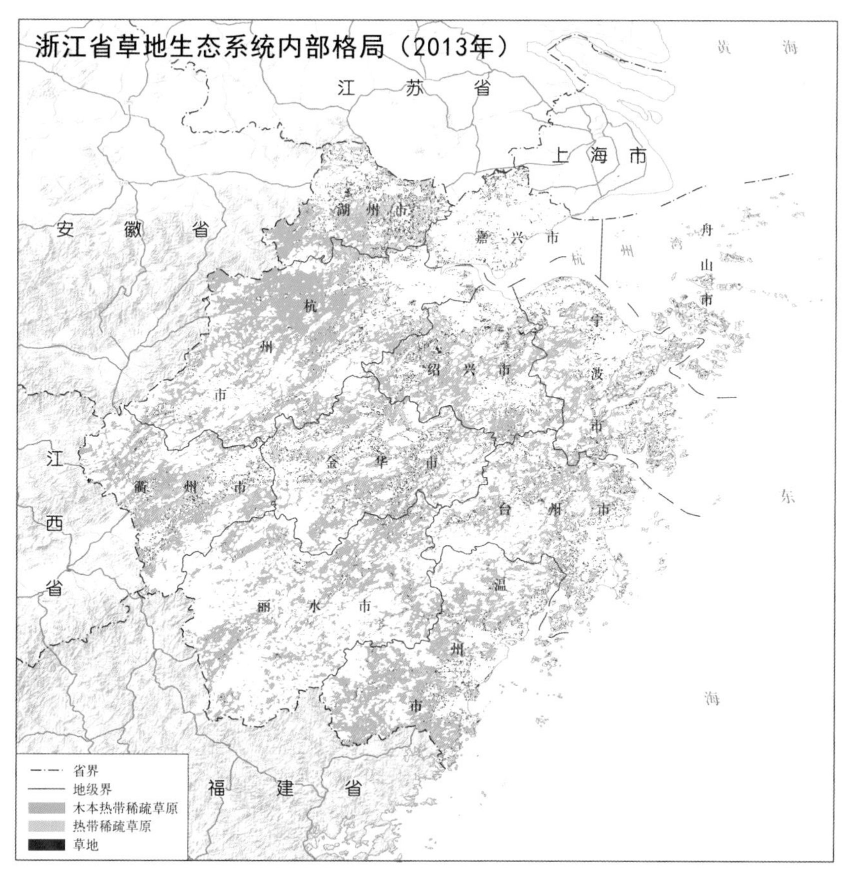
浙江省草地生态系统内部格局（2013年）
江苏省
上海市
黄海
安徽省
湖州市
嘉兴市
杭州湾
舟山市
杭州市
绍兴市
宁波市
金华市
衢州市
台州市
江西省
丽水市
温州市
东海
福建省
省界
地级界
木本热带稀疏草原
热带稀疏草原
草地

2.2.3 江西省草地生态系统内部格局

江西省草地生态系统类型内部格局数据格式为矢量数据，数据时间为1990年、2000年和2013年。

该数据表明，从1990年到2013年，江西省山地草甸和低地草甸分布较为分散，山地草甸有所减少，低地草甸有所增多。

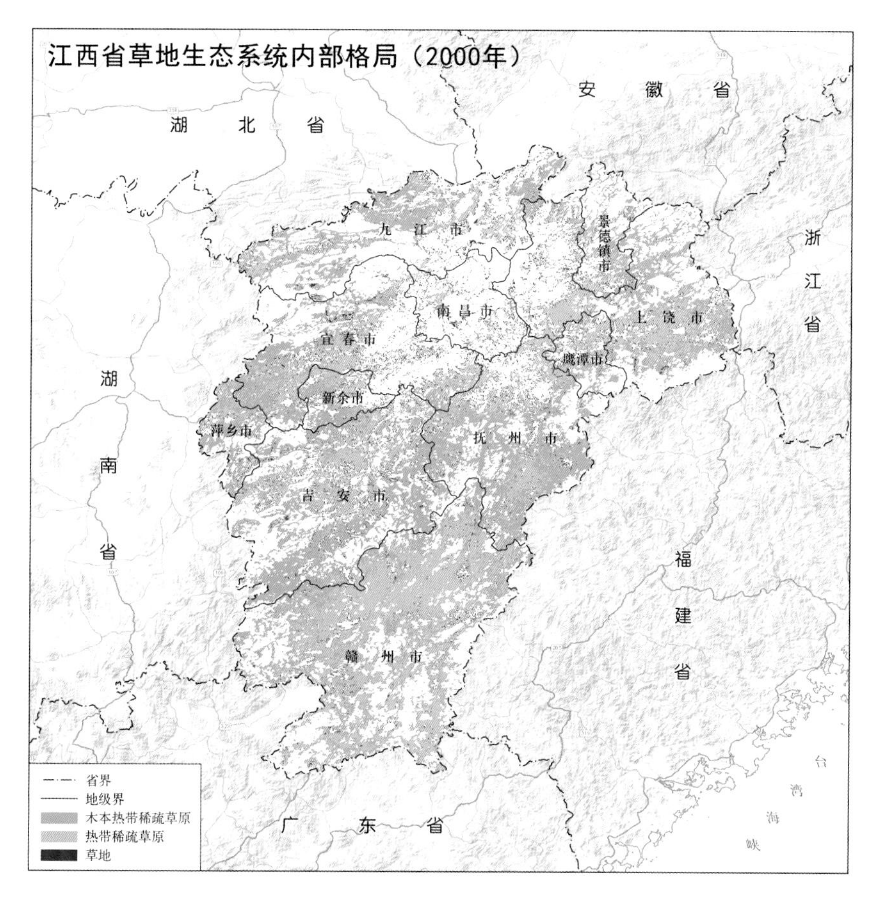
江西省草地生态系统内部格局（2000年）
安　徽　省
湖　北　省
九　江　市
景德镇市
浙　江　省
南昌市
上　饶　市
宜春市
鹰潭市
湖　南　省
新余市
萍乡市
抚　州　市
吉　安　市
福　建　省
赣　州　市
台　湾　海　峡
广　东　省
省界
地级界
木本热带稀疏草原
热带稀疏草原
草地

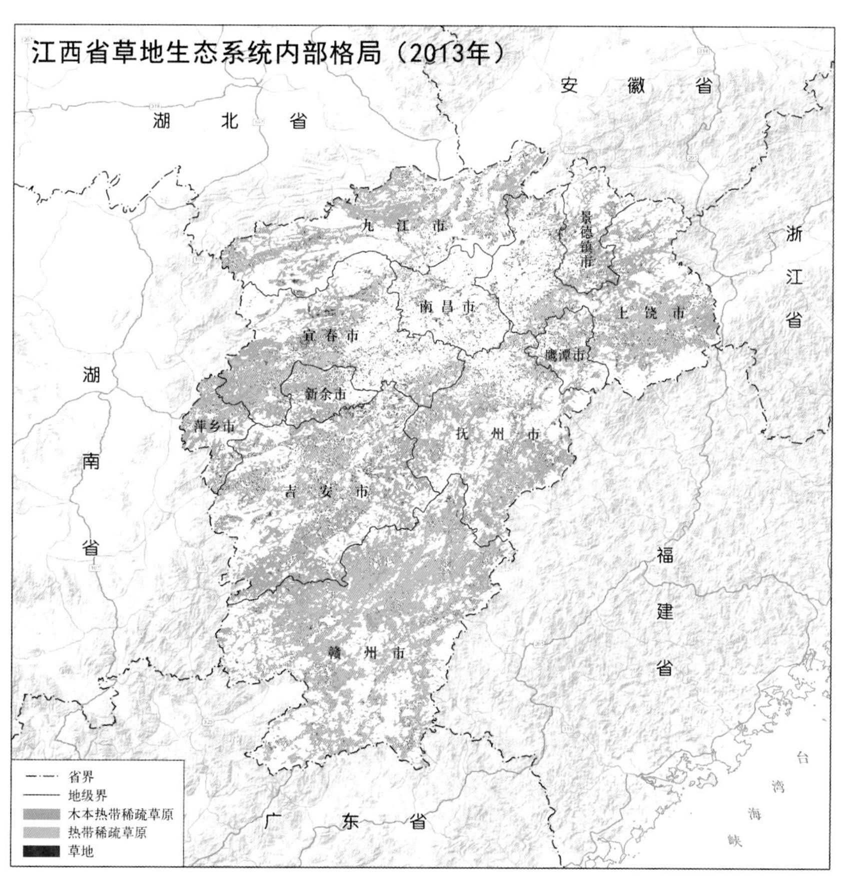
江西省草地生态系统内部格局（2013年）
安　徽　省
湖　北　省
九　江　市
景德镇市
浙　江　省
南昌市
上　饶　市
宜春市
鹰潭市
湖　南　省
新余市
萍乡市
抚　州　市
吉　安　市
福　建　省
赣　州　市
台　湾　海　峡
广　东　省
省界
地级界
木本热带稀疏草原
热带稀疏草原
草地

2.2.4 湖南省草地生态系统内部格局

湖南省草地生态系统类型内部格局数据格式为矢量数据，数据时间为1990年、2000年和2013年。

该数据表明，从1990年到2010年，湖南省山地草甸分布较广，主要在西北部和南部地区，分布范围有所减少，低地草甸分布面积较小。

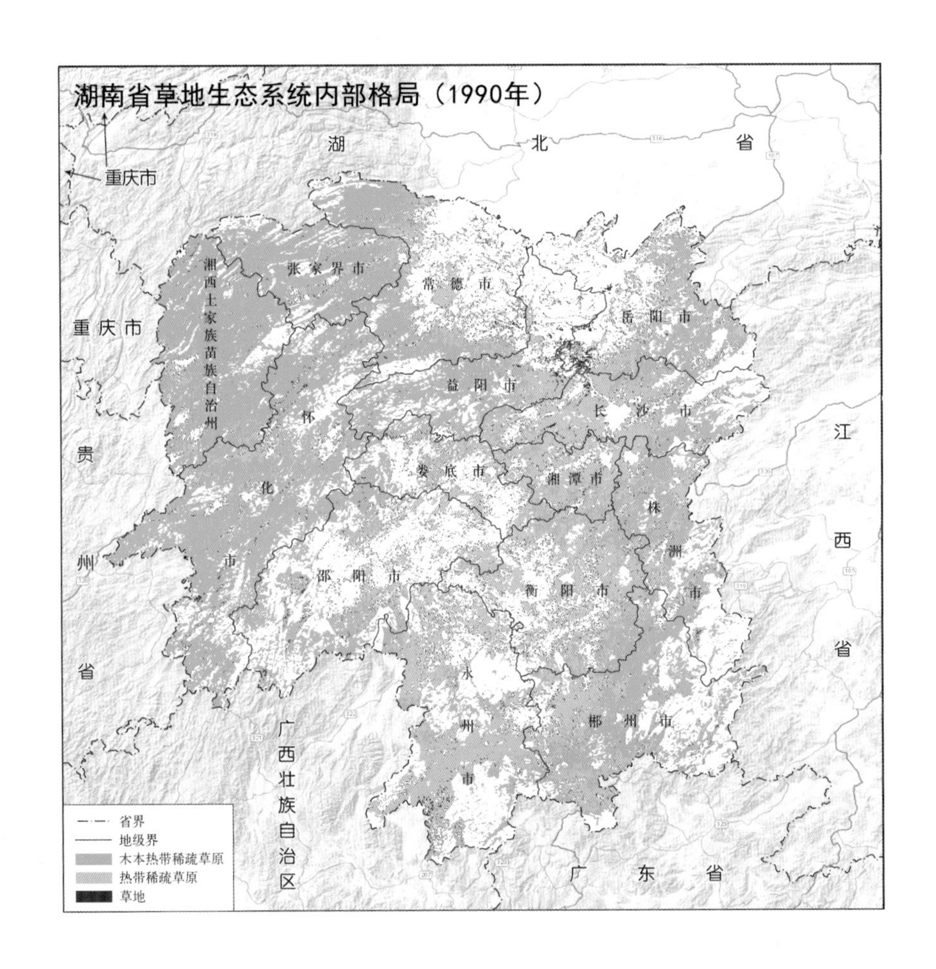

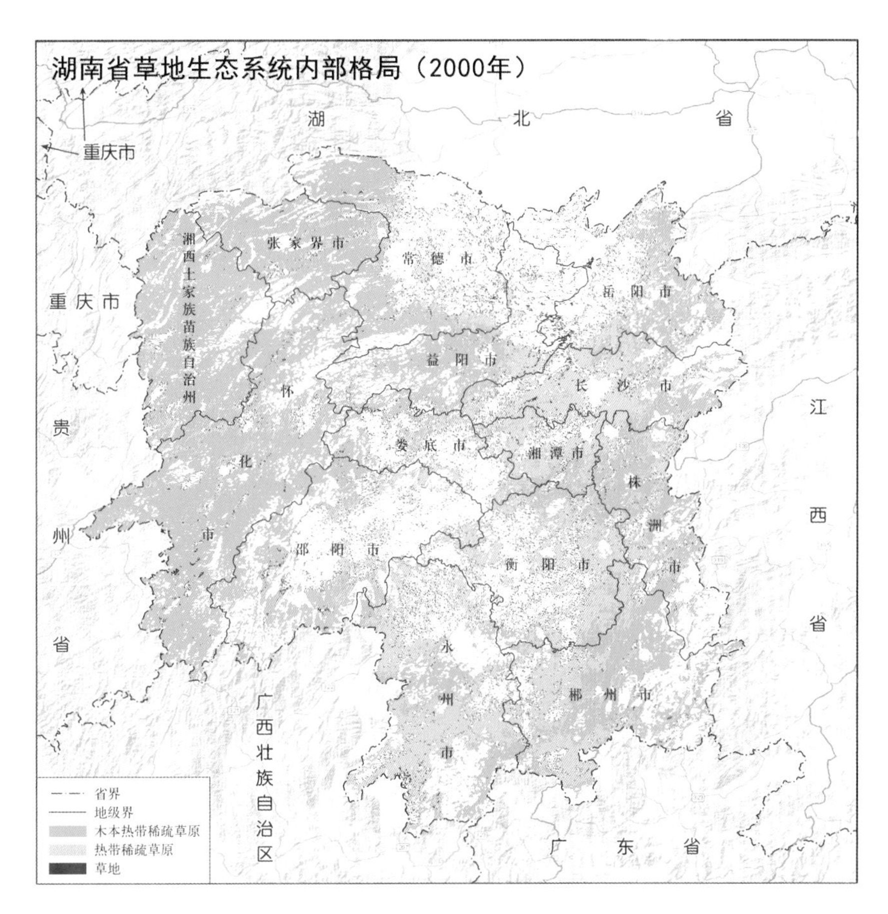
湖南省草地生态系统内部格局（2000年）
湖北省
重庆市
湘西土家族苗族自治州
张家界市
常德市
岳阳市
益阳市
长沙市
怀化市
娄底市
湘潭市
株洲市
邵阳市
衡阳市
永州市
郴州市
贵州省
江西省
广西壮族自治区
广东省
省界
地级界
木本热带稀疏草原
热带稀疏草原
草地

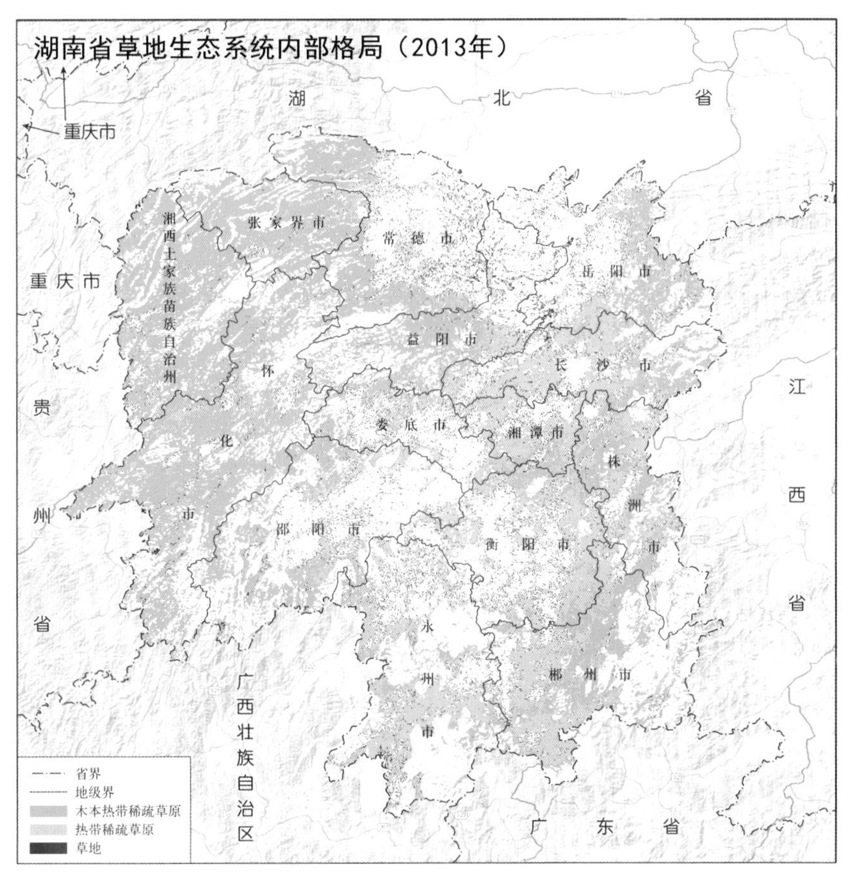
湖南省草地生态系统内部格局（2013年）
湖北省
重庆市
湘西土家族苗族自治州
张家界市
常德市
岳阳市
益阳市
长沙市
怀化市
娄底市
湘潭市
株洲市
邵阳市
衡阳市
永州市
郴州市
贵州省
江西省
广西壮族自治区
广东省
省界
地级界
木本热带稀疏草原
热带稀疏草原
草地

2.3 闽浙赣湘农田生态系统内部格局

农田生态系统是为人类提供食物及化工原料等种植农作物的半人工生态系统。农田分为水田和旱地。

闽浙赣湘农田生态系统内部格局数据格式为矢量数据，数据时间为 1990 年、2000 年和 2013 年。

该数据表明，闽浙赣湘四省的农田生态系统分布较广，主要为水田，旱地面积较小，到 2013 年农田的面积整体变少，水田面积有了较为显著的减少。

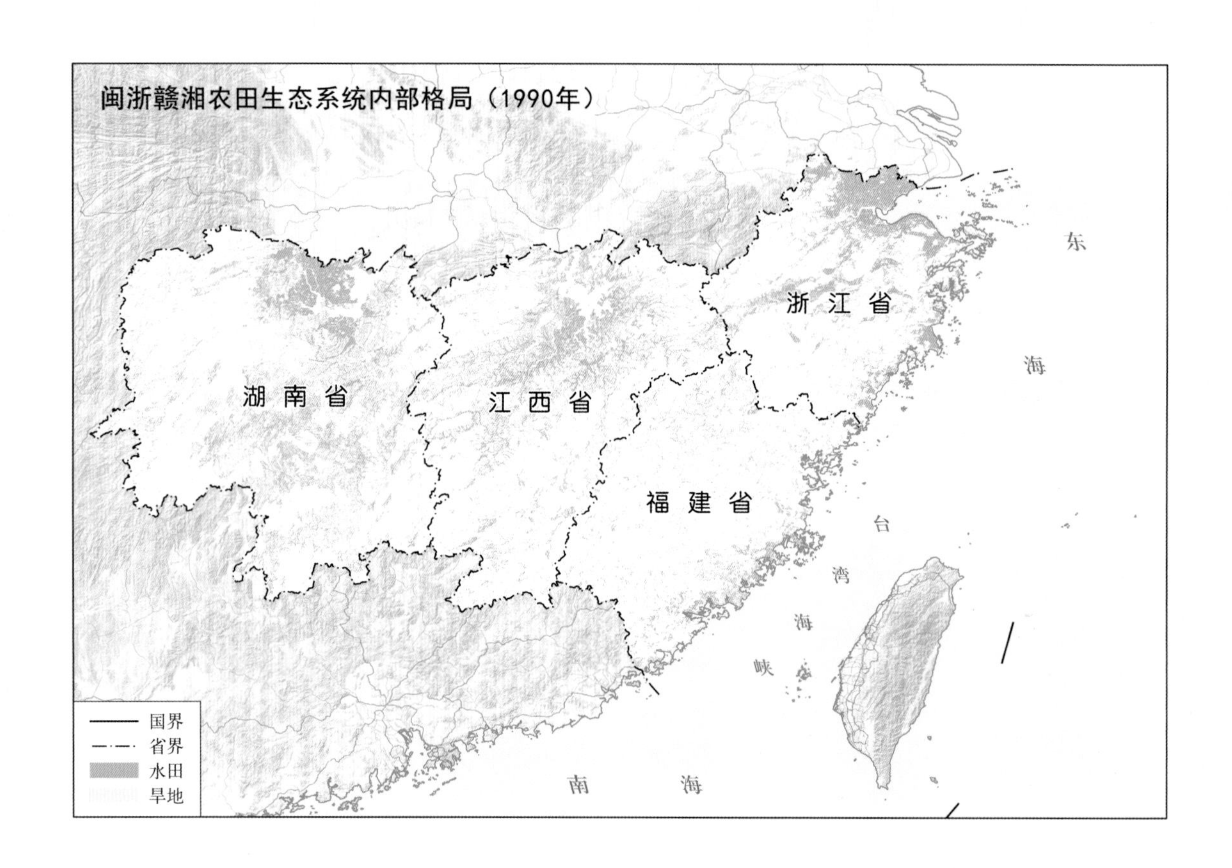

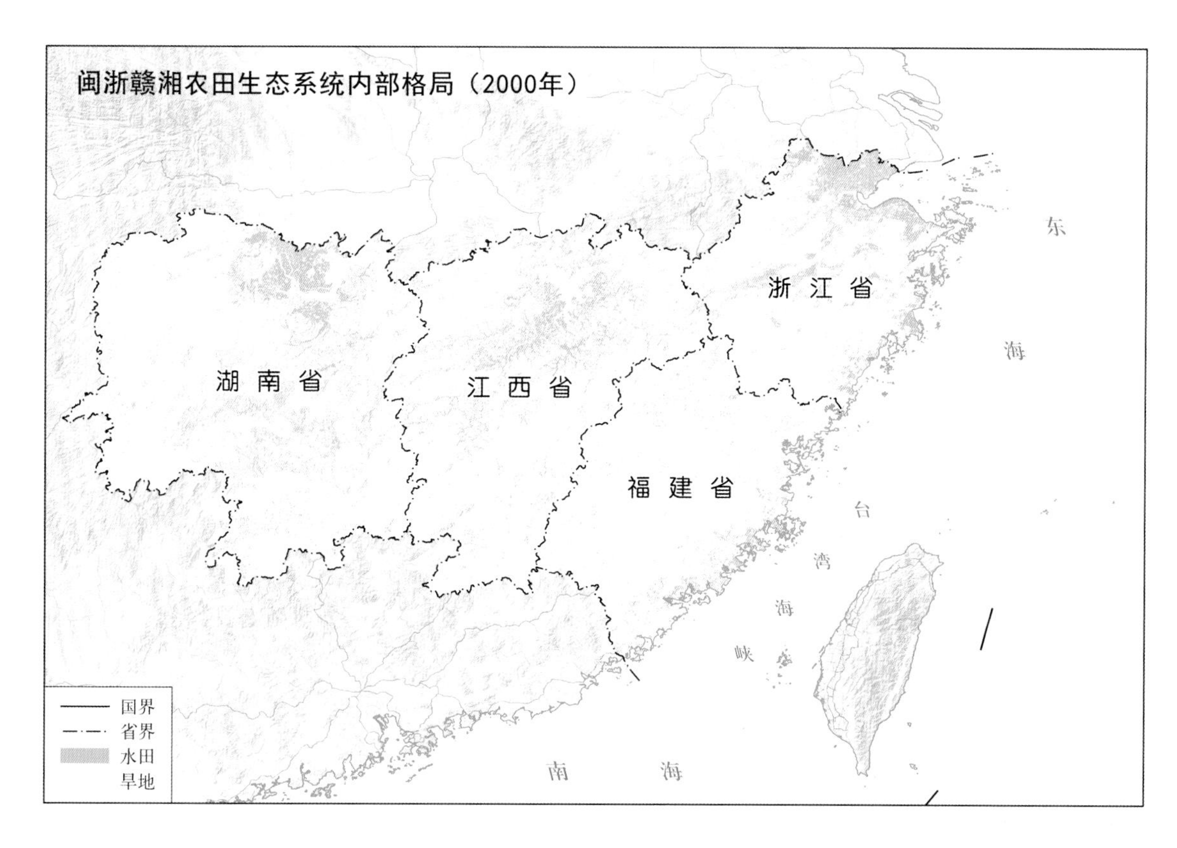
闽浙赣湘农田生态系统内部格局（2000年）
浙 江 省
湖 南 省
江 西 省
福 建 省
东
海
台
湾
海
峡
南
海
国界
省界
水田
旱地

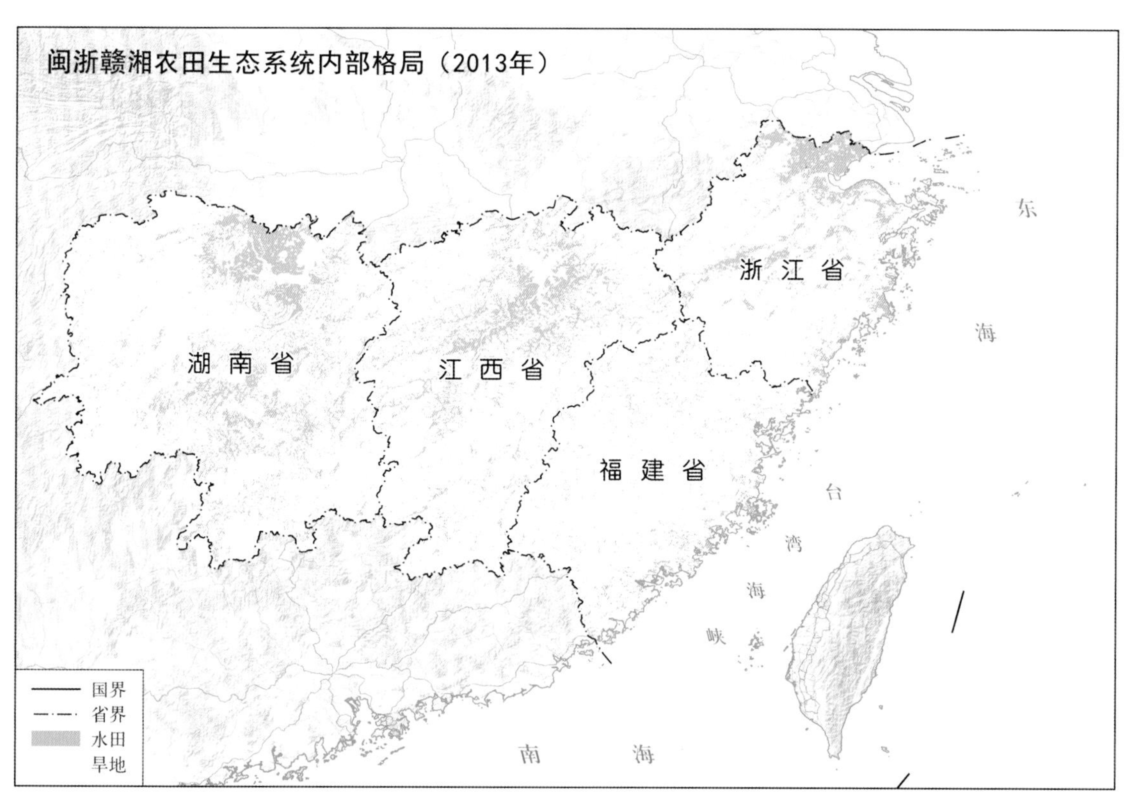
闽浙赣湘农田生态系统内部格局（2013年）
浙 江 省
湖 南 省
江 西 省
福 建 省
东
海
台
湾
海
峡
南
海
国界
省界
水田
旱地

2.3.1 福建省农田生态系统内部格局

福建省农田生态系统类型内部格局数据格式为矢量数据，数据时间为1990年、2000年和2013年。

该数据表明，从1990年至2013年，福建省各市均有水田旱地分布，且整体分布较为分散，在东南沿海地区较为集中，分布格局年变化不大。水田分布面积更大，旱地分布较为稀疏，且面积较小。截至2013年，福建省水田面积占农田生态系统面积的68%，旱地面积占占农田生态系统面积的32%。

福建省农田生态系统内部格局（2000年）
浙 江 省
江
西
省
南 平 市
宁 德 市
东
海
三 明 市
福 州 市
莆 田 市
龙 岩 市
泉 州 市
台
湾
厦门市
海
广
漳 州 市
峡
东
台
湾
省
省
南 海
省界
地级界
水田
旱地

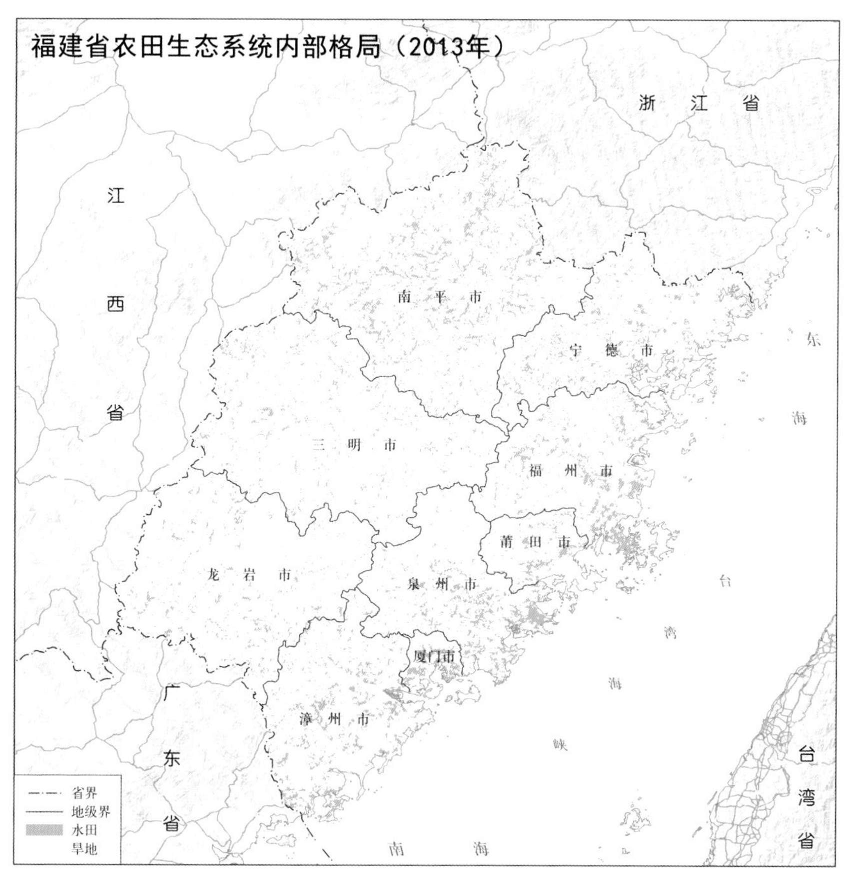
福建省农田生态系统内部格局（2013年）
浙 江 省
江
西
省
南 平 市
宁 德 市
东
海
三 明 市
福 州 市
莆 田 市
龙 岩 市
泉 州 市
台
湾
厦门市
海
广
漳 州 市
峡
东
台
湾
省
省
南 海
省界
地级界
水田
旱地

2.3.2 浙江省农田生态系统内部格局

浙江省农田生态系统类型内部格局数据格式为矢量数据，数据时间为 1990 年、2000 年和 2013 年。

该数据表明，从 1990 年至 2013 年，浙江省水田分布广泛，且面积较大，主要分布在东南区域及中部部分区域，旱地零星分布在各市，面积较少。截至 2013 年，浙江省水田占农田生态系统面积的 87%，旱地面积占占农田生态系统面积的 13%。

浙江省农田生态系统内部格局（1990年）

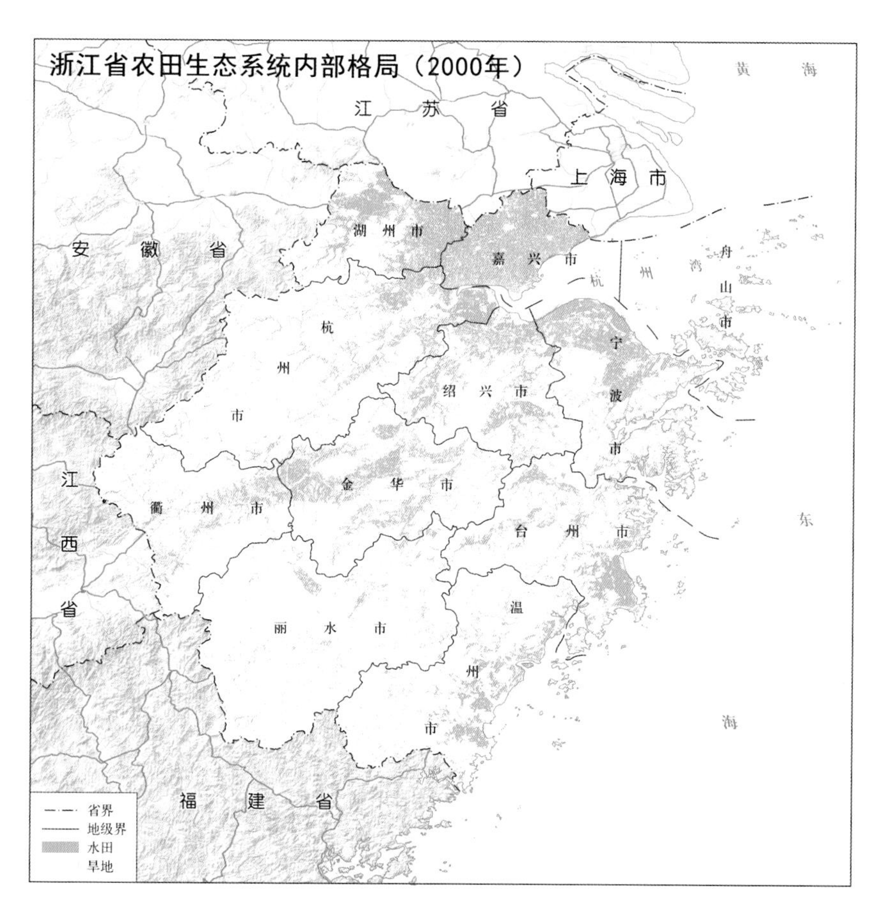
浙江省农田生态系统内部格局（2000年）
黄　海
江　苏　省
上　海　市
安　徽　省
湖　州　市
嘉　兴　市
杭　州　湾
舟　山　市
杭　州　市
绍　兴　市
宁　波　市
金　华　市
衢　州　市
江　西　省
台　州　市
丽　水　市
温　州　市
东　海
福　建　省
省界
地级界
水田
旱地

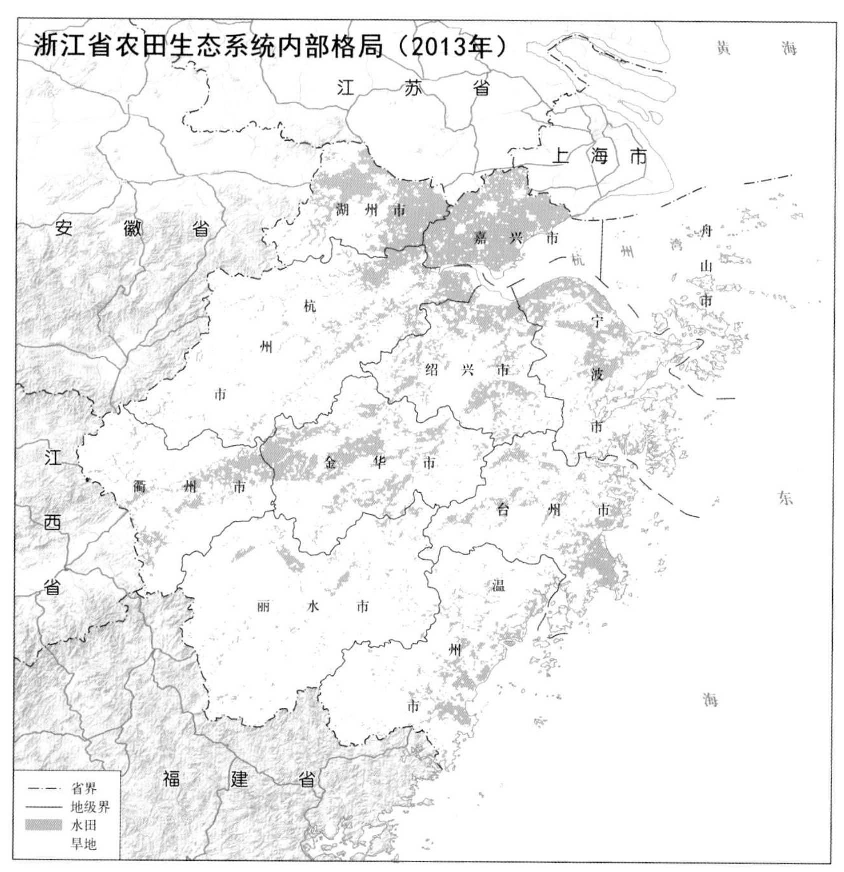
浙江省农田生态系统内部格局（2013年）
黄　海
江　苏　省
上　海　市
安　徽　省
湖　州　市
嘉　兴　市
杭　州　湾
舟　山　市
杭　州　市
绍　兴　市
宁　波　市
金　华　市
衢　州　市
江　西　省
台　州　市
丽　水　市
温　州　市
东　海
福　建　省
省界
地级界
水田
旱地

2.3.3 江西省农田生态系统内部格局

江西省农田生态系统类型内部格局数据格式为矢量数据，数据时间为 1990 年、2000 年和 2013 年。

该数据表明，从 1990 年到 2013 年，江西省水田分布较为广泛，且面积较大，主要分布在中部偏北区域，旱地分布较为稀疏，面积较小。农田生态系统内部格局年变化不大。截至 2013 年，江西省水田面积占农田生态系统面积的 72.5%，旱地面积占占农田生态系统面积的 27.5%。

江西省农田生态系统内部格局（2000年）
安 徽 省
湖 北 省
九 江 市
景德镇市
浙江省
南昌市
上 饶 市
宜 春 市
鹰潭市
湖南省
新余市
萍乡市
抚 州 市
吉 安 市
福建省
赣 州 市
台湾海峡
广 东 省
省界
地级界
水田
旱地

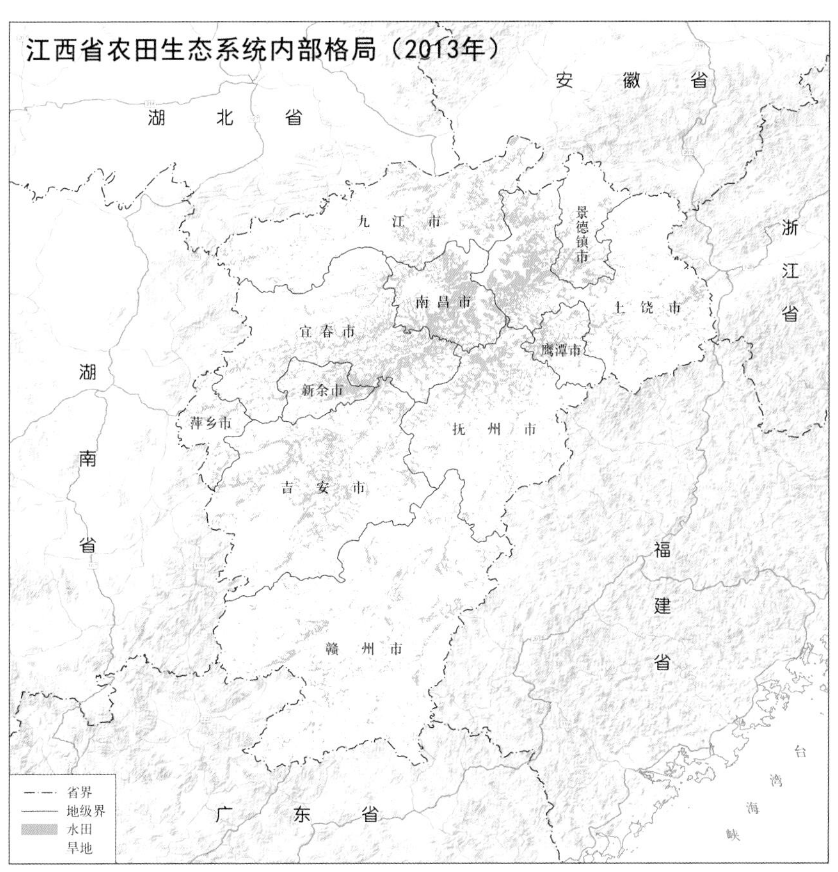
江西省农田生态系统内部格局（2013年）
安 徽 省
湖 北 省
九 江 市
景德镇市
浙江省
南昌市
上 饶 市
宜 春 市
鹰潭市
湖南省
新余市
萍乡市
抚 州 市
吉 安 市
福建省
赣 州 市
台湾海峡
广 东 省
省界
地级界
水田
旱地

2.3.4 湖南省农田生态系统内部格局

湖南省农田生态系统类型内部格局数据格式为矢量数据，数据时间为1990年、2000年和2013年。

该数据表明，从1990年到2013年，湖南省水田分布范围较广面积较大，旱地分布范围较小，主要分布在北部区域及中部部分区域，分布格局年变化不大。截至2013年，湖南省水田面积占农田生态系统面积的72.6%，旱地面积占占农田生态系统面积的27.4%。

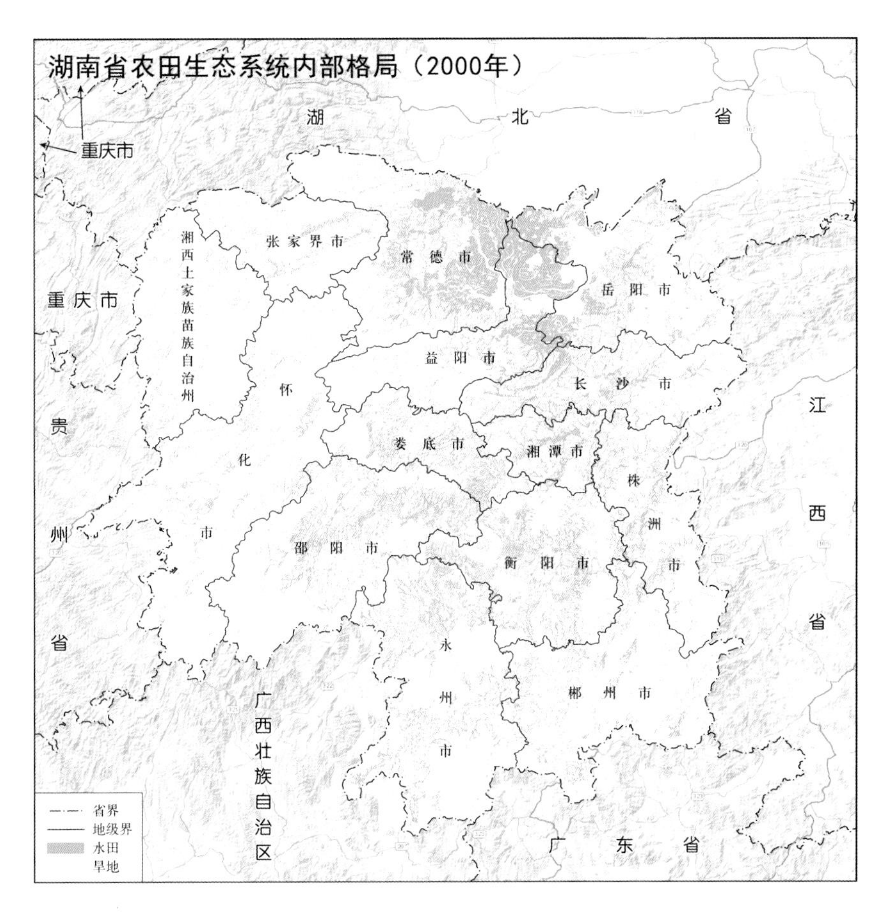
湖南省农田生态系统内部格局（2000年）
湖
北
省
重庆市
湘西土家族苗族自治州
张家界市
常德市
岳阳市
益阳市
长沙市
怀
化
市
娄底市
湘潭市
株
洲
市
邵阳市
衡阳市
永
州
市
郴州市
重庆市
贵
州
省
江
西
省
广西壮族自治区
广
东
省
省界
地级界
水田
旱地

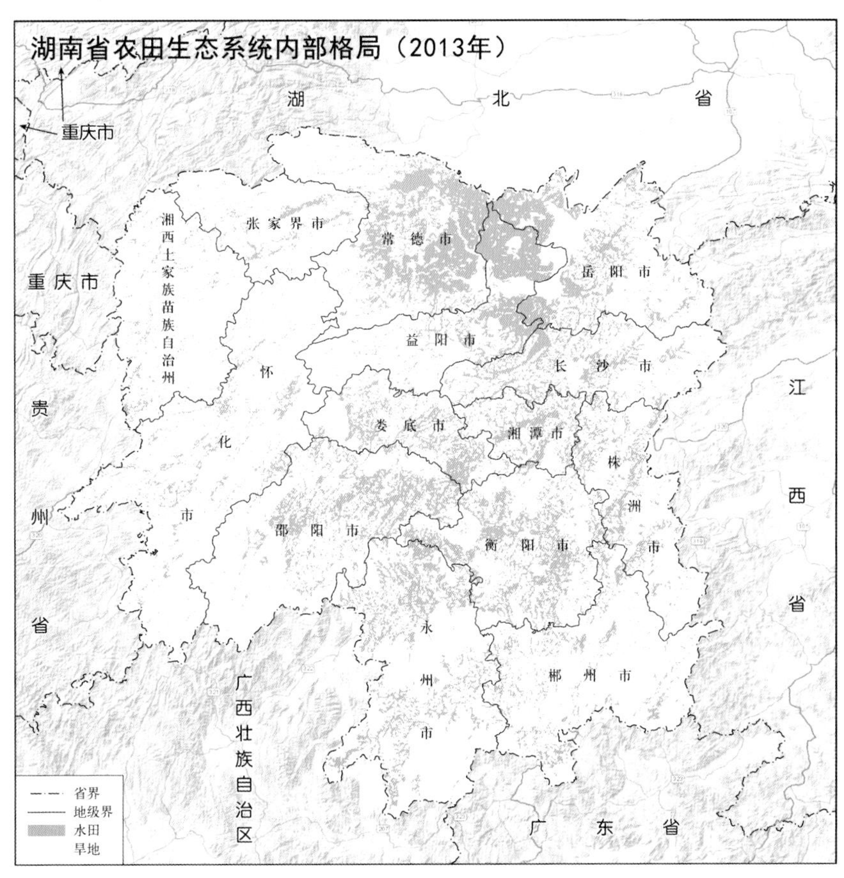
湖南省农田生态系统内部格局（2013年）
湖
北
省
重庆市
湘西土家族苗族自治州
张家界市
常德市
岳阳市
益阳市
长沙市
怀
化
市
娄底市
湘潭市
株
洲
市
邵阳市
衡阳市
永
州
市
郴州市
重庆市
贵
州
省
江
西
省
广西壮族自治区
广
东
省
省界
地级界
水田
旱地

2.4 闽浙赣湘水体与湿地生态系统内部格局

水体生态系统又分为河流、湖泊、水库、坑塘等，湿地是乔木湿地、灌木湿地和草本湿地。

闽浙赣湘水体与湿地生态系统类型内部格局数据格式为矢量数据，数据时间为 1990 年、2000 年和 2013 年。

该数据表明，闽浙赣湘四省的水体与湿地生态系统分布比较集中，且类型比较多样，到 2013 年分布格局变化不大。

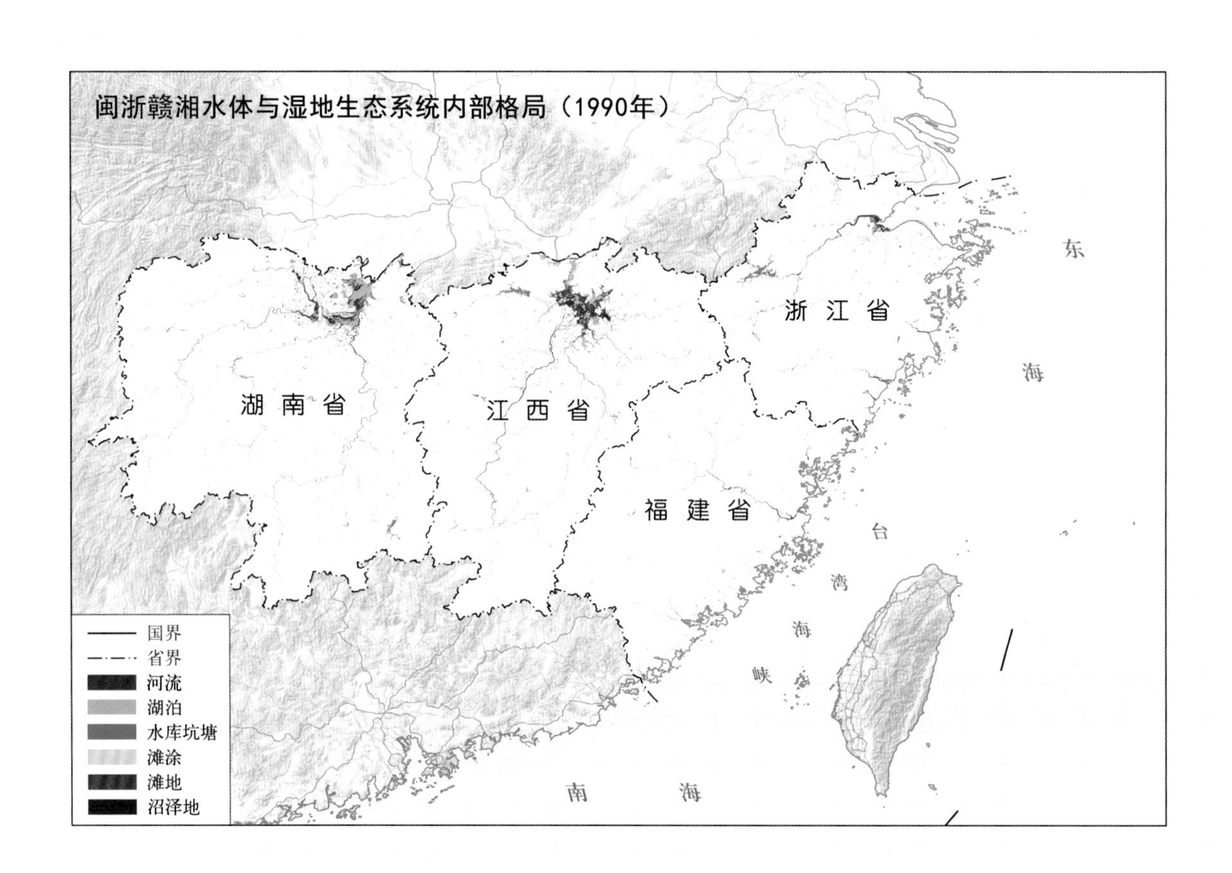

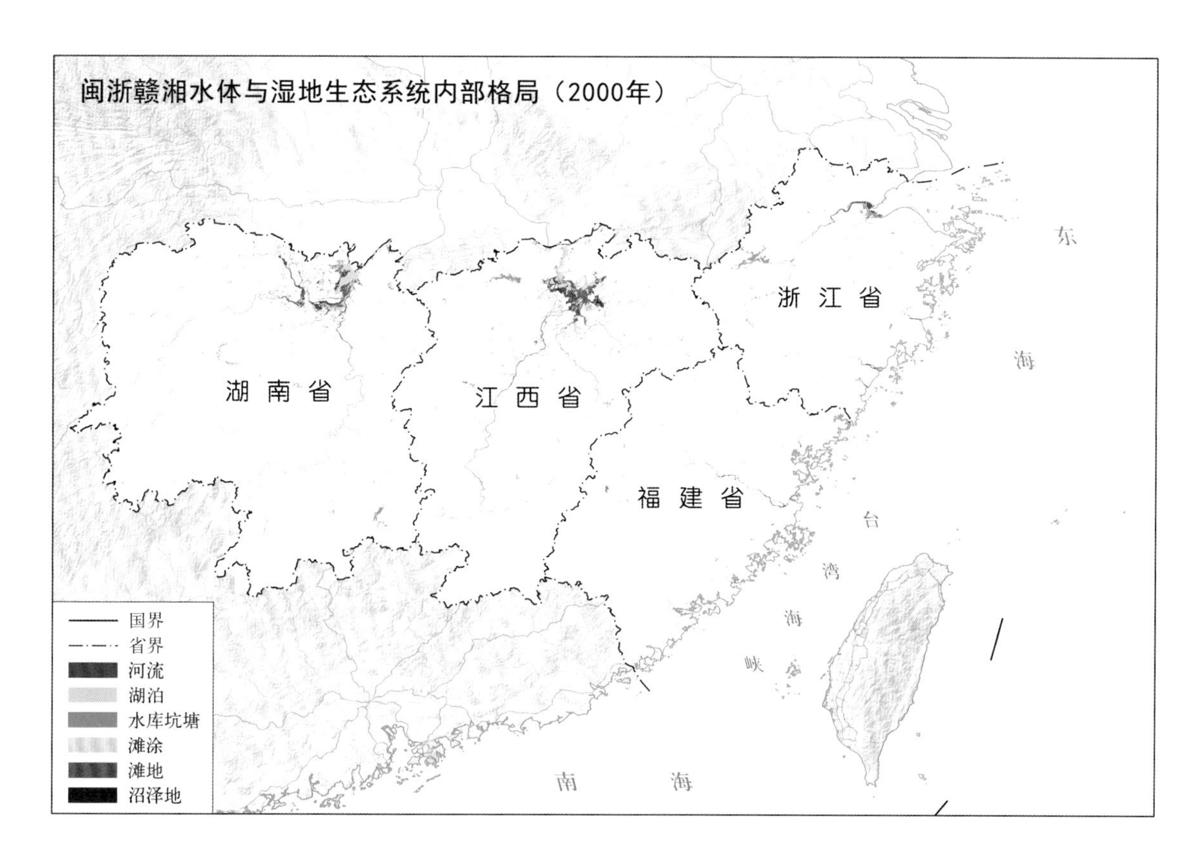
闽浙赣湘水体与湿地生态系统内部格局（2000年）
湖南省
江西省
浙江省
福建省
东
海
台
湾
海
峡
南
海
国界
省界
河流
湖泊
水库坑塘
滩涂
滩地
沼泽地

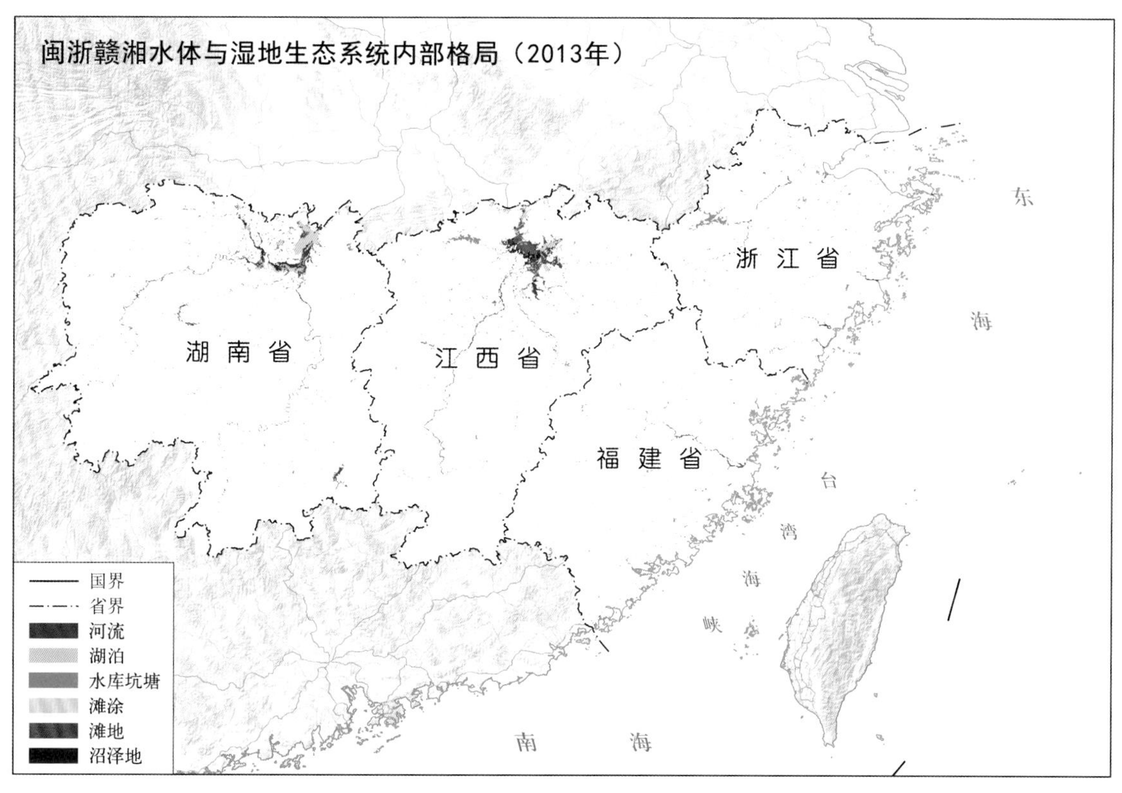
闽浙赣湘水体与湿地生态系统内部格局（2013年）
湖南省
江西省
浙江省
福建省
东
海
台
湾
海
峡
南
海
国界
省界
河流
湖泊
水库坑塘
滩涂
滩地
沼泽地

2.4.1 福建省水体与湿地生态系统内部格局

福建省水体与湿地生态系统类型内部格局数据格式为矢量数据，数据时间为1990年、2000年和2013年。

该数据表明，从1990年至2013年，福建省水体与湿地生态系统中主要是河流，其次为水库坑塘，水库坑塘主要沿东南海岸分布，其余格局如湖泊、滩涂、滩地分布较少，分布格局年变化不大。截至2013年，福建省河流面积占水体与湿地生态系统总面积的38%；水库坑塘次之，占32%；湖泊面积最小，仅占水体与湿地生态系统总面积的2%。

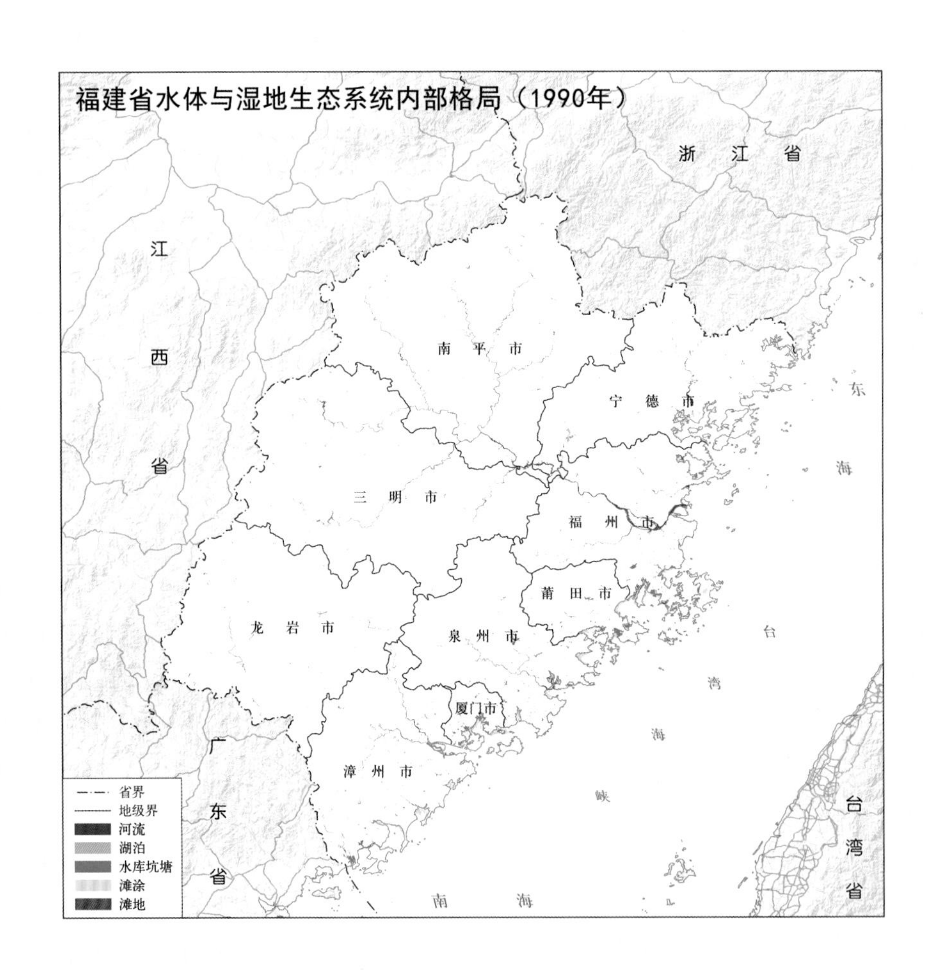

福建省水体与湿地生态系统内部格局（2000年）
浙　江　省
江
西
省
南　平　市
宁　德　市
东
海
三　明　市
福　州　市
莆　田　市
龙　岩　市
泉　州　市
台
湾
海
峡
厦门市
漳　州　市
广
东
省
台
湾
省
南　海
省界
地级界
河流
湖泊
水库坑塘
滩涂
滩地

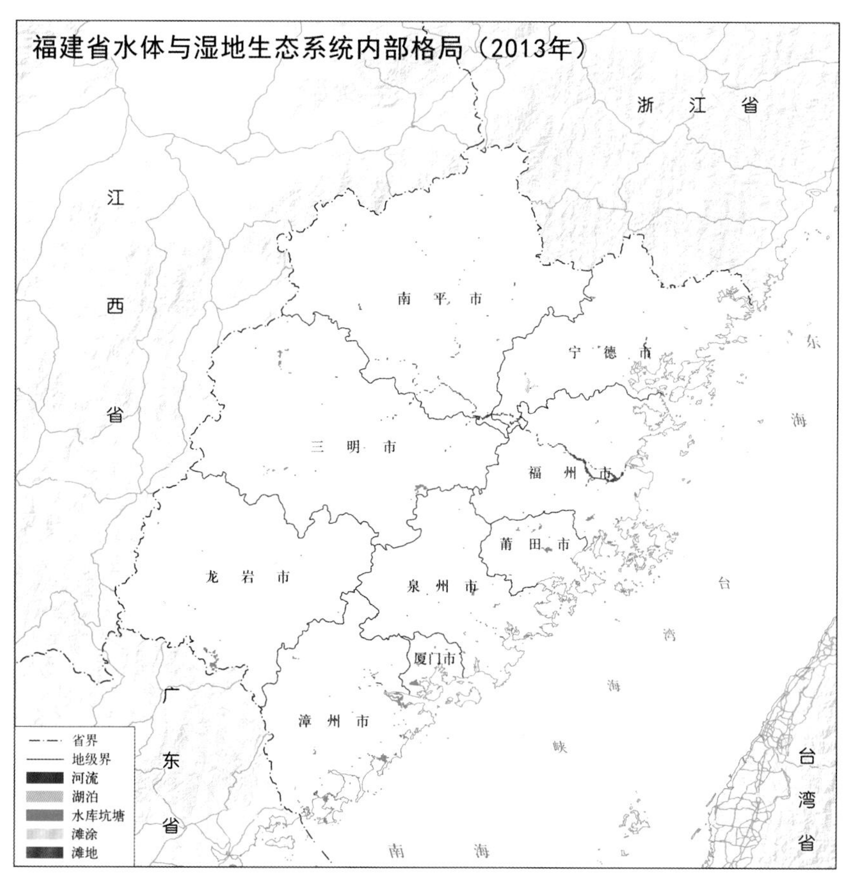
福建省水体与湿地生态系统内部格局（2013年）
浙　江　省
江
西
省
南　平　市
宁　德　市
东
海
三　明　市
福　州　市
莆　田　市
龙　岩　市
泉　州　市
台
湾
海
峡
厦门市
漳　州　市
广
东
省
台
湾
省
南　海
省界
地级界
河流
湖泊
水库坑塘
滩涂
滩地

2.4.2 浙江省水体与湿地生态系统内部格局

浙江省水体与湿地生态系统类型内部格局数据格式为矢量数据，数据时间为1990年、2000年和2013年。

该数据表明，从1990年至2013年，浙江省水体与湿地生态系统中主要为水库坑塘，其次为河流，河流年变化较为突出，分布范围明显减少，其余格局年变化不大。截至2013年，浙江省水库坑塘面积占水体与湿地生态系统总面积的53%；河流次之，占28.5%；滩涂分布面积最小，占水体与湿地生态系统总面积的5%。

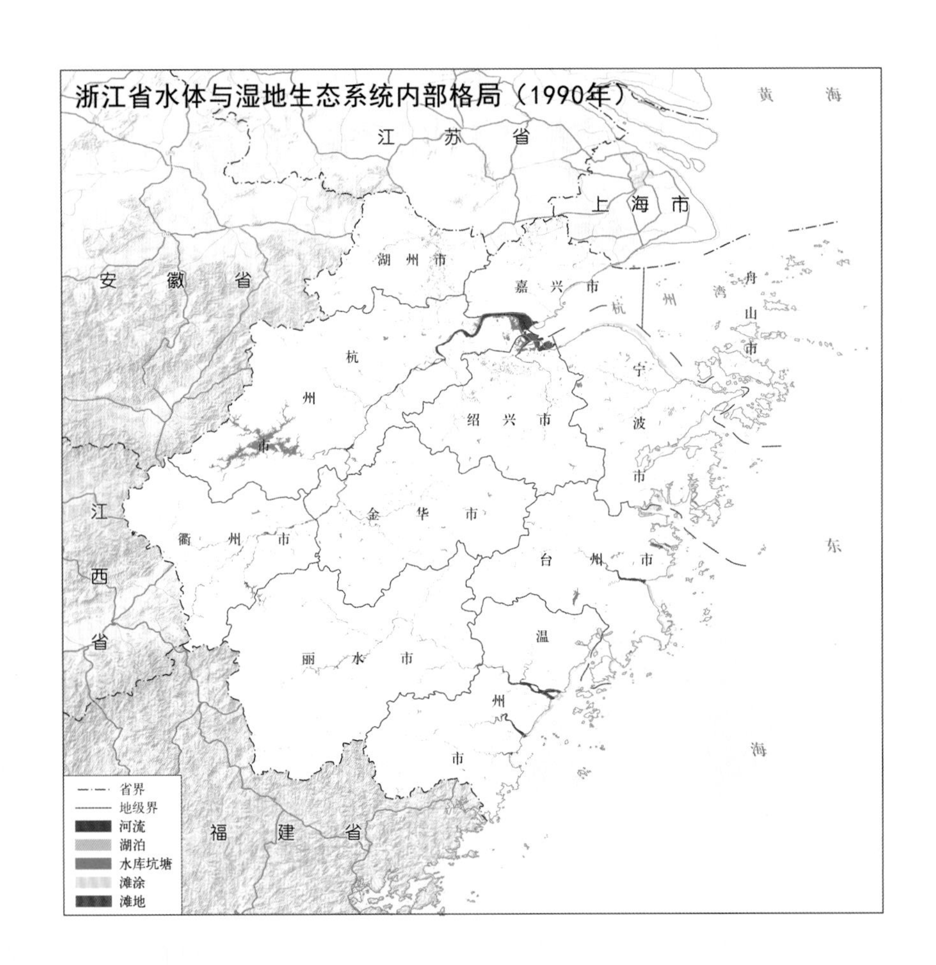

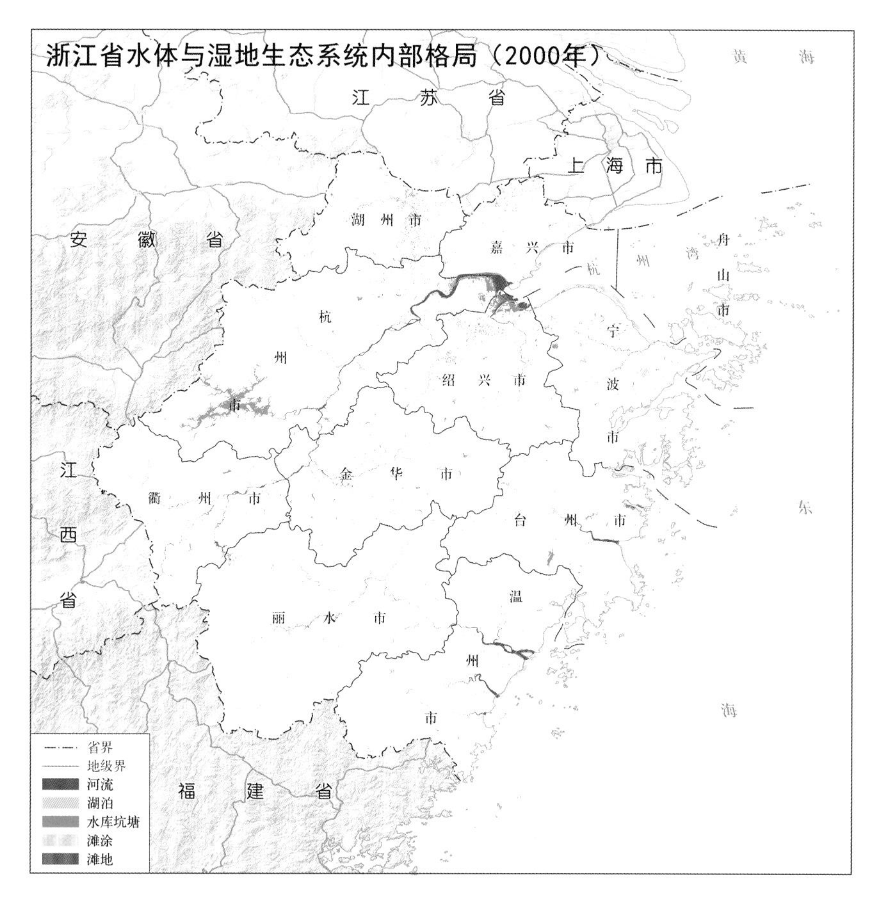
浙江省水体与湿地生态系统内部格局（2000年）
黄　海
江　苏　省
上　海　市
湖　州　市
嘉　兴　市
安　徽　省
杭　州　湾
舟　山　市
杭　州　市
宁　波　市
绍　兴　市
江　西　省
金　华　市
衢　州　市
台　州　市
东　海
温　州　市
丽　水　市
福　建　省
省界
地级界
河流
湖泊
水库坑塘
滩涂
滩地

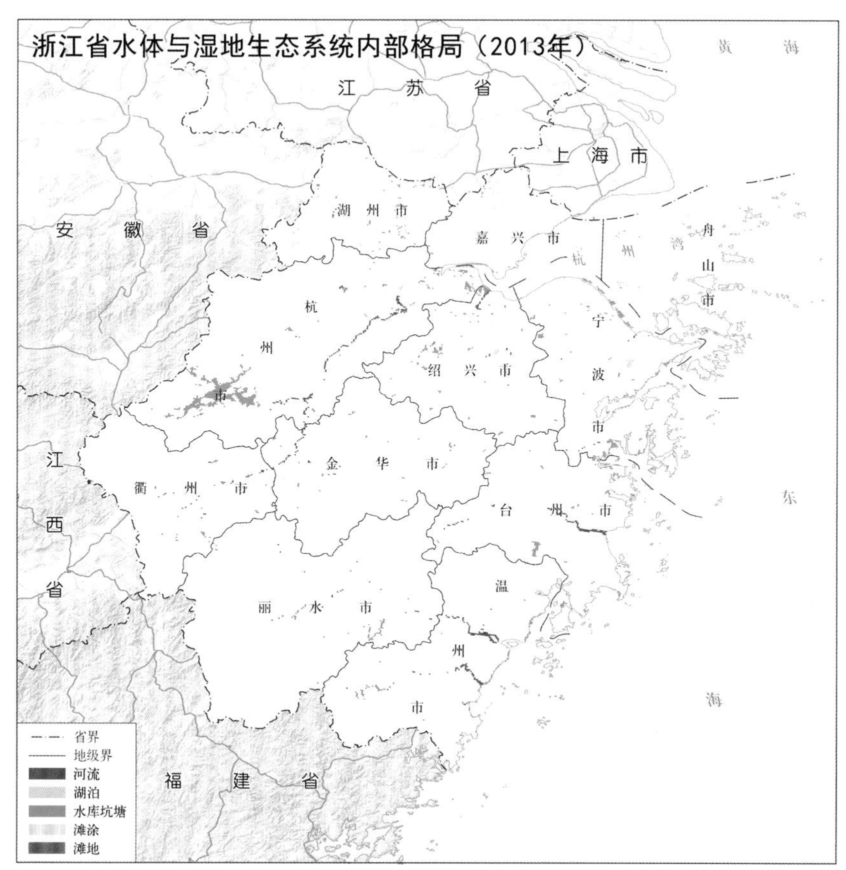
浙江省水体与湿地生态系统内部格局（2013年）
黄　海
江　苏　省
上　海　市
湖　州　市
嘉　兴　市
安　徽　省
杭　州　湾
舟　山　市
杭　州　市
宁　波　市
绍　兴　市
江　西　省
金　华　市
衢　州　市
台　州　市
东　海
温　州　市
丽　水　市
福　建　省
省界
地级界
河流
湖泊
水库坑塘
滩涂
滩地

2.4.3 江西省水体与湿地生态系统内部格局

江西省水体与湿地生态系统类型内部格局数据格式为矢量数据，数据时间为 1990 年、2000 年和 2013 年。

该数据表明，从 1990 年到 2013 年，江西省水体与湿地生态系统主要为湖泊，但湖泊在逐年减少；沼泽地和滩地分布面积在逐年扩大。截至 2013 年，江西省湖泊面积占水体与湿地生态系统总面积的 31%；滩地次之，占 25%；河流和水库坑塘分别占水体与湿地生态系统总面积的 19% 和 24%。

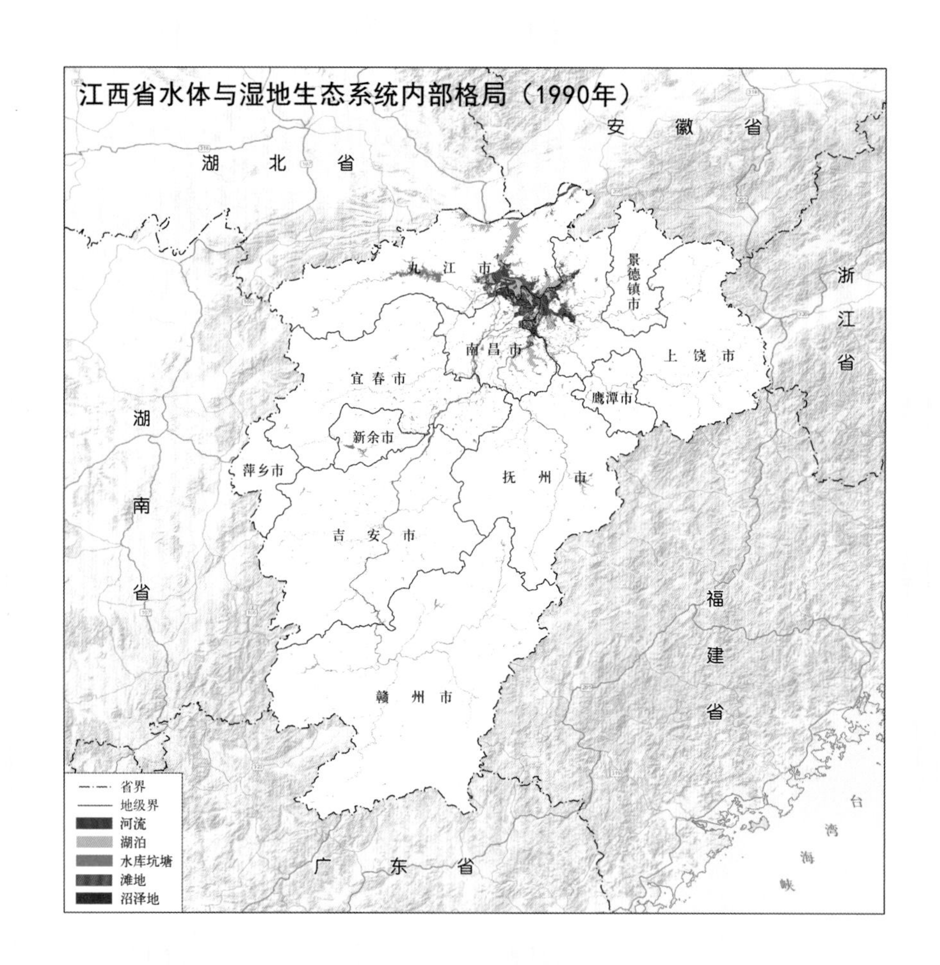

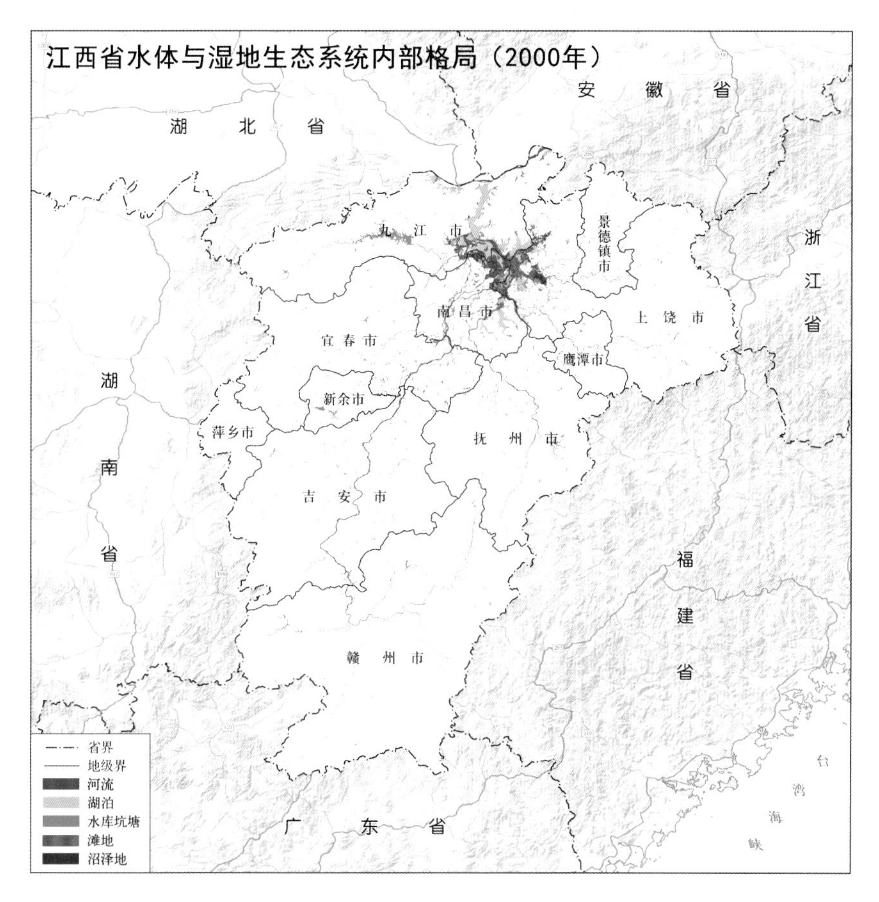
江西省水体与湿地生态系统内部格局（2000年）
安　徽　省
湖　北　省
浙江省
湖南省
福建省
广　东　省
台湾海峡
九　江　市
景德镇市
南昌市
上　饶　市
宜春市
鹰潭市
新余市
萍乡市
抚　州　市
吉　安　市
赣　州　市
省界
地级界
河流
湖泊
水库坑塘
滩地
沼泽地

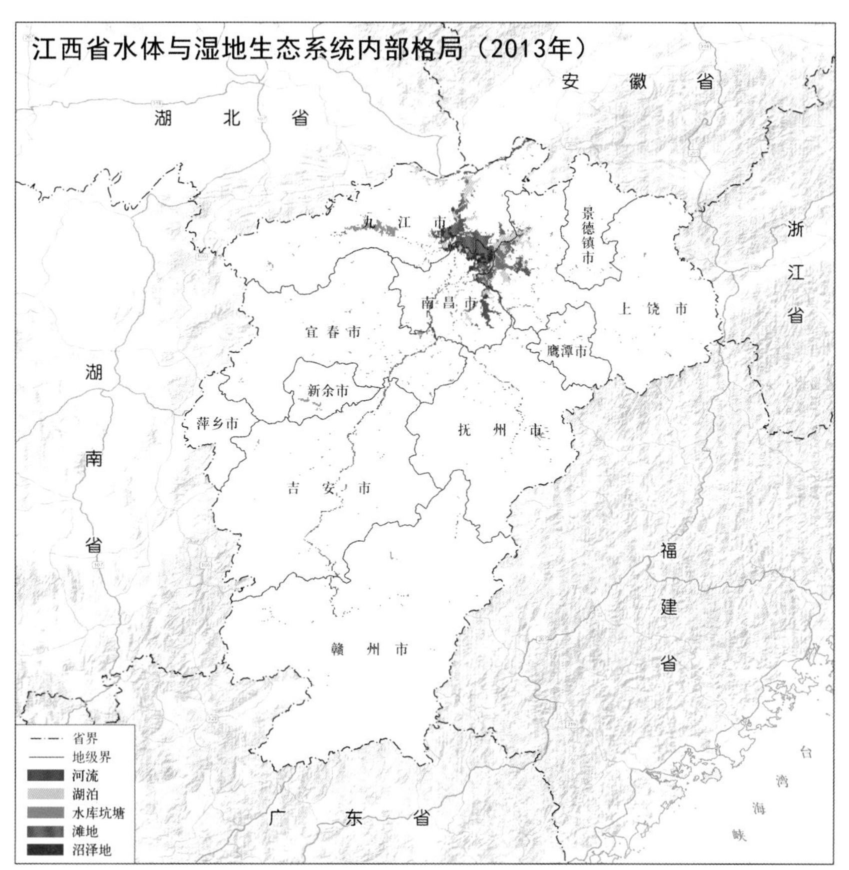
江西省水体与湿地生态系统内部格局（2013年）
安　徽　省
湖　北　省
浙江省
湖南省
福建省
广　东　省
台湾海峡
九　江　市
景德镇市
南昌市
上　饶　市
宜春市
鹰潭市
新余市
萍乡市
抚　州　市
吉　安　市
赣　州　市
省界
地级界
河流
湖泊
水库坑塘
滩地
沼泽地

2.4.4 湖南省水体与湿地生态系统内部格局

湖南省水体与湿地生态系统类型内部格局数据格式为矢量数据，数据时间为 1990 年、2000 年和 2013 年。

该数据表明，从 1990 年到 2013 年，湖南省水体与湿地生态系统主要为河流湖泊，其次是水库坑塘，湖泊面积在逐年减少，同时河流逐年增多。截至 2013 年，湖南省河流湖泊面积占水体与湿地生态系统总面积的 54%；水库坑塘次之，占 27%；滩地面积最少，占水体与湿地生态系统总面积的 19%。

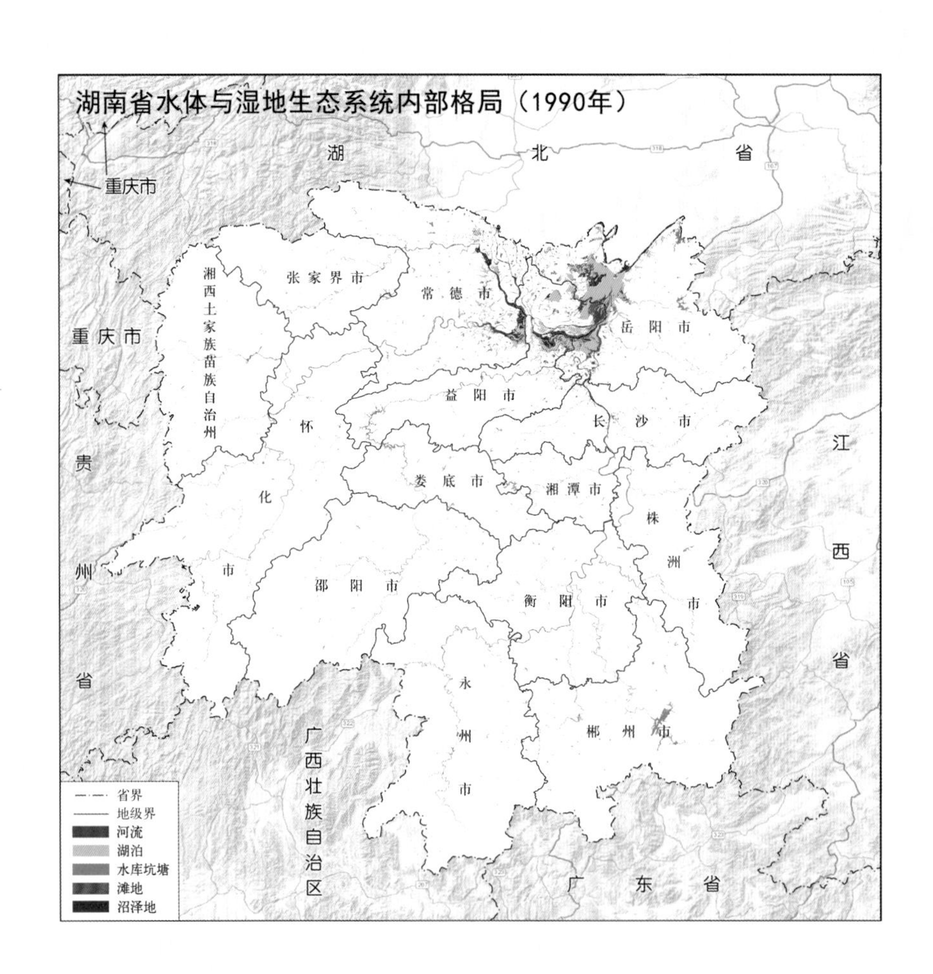

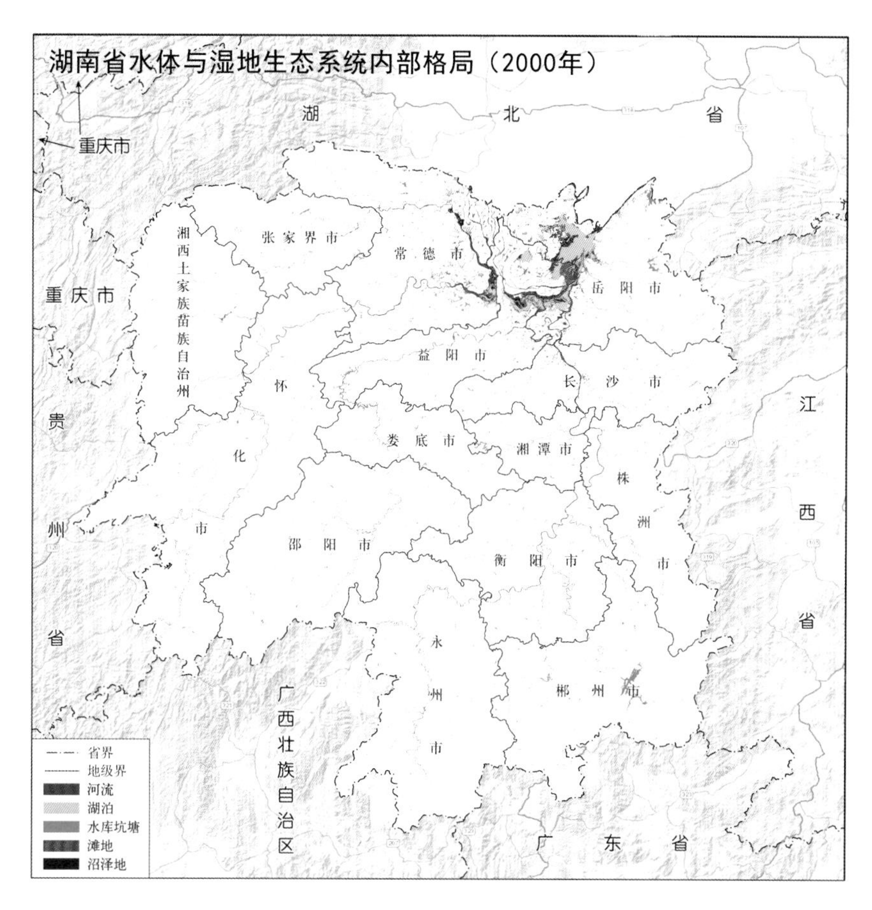
湖南省水体与湿地生态系统内部格局（2000年）
湖　北　省
重庆市
张家界市
常德市
岳阳市
湘西土家族苗族自治州
重庆市
益阳市
长沙市
怀化市
娄底市
湘潭市
株洲市
邵阳市
衡阳市
永州市
郴州市
江西省
贵州省
广西壮族自治区
广东省
省界
地级界
河流
湖泊
水库坑塘
滩地
沼泽地

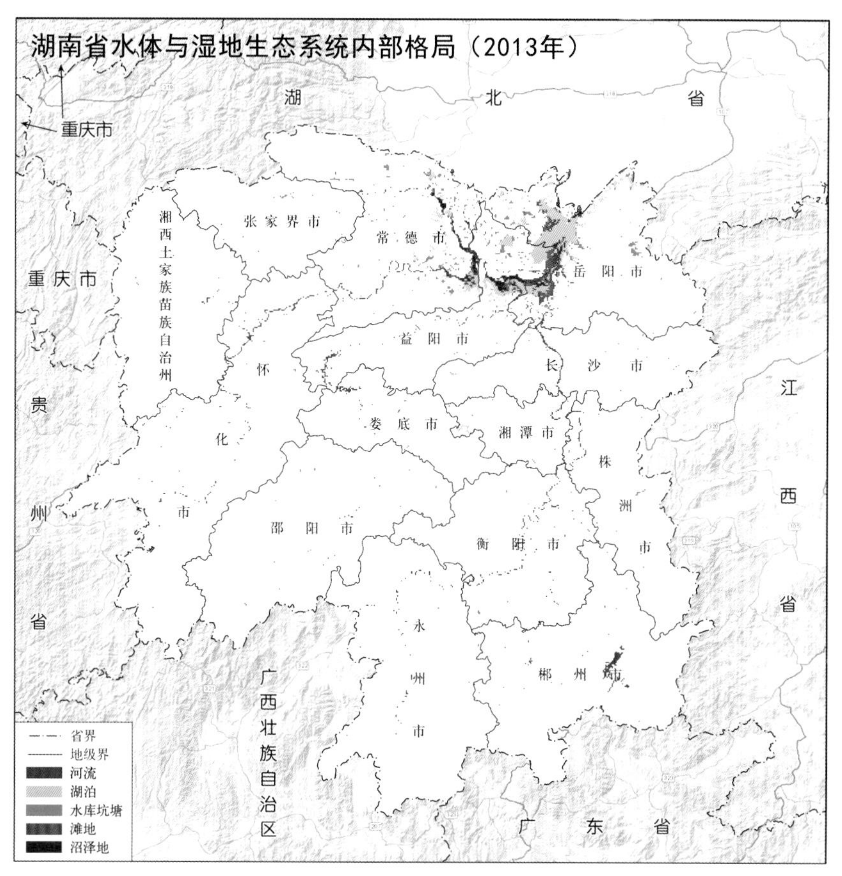
湖南省水体与湿地生态系统内部格局（2013年）
湖　北　省
重庆市
张家界市
常德市
岳阳市
湘西土家族苗族自治州
重庆市
益阳市
长沙市
怀化市
娄底市
湘潭市
株洲市
邵阳市
衡阳市
永州市
郴州市
江西省
贵州省
广西壮族自治区
广东省
省界
地级界
河流
湖泊
水库坑塘
滩地
沼泽地

2.5 闽浙赣湘聚落生态系统内部格局

聚落生态系统主要包括城镇用地、农村居民点和其他建设用地。

闽浙赣湘聚落生态系统类型内部格局数据格式为矢量数据，数据时间为 1990 年、2000 年和 2013 年。

该数据表明，闽浙赣湘四省的聚落生态系统主要为城镇用地，其次为农村居民点，其他建设用地分布较少，总体面积在逐渐扩大。

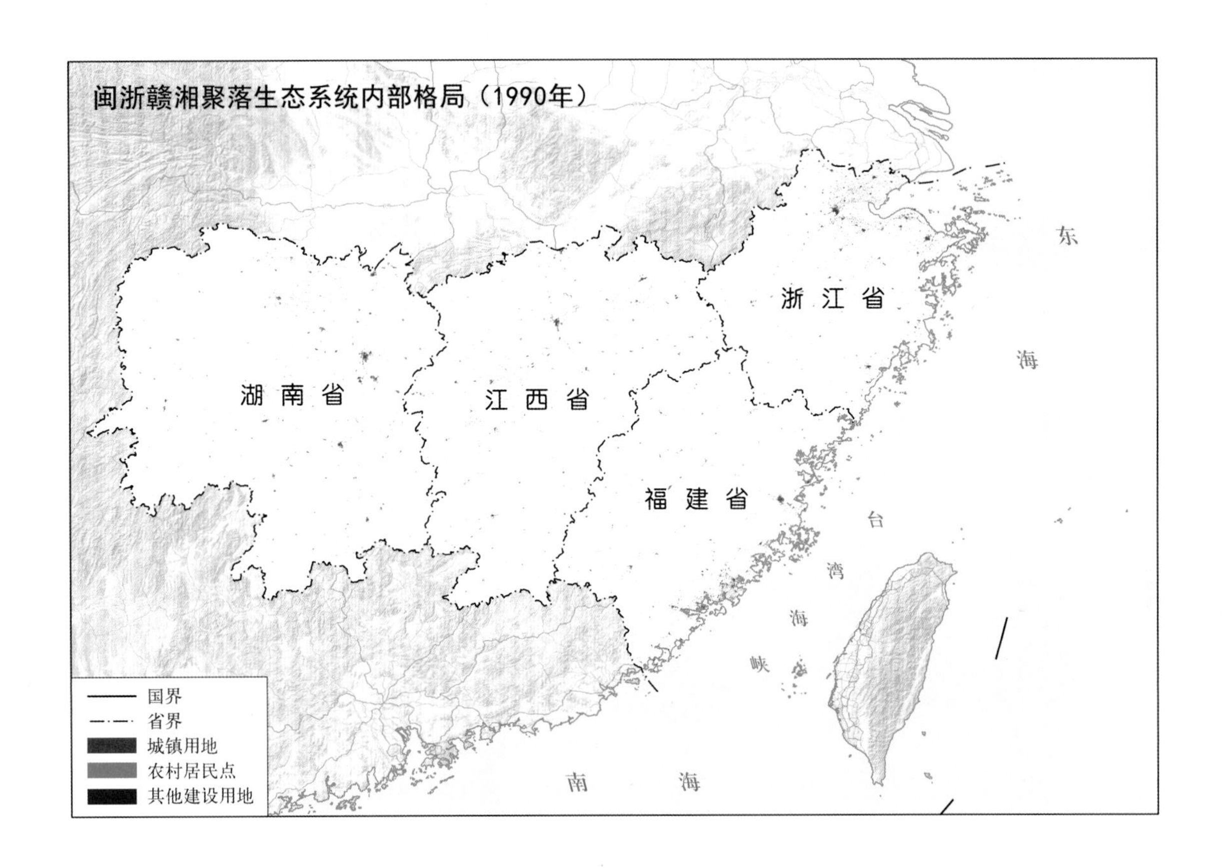

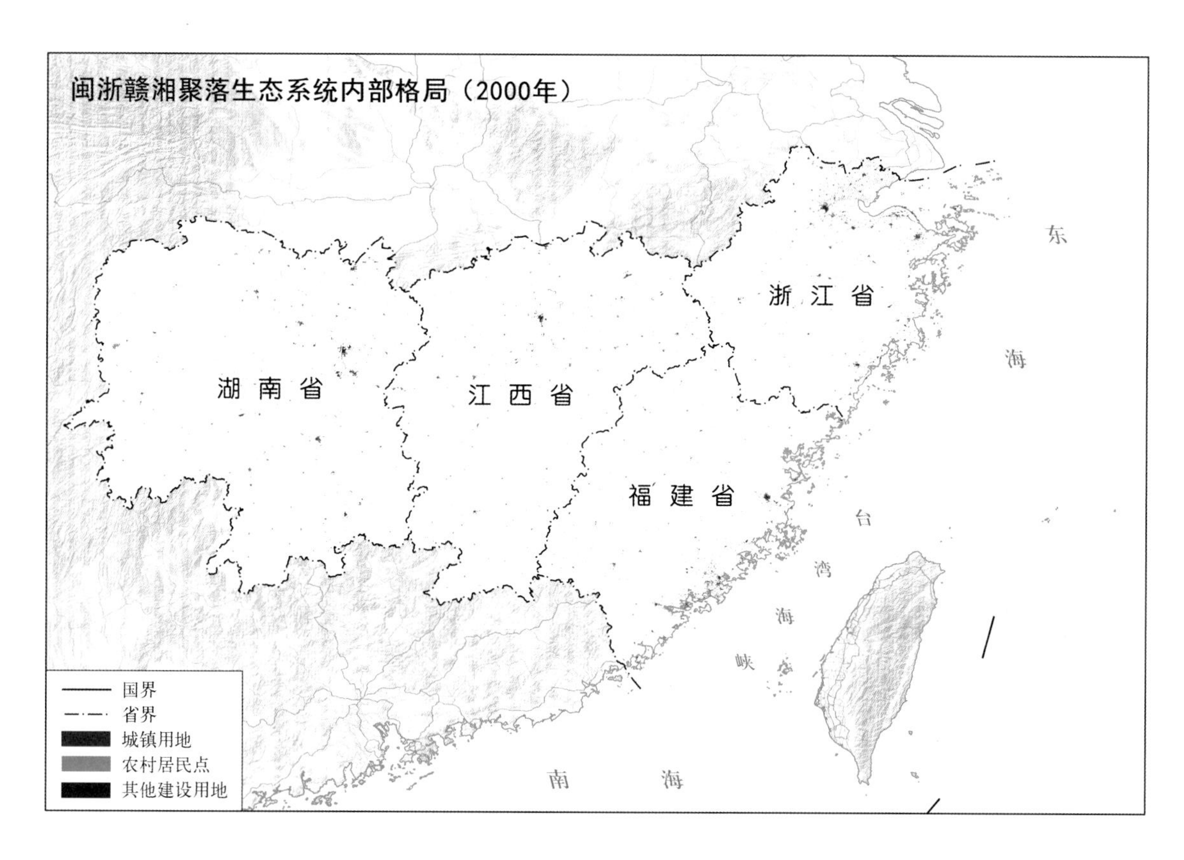
闽浙赣湘聚落生态系统内部格局（2000年）
浙 江 省
湖 南 省
江 西 省
福 建 省
东
海
台
湾
海
峡
南
海
国界
省界
城镇用地
农村居民点
其他建设用地

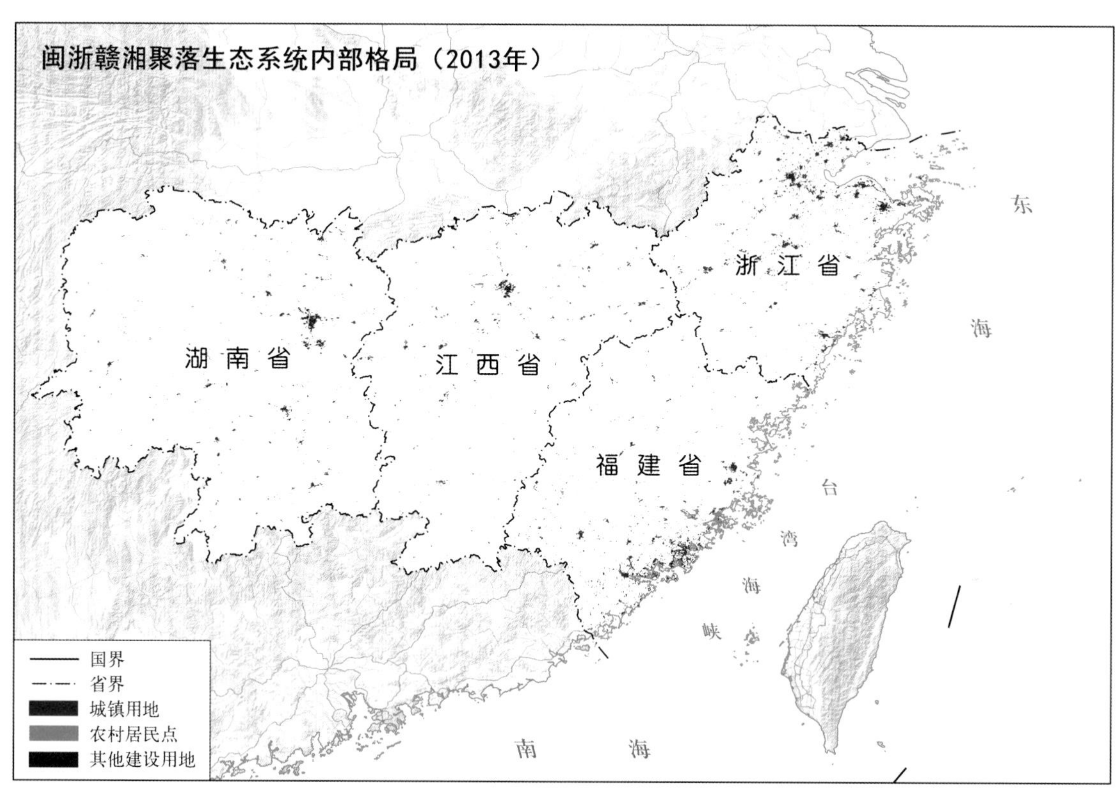
闽浙赣湘聚落生态系统内部格局（2013年）
浙 江 省
湖 南 省
江 西 省
福 建 省
东
海
台
湾
海
峡
南
海
国界
省界
城镇用地
农村居民点
其他建设用地

2.5.1 福建省聚落生态系统内部格局

福建省聚落生态系统类型内部格局数据格式为矢量数据，数据时间为1990年、2000年和2013年。

该数据表明，从1990年至2013年，福建省聚落生态系统主要为城镇用地，零散分布在各市，东南沿海地带更为集中，且城镇用地范围逐年扩大，其他建设用地也在逐年增加。截至2013年，福建省城镇用地面积最大，占聚落生态系统总面积的38%；农村居民点用地最少，占聚落生态系统总面积的27%。

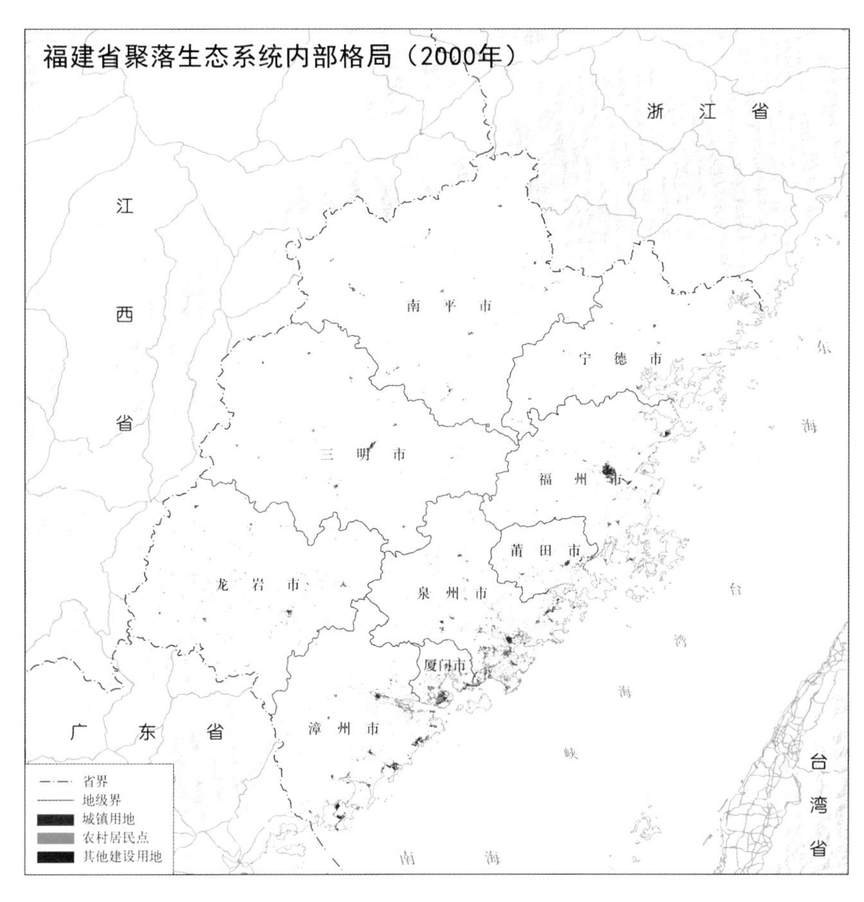
福建省聚落生态系统内部格局（2000年）
浙　江　省
江
西
省
南　平　市
宁　德　市
三　明　市
福　州　市
莆　田　市
龙　岩　市
泉　州　市
厦门市
漳　州　市
广　东　省
东
海
台
湾
海
峡
南　海
台
湾
省
省界
地级界
城镇用地
农村居民点
其他建设用地

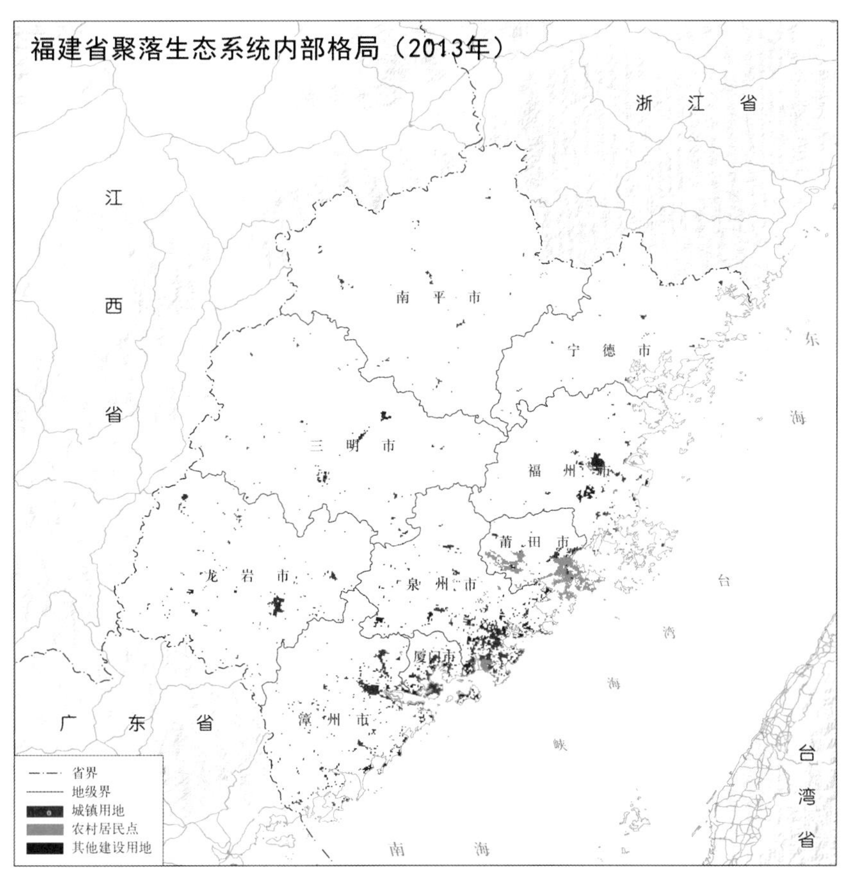
福建省聚落生态系统内部格局（2013年）
浙　江　省
江
西
省
南　平　市
宁　德　市
三　明　市
福　州　市
莆　田　市
龙　岩　市
泉　州　市
厦门市
漳　州　市
广　东　省
东
海
台
湾
海
峡
南　海
台
湾
省
省界
地级界
城镇用地
农村居民点
其他建设用地

2.5.2 浙江省聚落生态系统内部格局

浙江省聚落生态系统类型内部格局数据格式为矢量数据，数据时间为1990年、2000年和2013年。

该数据表明，从1990年至2013年，浙江省聚落生态系统主要为城镇用地和农村居民地，且城镇用地到2010年有了较为显著的增多，农村居民地变少。截至2013年，浙江省城镇用地面积最大，占聚落生态系统总面积的65%；农村居民点用地最少，占聚落生态系统总面积的13.5%。

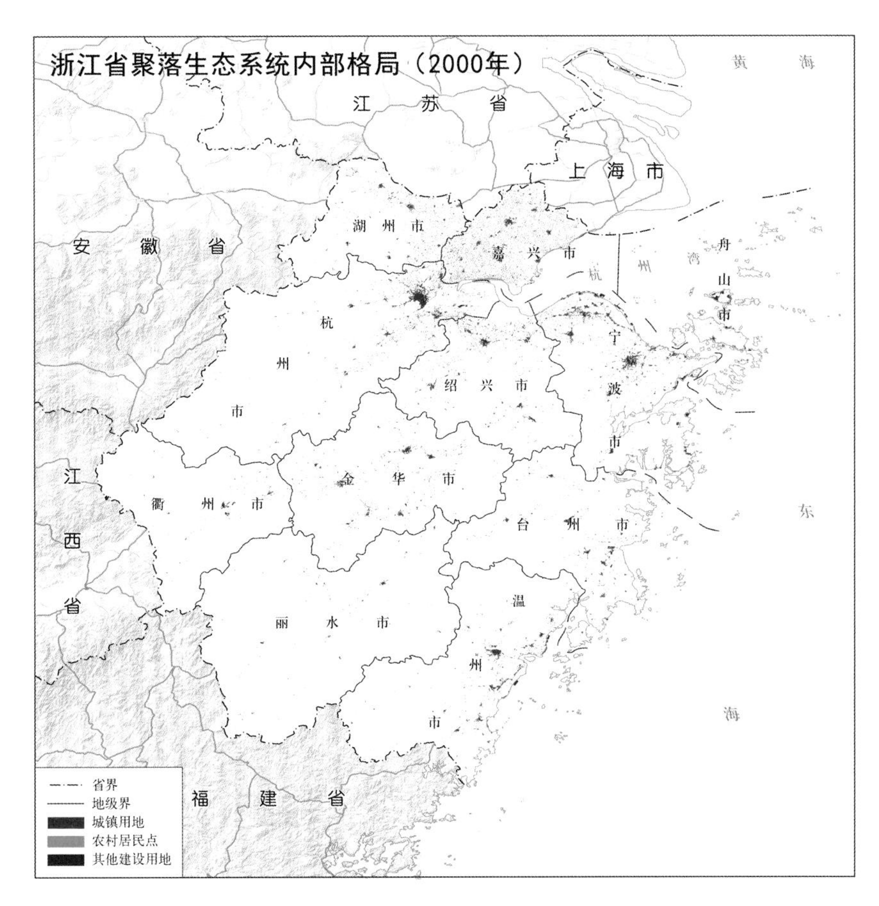
浙江省聚落生态系统内部格局（2000年）
黄 海
江 苏 省
上 海 市
湖 州 市
嘉 兴 市
安 徽 省
杭 州 湾
舟 山 市
杭 州 市
宁 波 市
绍 兴 市
江 西 省
衢 州 市
金 华 市
台 州 市
东 海
丽 水 市
温 州 市
福 建 省
省界
地级界
城镇用地
农村居民点
其他建设用地

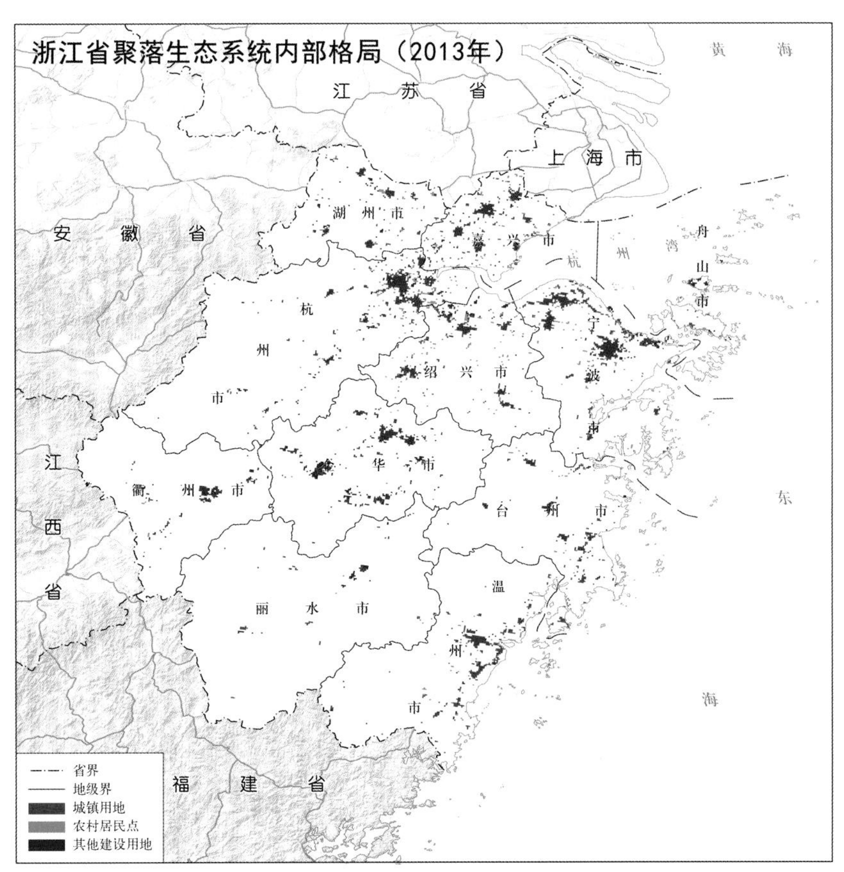
浙江省聚落生态系统内部格局（2013年）
黄 海
江 苏 省
上 海 市
湖 州 市
嘉 兴 市
安 徽 省
杭 州 湾
舟 山 市
杭 州 市
宁 波 市
绍 兴 市
江 西 省
衢 州 市
金 华 市
台 州 市
东 海
丽 水 市
温 州 市
福 建 省
省界
地级界
城镇用地
农村居民点
其他建设用地

2.5.3 江西省聚落生态系统内部格局

江西省聚落生态系统类型内部格局数据格式为矢量数据，数据时间为 1990 年、2000 年和 2013 年。

该数据表明，从 1990 年到 2013 年，江西省聚落生态系统分布较为分散且面积较小，到 2013 年城镇用地面积明显增多也有了明显的聚集状态。截至 2013 年，江西省城镇用地面积最大，占聚落生态系统总面积的 61.5%；农村居民点用地占聚落生态系统总面积的 21.6%。

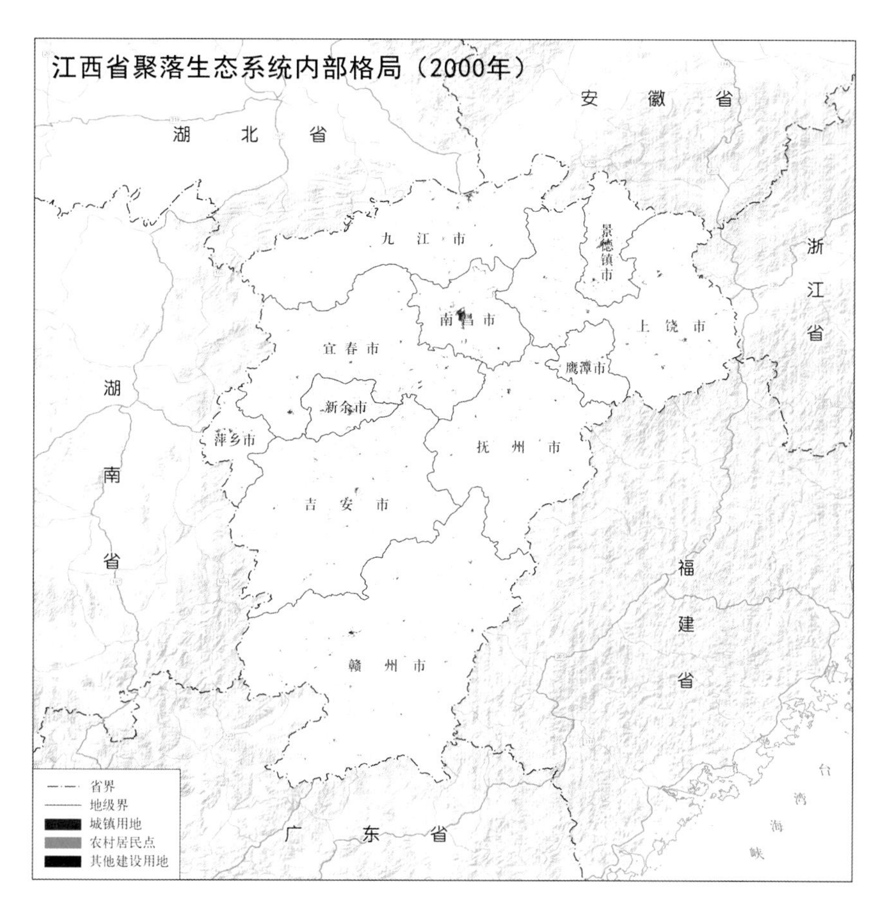
江西省聚落生态系统内部格局（2000年）
安　徽　省
湖　北　省
九　江　市
景德镇市
浙江省
南昌市
上　饶　市
宜春市
鹰潭市
新余市
湖南省
萍乡市
抚　州　市
吉　安　市
福建省
赣　州　市
省界
地级界
城镇用地
农村居民点
其他建设用地
广　东　省
台湾海峡

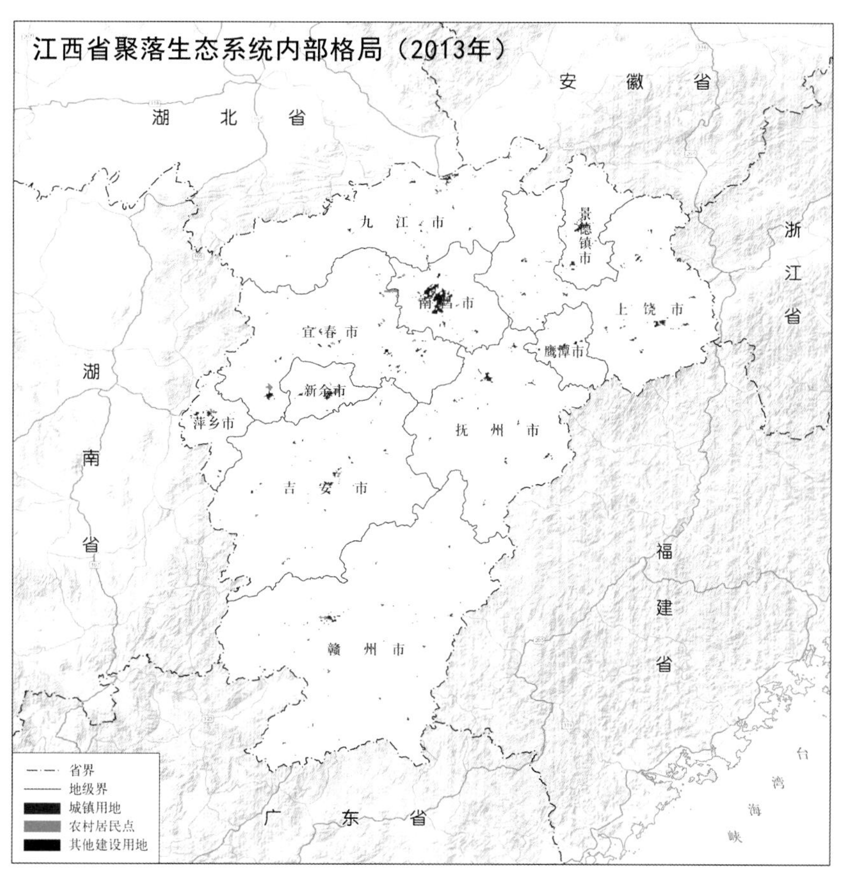
江西省聚落生态系统内部格局（2013年）
安　徽　省
湖　北　省
九　江　市
景德镇市
浙江省
南昌市
上　饶　市
宜春市
鹰潭市
新余市
湖南省
萍乡市
抚　州　市
吉　安　市
福建省
赣　州　市
省界
地级界
城镇用地
农村居民点
其他建设用地
广　东　省
台湾海峡

2.5.4 湖南省聚落生态系统内部格局

湖南省聚落生态系统类型内部格局数据格式为矢量数据，数据时间为1990年、2000年和2013年。

该数据表明，从1990年到2013年，湖南省聚落生态系统分布较为分散且面积较小，到2013年城镇用地面积明显增多。截至2013年，湖南省城镇用地面积最大，占聚落生态系统总面积的82%；农村居民点用地最少，占聚落生态系统总面积的2.5%。

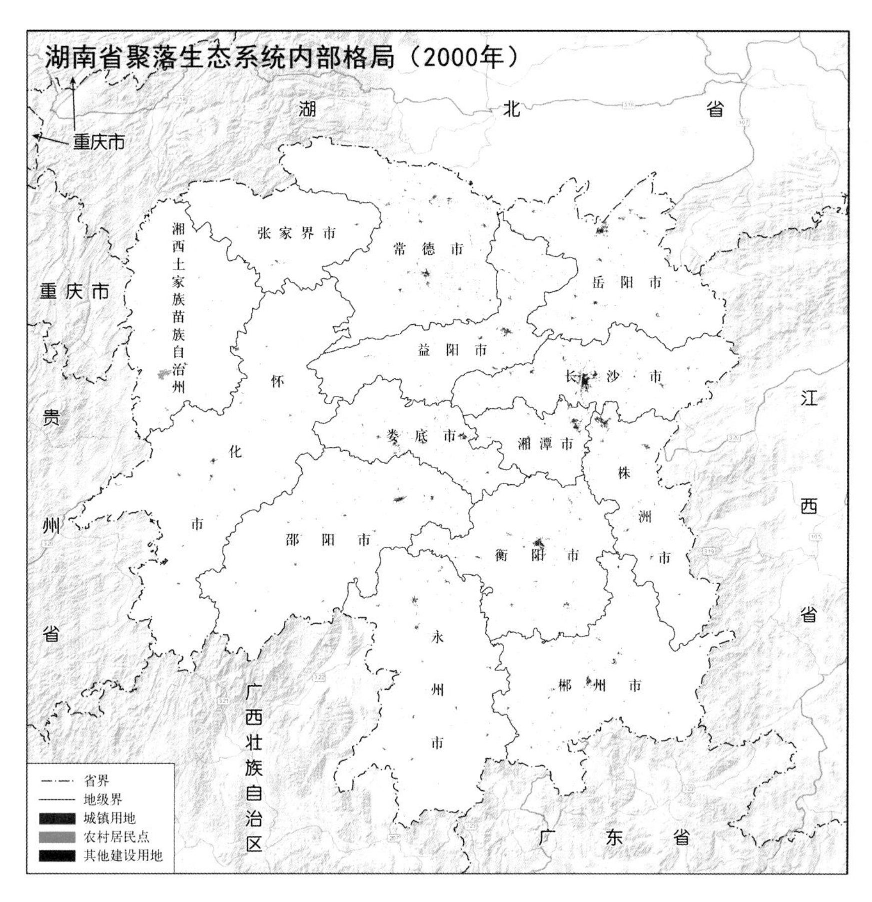
湖南省聚落生态系统内部格局（2000年）
湖　北　省
重庆市
重庆市
湘西土家族苗族自治州
张家界市
常德市
岳阳市
益阳市
长沙市
怀化市
娄底市
湘潭市
株洲市
邵阳市
衡阳市
永州市
郴州市
贵州省
江西省
广西壮族自治区
广　东　省
省界
地级界
城镇用地
农村居民点
其他建设用地

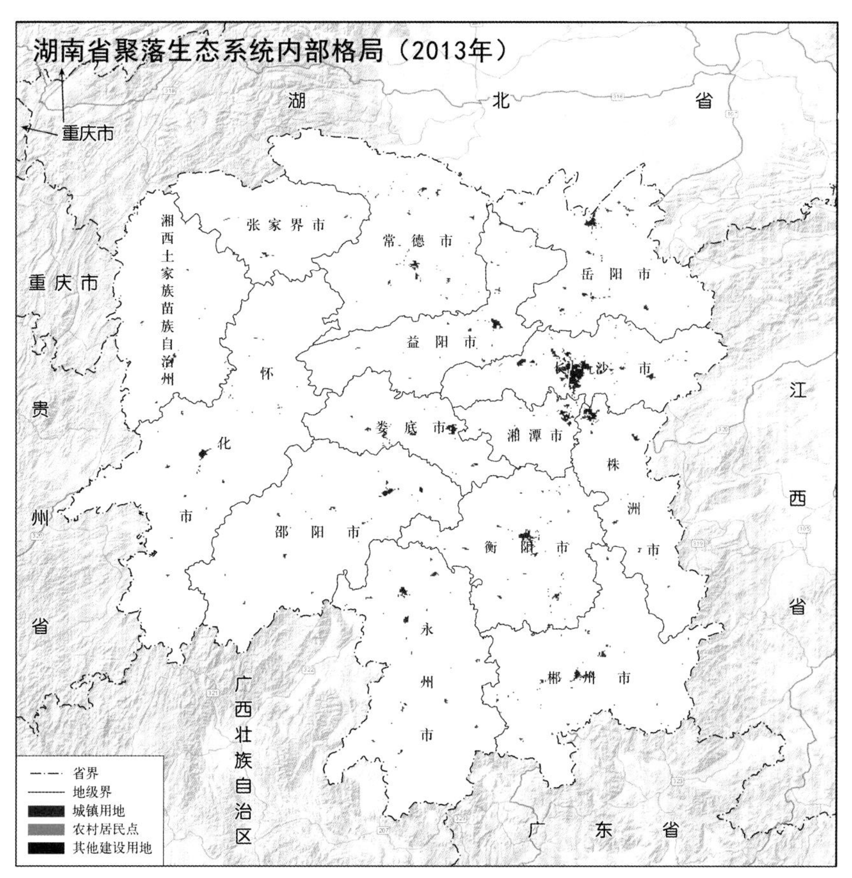
湖南省聚落生态系统内部格局（2013年）
湖　北　省
重庆市
重庆市
湘西土家族苗族自治州
张家界市
常德市
岳阳市
益阳市
沙市
怀化市
娄底市
湘潭市
株洲市
邵阳市
衡阳市
永州市
郴州市
贵州省
江西省
广西壮族自治区
广　东　省
省界
地级界
城镇用地
农村居民点
其他建设用地

第3章

我国南方丘陵山区
生态系统食物供给能力

3.1 闽赣湘农田生态系统食物供给能力空间分布

农田生态系统的供给功能是为人类社会提供食物等农产品的功能，其中主要为耕地生态系统提供食物。

3.1.1 福建省农田生态系统食物供给能力空间分布

福建省农田生态系统类型食物供给能力数据格式为矢量数据，数据时间为 2000 年和 2013 年。

该数据表明，福建省农田生态系统食物供给能力高低相差较大，从 2000 年到 2013 年供给能力突出的范围有所减少。截至 2013 年，泉州市和南平市农田生态系统食物供给量较高，分别占全省农田生态系统总供给量的 12% 和 11%；莆田市和龙岩市农田生态系统食物供给量较低，分别占全省农田生态系统总供给量的 3.8% 和 3.4%。

福建省农田生态系统食物供给能力（2013年）
浙江省
江西省
南平市
宁德市
东海
三明市
福州市
莆田市
龙岩市
泉州市
台湾海峡
厦门市
广东省
漳州市
台湾省
南海
省界
地级界
65534 gC/m²
614 gC/m²

3.1.2 江西省农田生态系统食物供给能力空间分布

江西省农田生态系统类型食物供给能力数据格式为矢量数据，数据时间为2000年和2013年。

该数据表明，江西省农田生态系统食物供给能力高低相差较大，从2000年到2013年供给能力突出的范围有所减少。截至2013年，宜春市和上饶市农田生态系统食物供给量较高，分别占全省农田生态系统总供给量的11.1%和11.5%；景德镇市和新余市农田生态系统食物供给量较低，分别占全省农田生态系统总供给量的2.9%和2.1%。

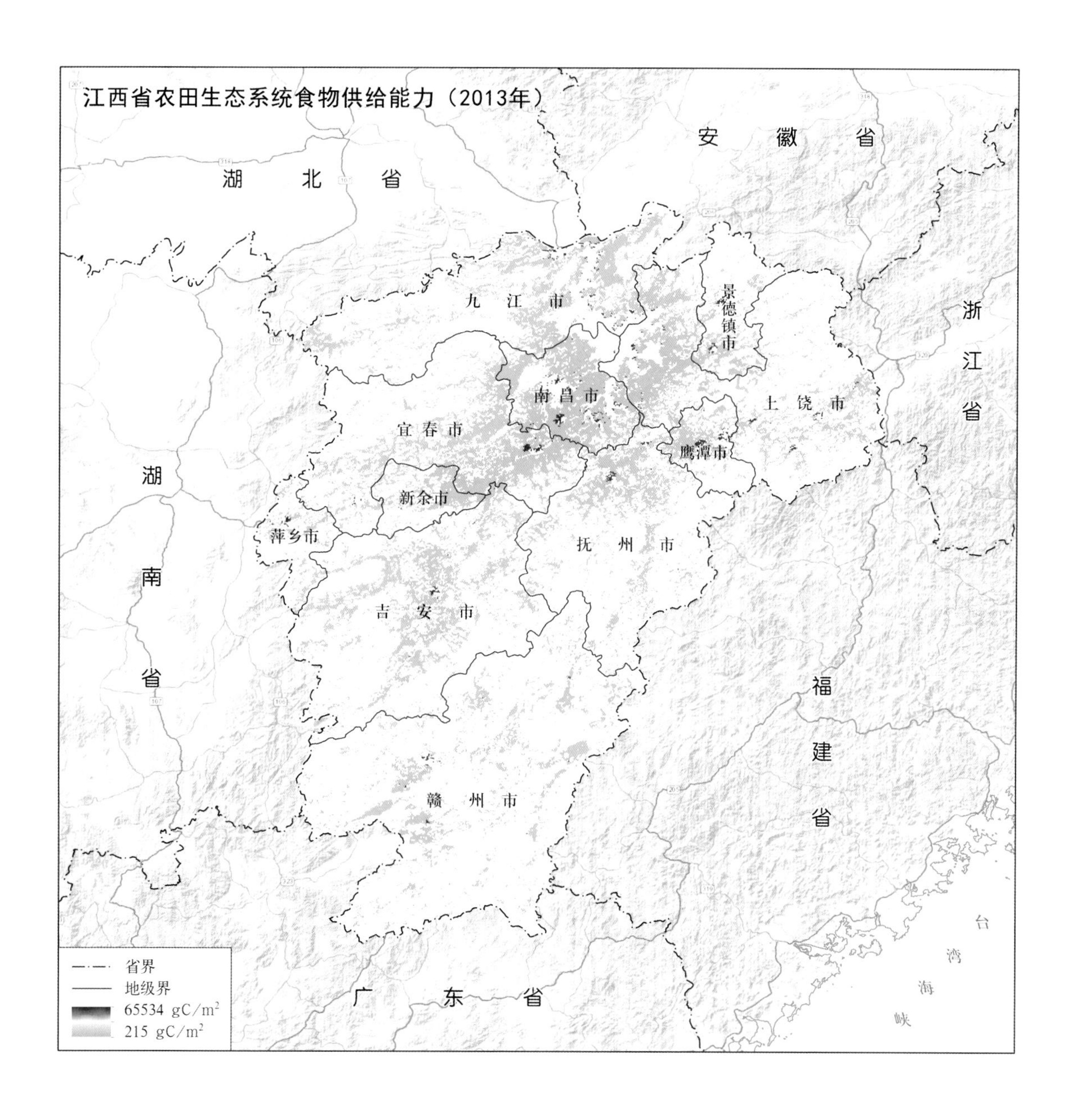
江西省农田生态系统食物供给能力（2013年）
安 徽 省
湖 北 省
九 江 市
景德镇市
浙江省
南昌市
上 饶 市
宜春市
鹰潭市
湖南省
新余市
萍乡市
抚 州 市
吉 安 市
福建省
赣 州 市
台湾海峡
广 东 省
省界
地级界
65534 gC/m2
215 gC/m2

3.1.3 湖南省农田生态系统食物供给能力空间分布

湖南省农田生态系统类型食物供给能力数据格式为矢量数据，数据时间为 2000 年和 2013 年。

该数据表明，湖南省农田生态系统食物供给能力高低相差较大，从 2000 年到 2013 年供给能力突出的范围有所减少。截至 2013 年，常德市和永州市农田生态系统食物供给量较高，分别占全省农田生态系统总供给量的 10.8% 和 8.3%；张家界市和湘西土家族苗族自治州农田生态系统食物供给量较低，分别占全省农田生态系统总供给量的 2.3% 和 2.0%。

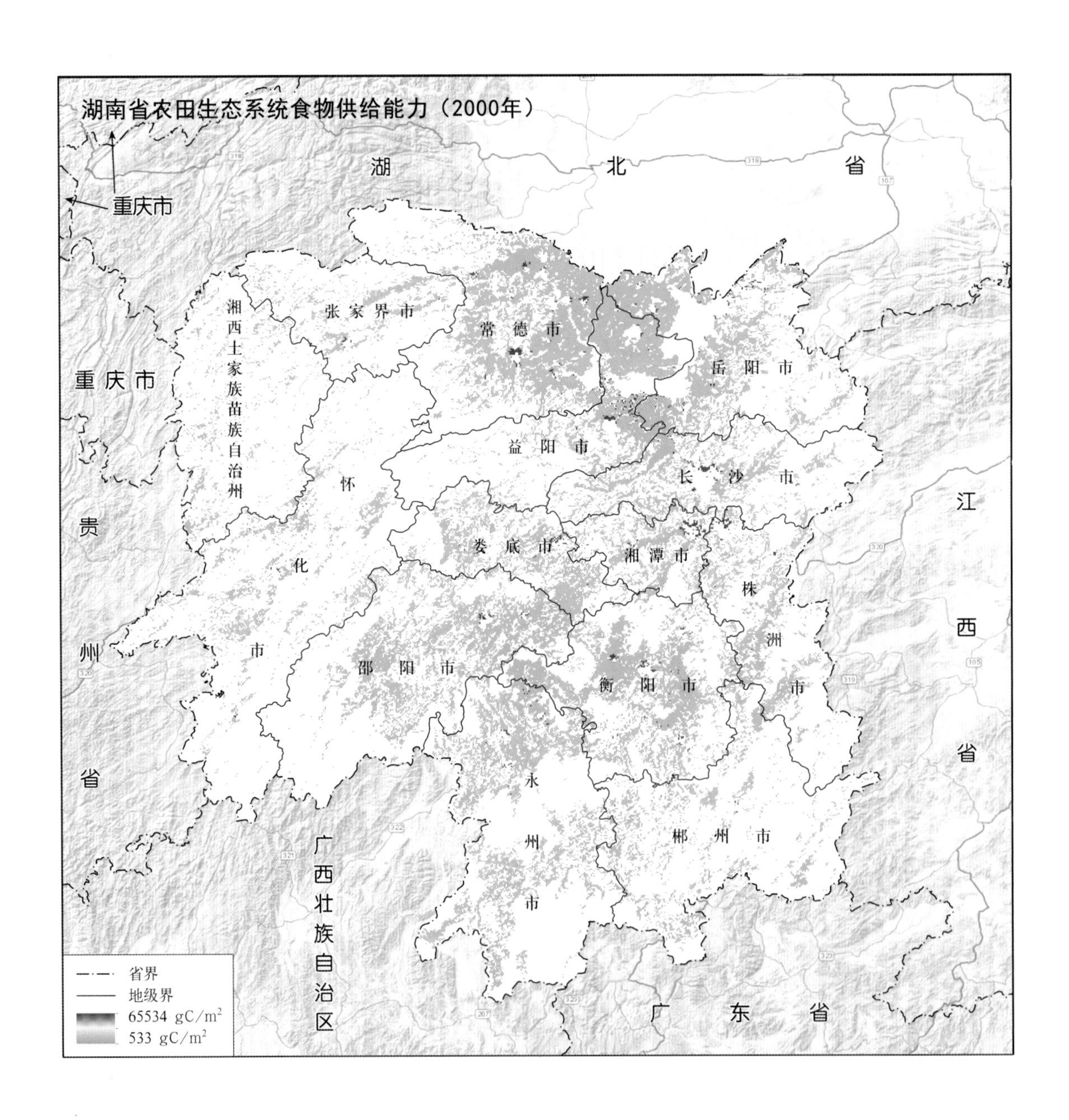

湖南省农田生态系统食物供给能力（2013年）
湖
北
省
重庆市
重庆市
湘西土家族苗族自治州
张家界市
常德市
岳阳市
益阳市
长沙市
怀化市
娄底市
湘潭市
株洲市
邵阳市
衡阳市
永州市
郴州市
贵州省
江西省
广西壮族自治区
广东省
省界
地级界
65534 gC/m2
632 gC/m2

3.2 闽赣湘果园生态系统食物供给能力空间分布

果园生态系统属于人工生态系统，和森林生态系统相比较结构比较单一。恢复力稳定性比较差。

3.2.1 福建省果园生态系统食物供给能力空间分布

福建省果园生态系统食物供给能力数据格式为矢量数据，数据时间为2000年和2013年。

该数据表明，福建省果园生态系统食物供给能力在南部沿海区域分布较多，其他地方分布比较分散，且供给能力高低差距较大，供给能力强的区域较少，从2000年至2013年，分布变化不大。截至2013年，漳州市和南平市果园生态系统食物供给量较高，分别占全省果园生态系统食物总供给量的40%和18%；厦门市和莆田市果园生态系统食物供给量较低，分别占全省果园生态系统食物总供给量的0.4%和2.0%。

福建省果园生态系统食物供给能力（2013年）
浙　江　省
江
西
省
南　平　市
宁　德　市
三　明　市
福　州　市
莆　田　市
龙　岩　市
泉　州　市
厦门市
漳　州　市
广　东　省
东
海
台
湾
海
峡
台
湾
省
南　海
省界
地级界
65534 gC/m2
782 gC/m2

3.2.2 江西省果园生态系统食物供给能力空间分布

江西省果园生态系统食物供给能力数据格式为矢量数据，数据时间为2000年和2013年。

该数据表明，江西省果园生态系统食物供给能力在西北部区域分布较多，其他地方分布比较分散，且供给能力高低差距较大，供给能力强的区域较少，从2000年至2013年，供给能力普遍有所提高。截至2013年，赣州市和宜春市果园生态系统食物供给量较高，分别占全省果园生态系统食物总供给量的41.7%和23.1%；萍乡市和新余市果园生态系统食物供给量较低，分别占全省果园生态系统食物总供给量的0.3%和0.5%。

江西省果园生态系统食物供给能力（2013年）
安 徽 省
湖 北 省
浙 江 省
湖 南 省
福 建 省
广 东 省
台 湾 海 峡
九 江 市
景德镇市
南昌市
上饶市
宜春市
鹰潭市
新余市
萍乡市
抚 州 市
吉 安 市
赣 州 市
省界
地级界
65534 gC/m2
2982 gC/m2

3.2.3 湖南省果园生态系统食物供给能力空间分布

湖南省果园生态系统食物供给能力数据格式为矢量数据，数据时间为 2000 年和 2013 年。

该数据表明，湖南省果园生态系统食物供给能力整体分布较少且较为分散，供给能力高低差距较大，供给能力强的区域较少，从 2000 年至 2013 年，供给能力有所提高。截至 2013 年，张家界市和湘西土家族苗族自治州果园生态系统食物供给量较高，分别占全省果园生态系统食物总供给量的 13.7% 和 36%，益阳市和新余市果园生态系统食物供给量较低，分别占全省果园生态系统食物总供给量的 0.08% 和 0.04%。

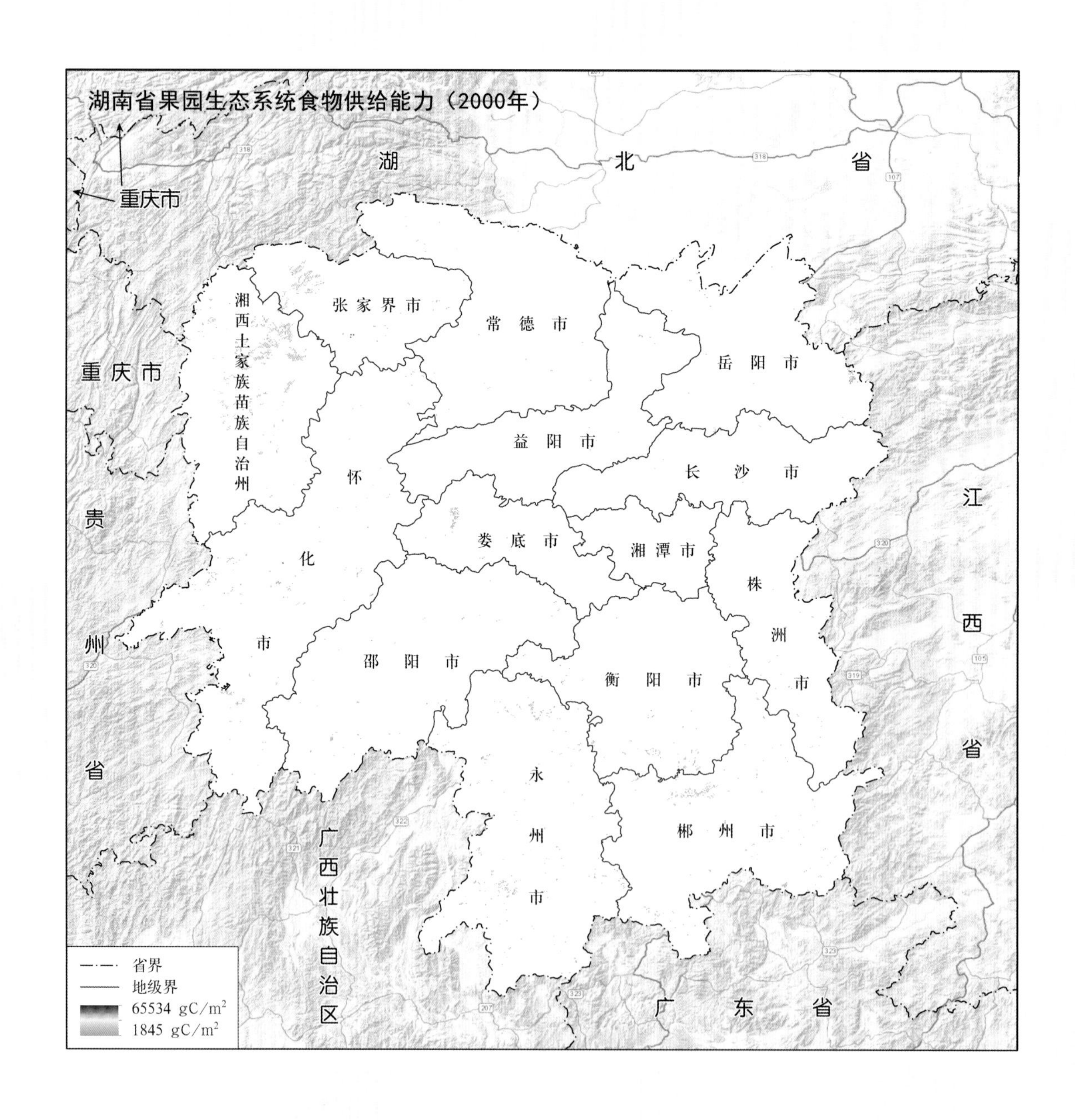

湖南省果园生态系统食物供给能力（2013年）
湖
北
省
重庆市
张家界市
常德市
湘西土家族苗族自治州
岳阳市
重庆市
益阳市
怀
长沙市
江
贵
娄底市
湘潭市
化
株
西
州
市
邵阳市
洲
衡阳市
市
省
省
永
州
市
郴州市
广西壮族自治区
省界
地级界
65534 gC/m2
919 gC/m2
广
东
省

第4章

我国南方丘陵山区生态系统原材料供给

 4.1 闽赣湘森林生态系统原材料供给空间分布

由于高速发展的工业生产需要，社会对木材和林副产品需求量剧增，森林使用价值主要为工业生产供给原材料。

4.1.1 福建省森林生态系统原材料供给空间分布

福建省森林生态系统原材料供给能力空间分布数据格式为矢量数据，数据时间为2000年和2013年。

该数据表明，福建省森林生态系统原材料供给能力高低相差较大，大部分区域供给能力处于中间和偏下状态，供给能力突出的区域面积较小，从 2000 年至 2013 年，由于森林生态系统的变化，供给能力的空间分布也发生了相应的变化。截至 2013 年，三明市和南平市森林生态系统原材料供给量较高，分别占全省森林生态系统原材料总供给量的 18.2% 和 20.3%；厦门市和莆田市森林生态系统原材料供给量较低，分别占全省森林生态系统原材料总供给量的 0.1% 和 3.1%。

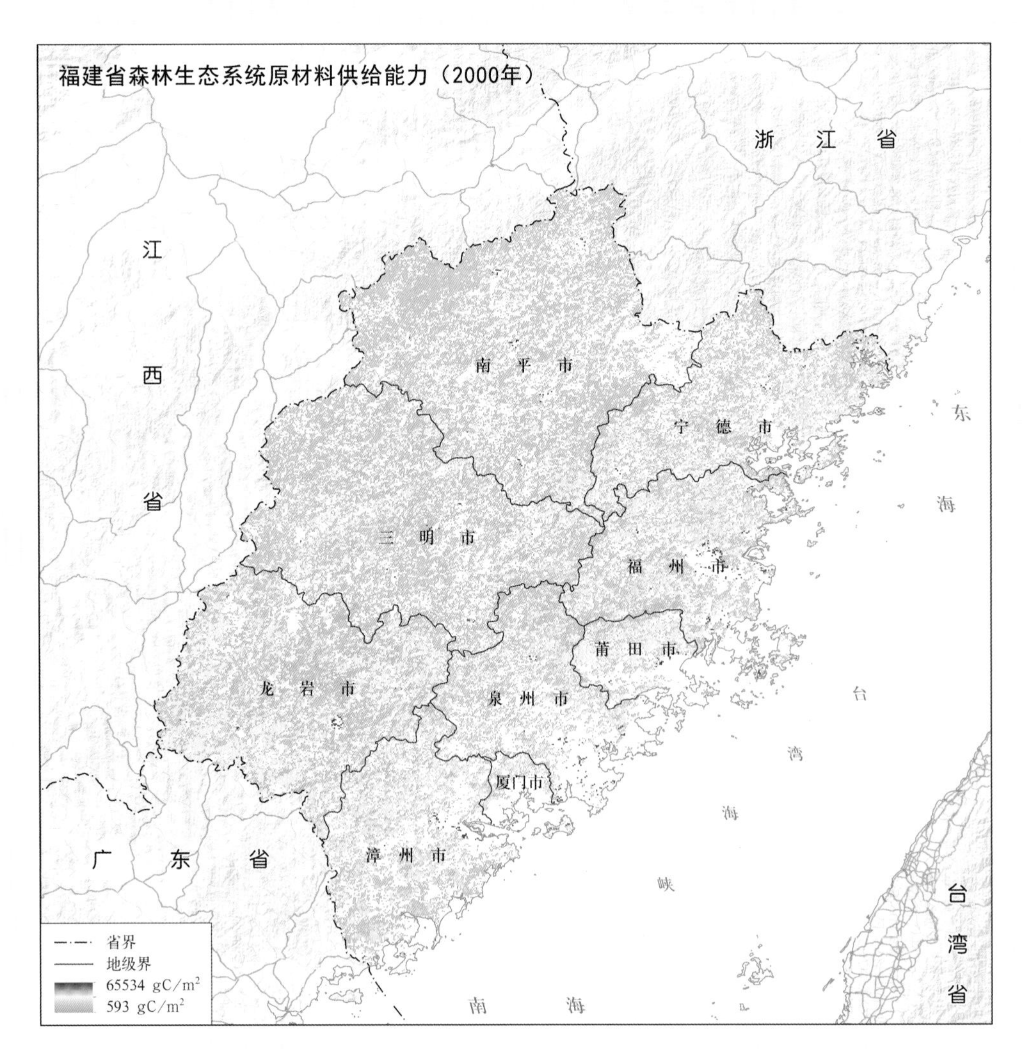

福建省森林生态系统原材料供给能力（2000年）

福建省森林生态系统原材料供给能力（2013年）
浙 江 省
江 西 省
南 平 市
宁 德 市
东 海
三 明 市
福 州 市
莆 田 市
龙 岩 市
泉 州 市
台 湾 海 峡
厦门市
广 东 省
漳 州 市
台 湾 省
省界
地级界
65534 gC/m2
782 gC/m2
南 海

4.1.2 江西省森林生态系统原材料供给空间分布

江西省森林生态系统原材料供给能力空间分布数据格式为矢量数据，数据时间为 2000 年和 2013 年。

该数据表明，江西省森林生态系统原材料供给能力高低相差较大，大部分区域供给能力处于中间和偏下状态，供给能力突出的区域大多位于南部地区，从 2000 年至 2013 年，整体分布格局变化不大。截至 2013 年，赣州市和吉安市森林生态系统原材料供给量较高，分别占全省森林生态系统原材料总供给量的 29.4% 和 14.7%；南昌市和新余市森林生态系统原材料供给量较低，分别占全省森林生态系统原材料总供给量的 1.0% 和 1.6%。

江西省森林生态系统原材料供给能力（2013年）
安　徽　省
湖　北　省
九　江　市
景德镇市
浙江省
南昌市
上饶市
宜春市
鹰潭市
湖南省
新余市
萍乡市
抚　州　市
吉　安　市
福建省
赣　州　市
台湾海峡
省界
地级界
65534 gC/m²
314 gC/m²
广　东　省

4.1.3 湖南省森林生态系统原材料供给空间分布

湖南省森林生态系统原材料供给能力空间分布数据格式为矢量数据，数据时间为2000年和2013年。

该数据表明，湖南省森林生态系统原材料供给能力高低相差较大，大部分区域供给能力处于中下状态，供给能力突出的区域空间分布较分散，从2000年至2013年，整体供给能力有所提升。截至2013年，怀化市森林生态系统原材料供给量最高，占全省森林生态系统原材料总供给量22.3%；湘潭市和娄底市森林生态系统原材料供给量较低，分别占全省森林生态系统原材料总供给量的2.4%和3.6%。

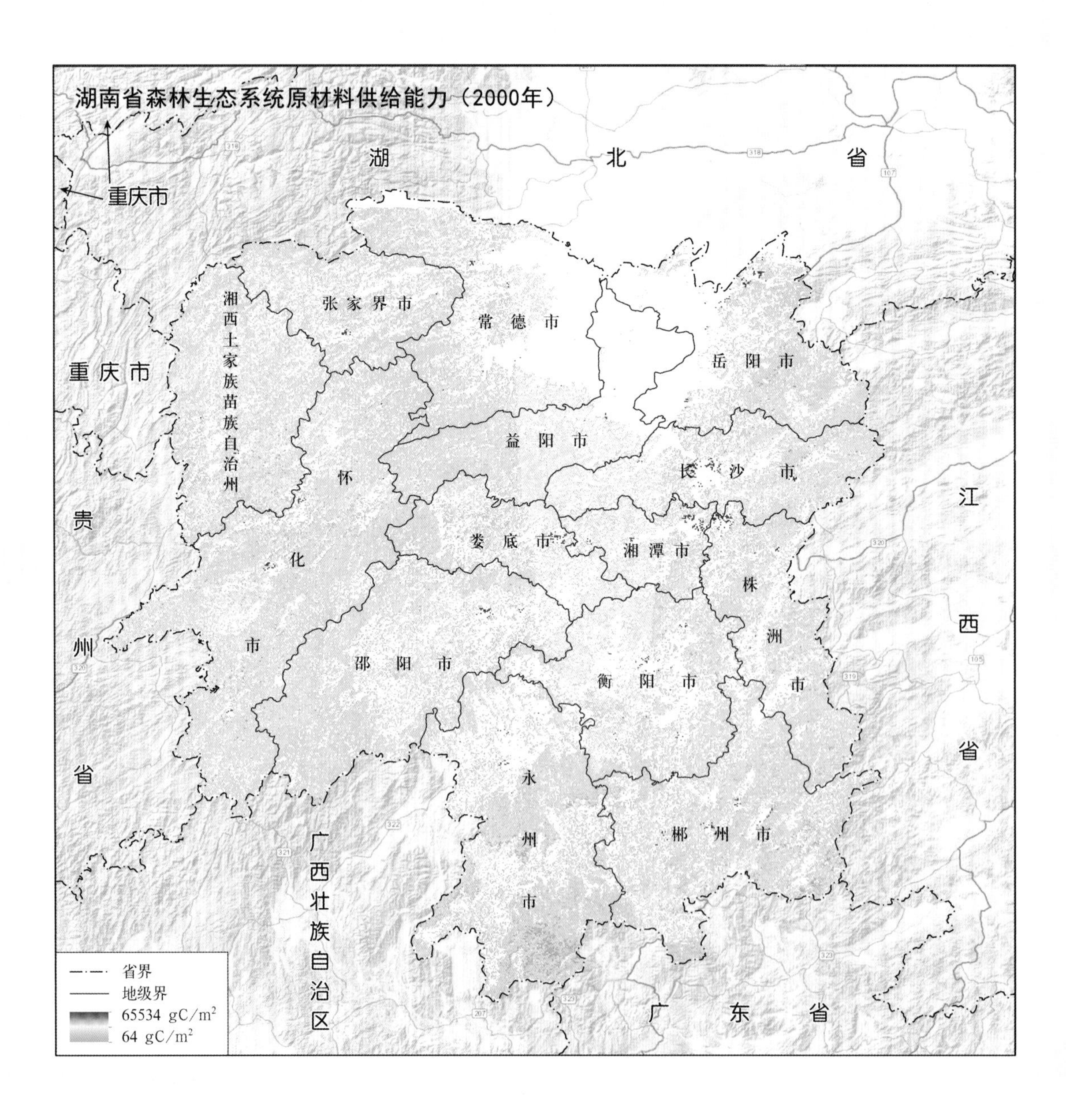

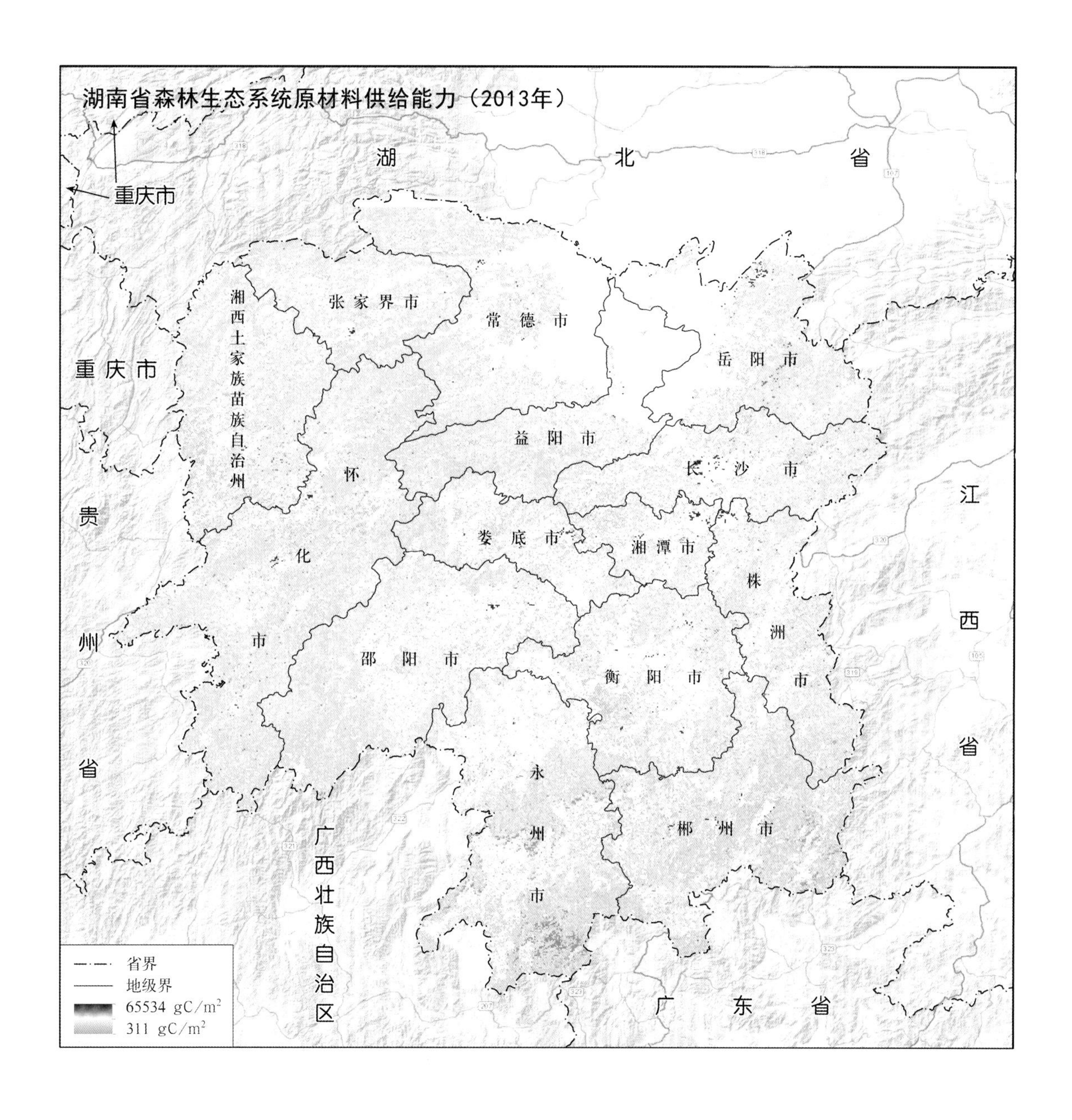
湖南省森林生态系统原材料供给能力（2013年）
湖　北　省
重庆市
重庆市
贵
州
省
湘西土家族苗族自治州
张家界市
常德市
岳阳市
益阳市
怀
化
市
长沙市
娄底市
湘潭市
株洲市
邵阳市
衡阳市
江
西
省
永州市
郴州市
广西壮族自治区
广　东　省
省界
地级界
65534 gC/m²
311 gC/m²

4.2 闽赣湘草地生态系统原材料供给空间分布

草地生态系统是维持人类生存的食物、医药、工农业生产原料供给库之一。

4.2.1 福建省草地生态系统原材料供给空间分布

福建省草地生态系统原材料供给能力空间分布数据格式为矢量数据，数据时间为2000年和2013年。

该数据表明，福建省草地生态系统原材料供给能力高低相差较大，大部分区域供给能力处于中下状态，供给能力突出的区域面积较小，从 2000 年至 2013 年，由于草地生态系统的变化，供给能力的空间分布也发生了相应的变化。截至 2013 年，福州市和宁德市草地生态系统原材料供给量较高，分别占全省草地生态系统原材料总供给量的 18.5% 和 17.4%；厦门市和莆田市草地生态系统原材料供给量较低，分别占全省草地生态系统原材料总供给量的 0.1% 和 3.1%。

福建省草地生态系统原材料供给能力（2013年）
浙 江 省
江 西 省
南 平 市
宁 德 市
东 海
三 明 市
福 州 市
莆 田 市
龙 岩 市
泉 州 市
台 湾 海 峡
厦门市
广 东 省
漳 州 市
台 湾 省
南 海
省界
地级界
65534 gC/m2
1118 gC/m2

4.2.2 江西省草地生态系统原材料供给空间分布

江西省草地生态系统原材料供给能力空间分布数据格式为矢量数据，数据时间为 2000 年和 2013 年。

该数据表明，江西省草地生态系统原材料供给能力高低相差较大，大部分区域供给能力处于中间和偏下状态，供给能力突出的区域比较分散，从 2000 年至 2013 年，整体供给能力有了一定的提升。截至 2013 年，赣州市草地生态系统原材料供给量最高，分别占全省草地生态系统原材料总供给量的 30.6%；萍乡市和新余市草地生态系统原材料供给量较低，分别占全省草地生态系统原材料总供给量的 0.6% 和 0.4%。

江西省草地生态系统原材料供给能力（2013年）
安　徽　省
湖　北　省
浙江省
九　江　市
景德镇市
南昌市
上　饶　市
宜春市
鹰潭市
湖南省
新余市
萍乡市
抚　州　市
吉　安　市
福建省
赣　州　市
台湾海峡
广　东　省
省界
地级界
65534 gC/m2
901 gC/m2

4.2.3 湖南省草地生态系统原材料供给空间分布

湖南省草地生态系统原材料供给能力空间分布数据格式为矢量数据，数据时间为2000年和2013年。

该数据表明，湖南省草地生态系统原材料供给能力高低相差较大，大部分区域供给能力处于中间和偏下状态，供给能力突出的区域空间分布比较分散，从2000年至2013年，整体供给能力有所提升。截至2013年，湘西土家族苗族自治州草地生态系统原材料供给量最高，占全省草地生态系统原材料总供给量的22.8%；湘潭市和益阳市草地生态系统原材料供给量较低，分别占全省草地生态系统原材料总供给量的0.8%和0.6%。

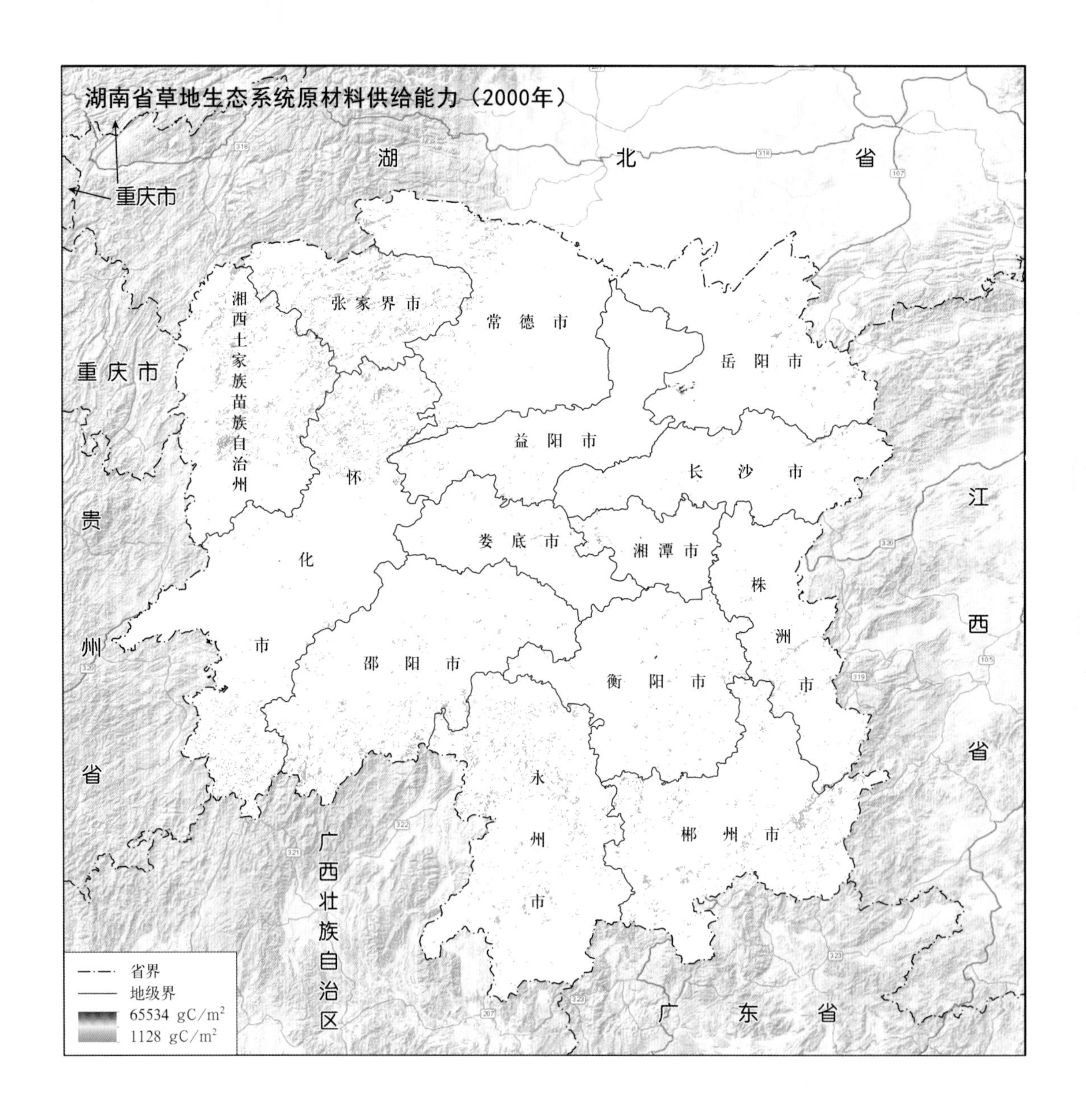

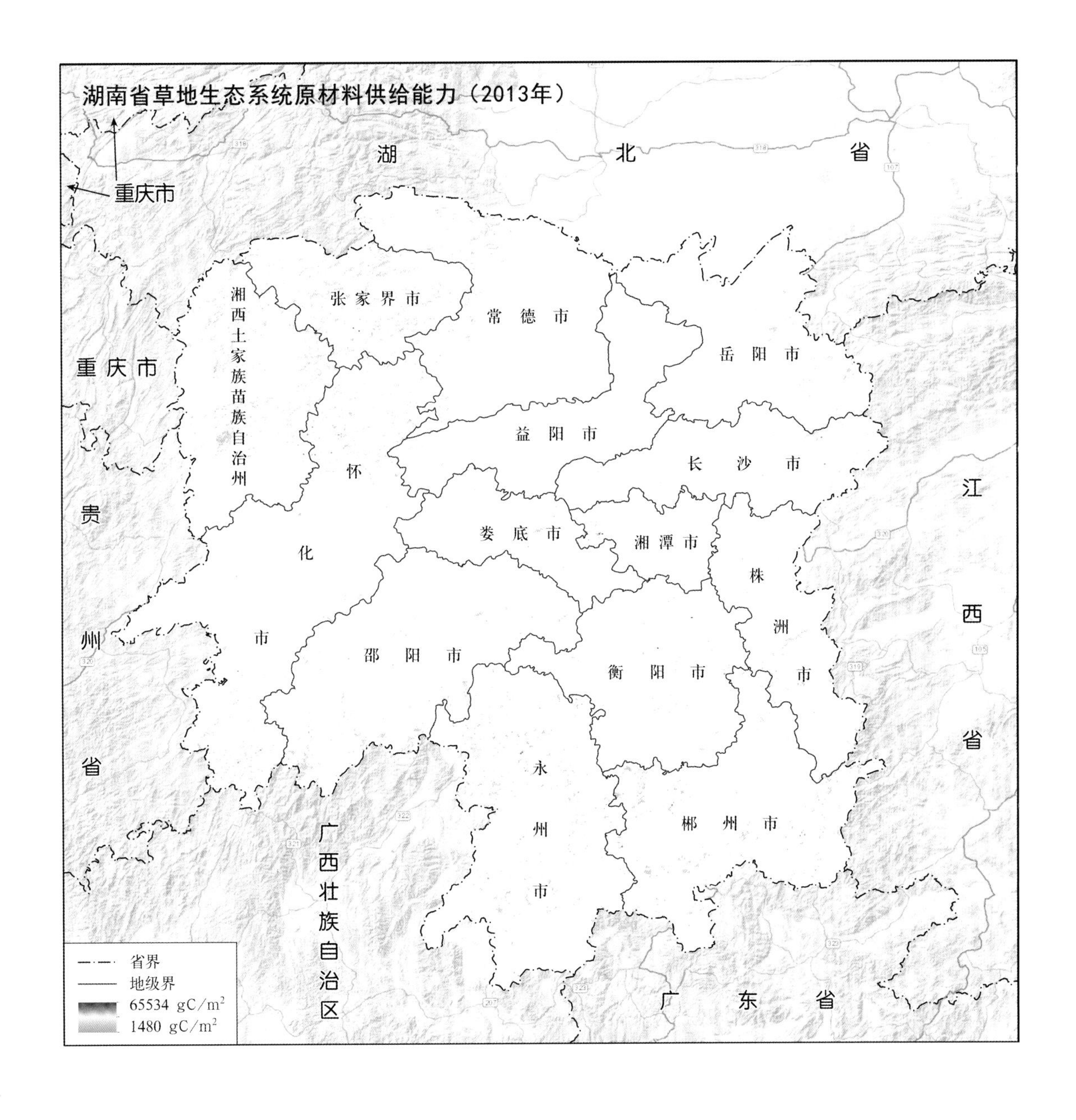
湖南省草地生态系统原材料供给能力（2013年）
重庆市
湖
北
省
湘西土家族苗族自治州
张家界市
常德市
岳阳市
重庆市
益阳市
长沙市
怀化市
娄底市
湘潭市
株洲市
江西省
贵州省
邵阳市
衡阳市
永州市
郴州市
广西壮族自治区
广东省
省界
地级界
65534 gC/m2
1480 gC/m2

4.3 闽浙赣湘森林生态系统经济产值空间分布

森林生态系统是森林群落与其环境在功能流的作用下形成一定结构、功能和自调控的自然综合体，是陆地生态系统中面积最多、最重要的自然生态系统。

闽浙赣湘森林生态系统经济产值空间分布数据格式为矢量数据，数据时间为2000年、2005年和2013年。

该数据表明，闽浙赣湘森林生态系统经济产值高低相差较大，空间分布比较分散，从2000年到2013年，供给能力有所提高。截至2013年，福建省森林生态系统经济产值最高，占四省森林生态系统经济总产值的36.7%；江西省森林生态系统经济产值最低，占四省森林生态系统经济总产值的16.8%。

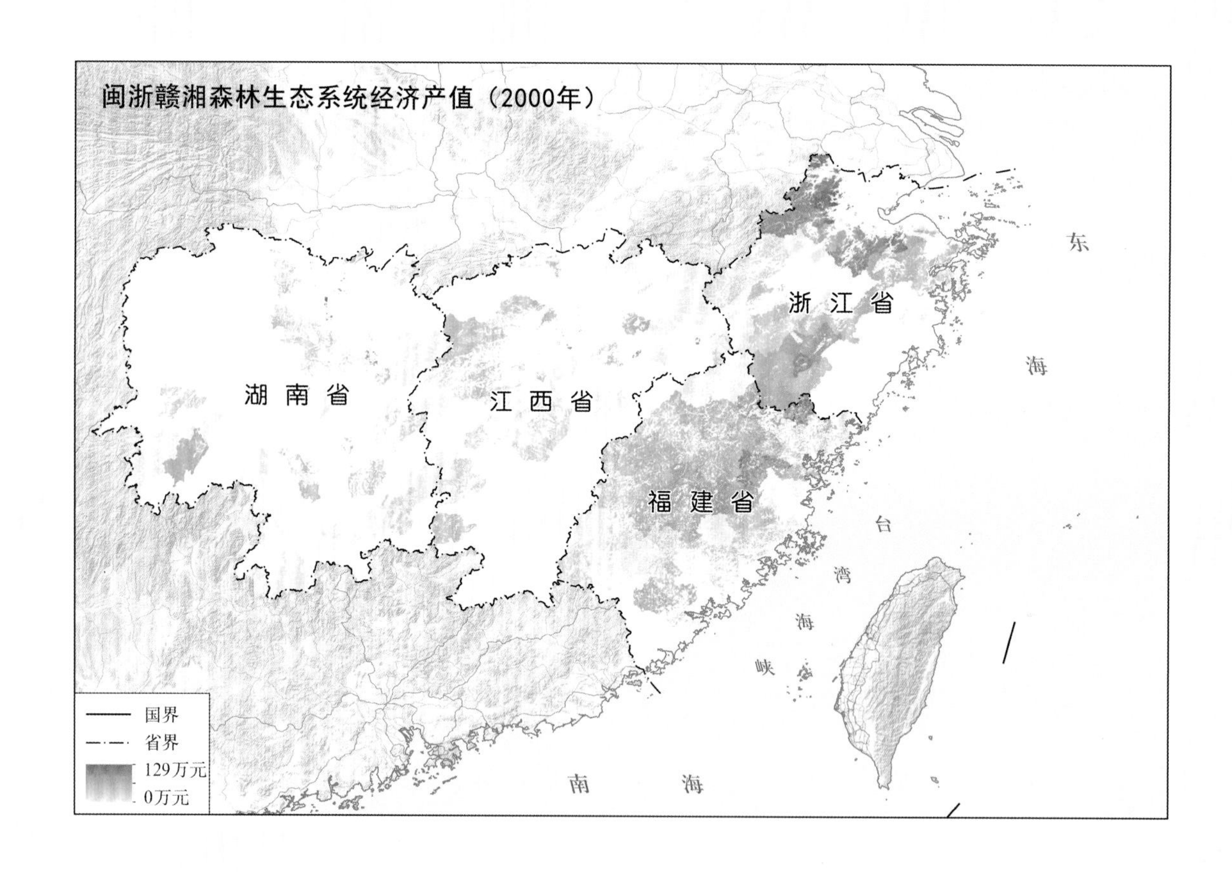

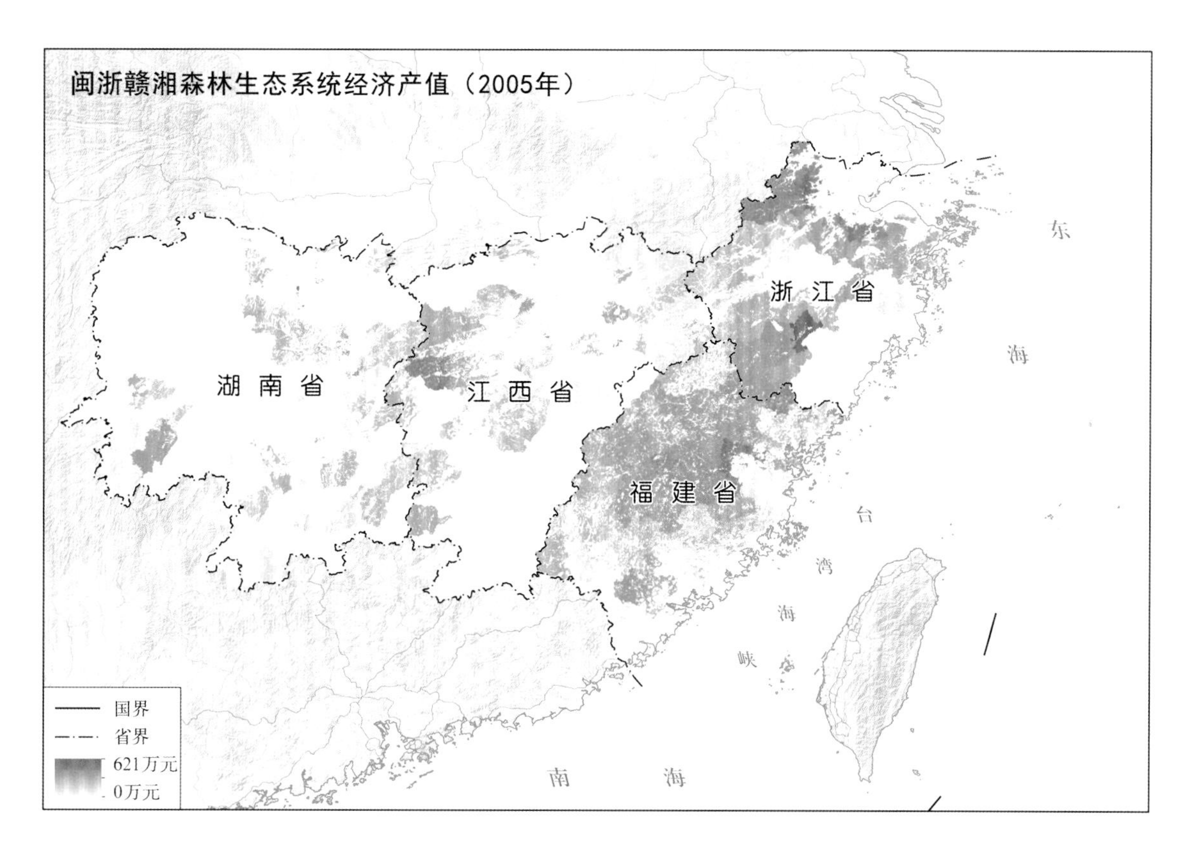
闽浙赣湘森林生态系统经济产值（2005年）
湖南省
江西省
浙江省
福建省
东
海
台
湾
海
峡
南
海
国界
省界
621万元
0万元

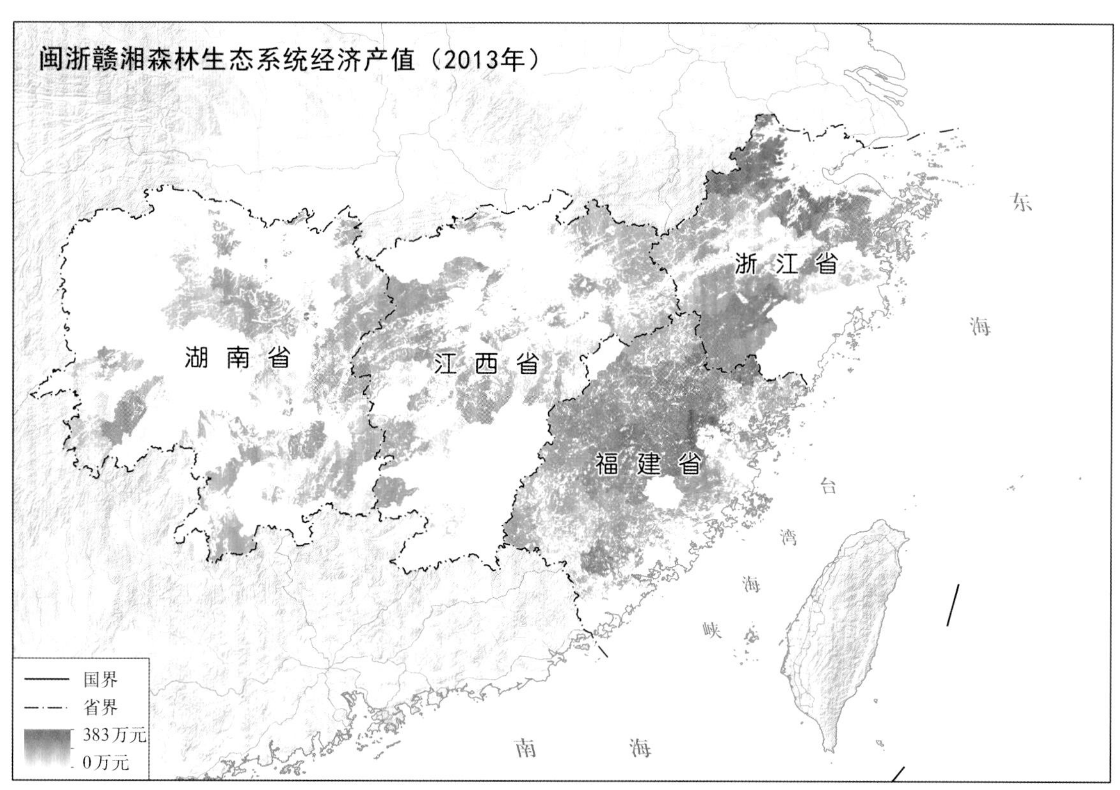
闽浙赣湘森林生态系统经济产值（2013年）
湖南省
江西省
浙江省
福建省
东
海
台
湾
海
峡
南
海
国界
省界
383万元
0万元

4.3.1 福建省森林生态系统经济产值空间分布

福建省森林生态系统经济产值空间分布数据格式为矢量数据，数据时间为2000年、2005年和2013年。

该数据表明，福建省森林生态系统经济产值高低相差较大，从2000年至2013年，森林生态系统整体经济产值有所提高，经济产值高低差距拉大，经济产值高的区域集中于中东部。截至2013年，三明市和龙岩市森林生态系统经济产值较高，分别占全省森林生态系统经济总产值的31.1%和25.6%；厦门市和莆田市森林生态系统经济产值较低，分别占全省森林生态系统经济总产值的0.1%和1.0%。

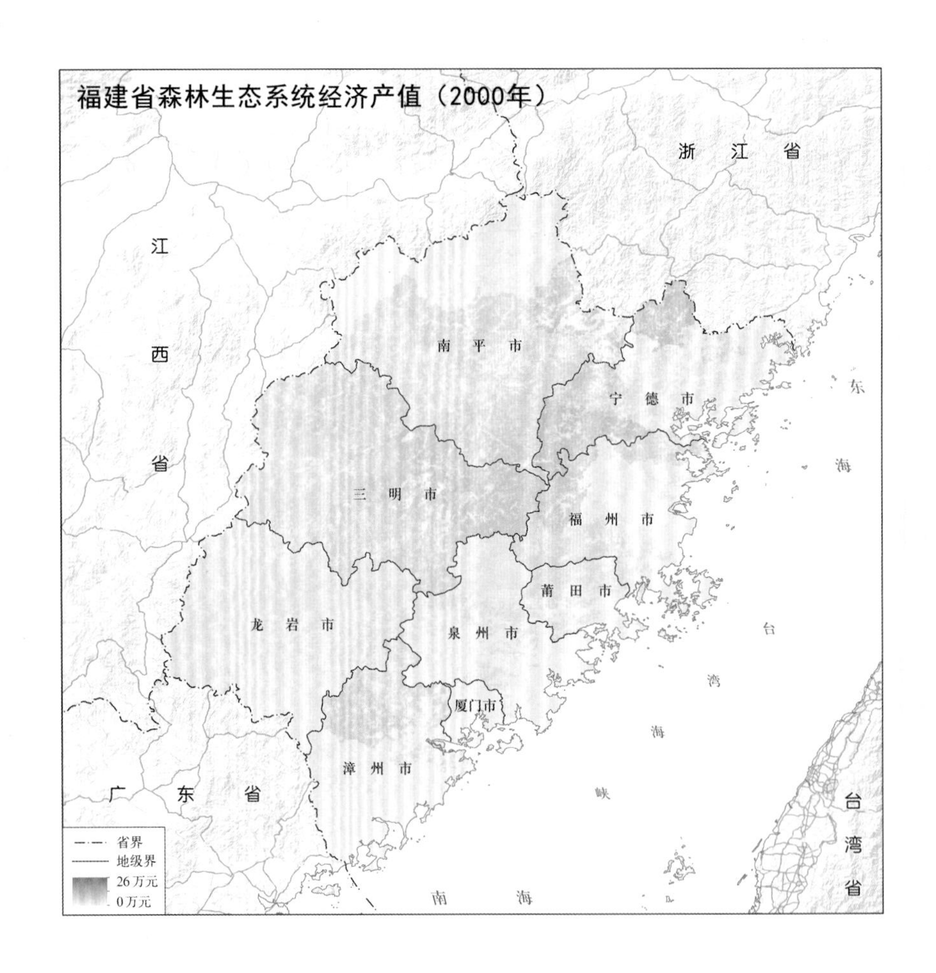

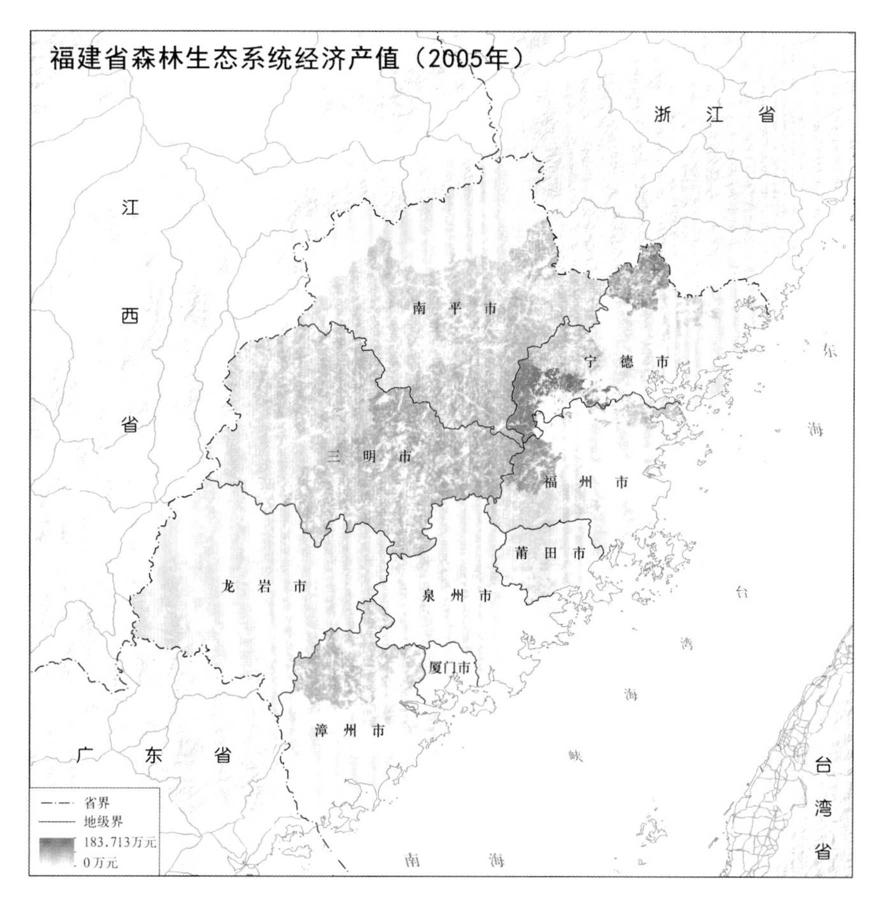
福建省森林生态系统经济产值（2005年）
浙　江　省
江
西
省
南　平　市
宁　德　市
三　明　市
福　州　市
莆　田　市
龙　岩　市
泉　州　市
厦门市
漳　州　市
广　东　省
东
海
台
湾
海
峡
台
湾
省
南　海
省界
地级界
183.713万元
0万元

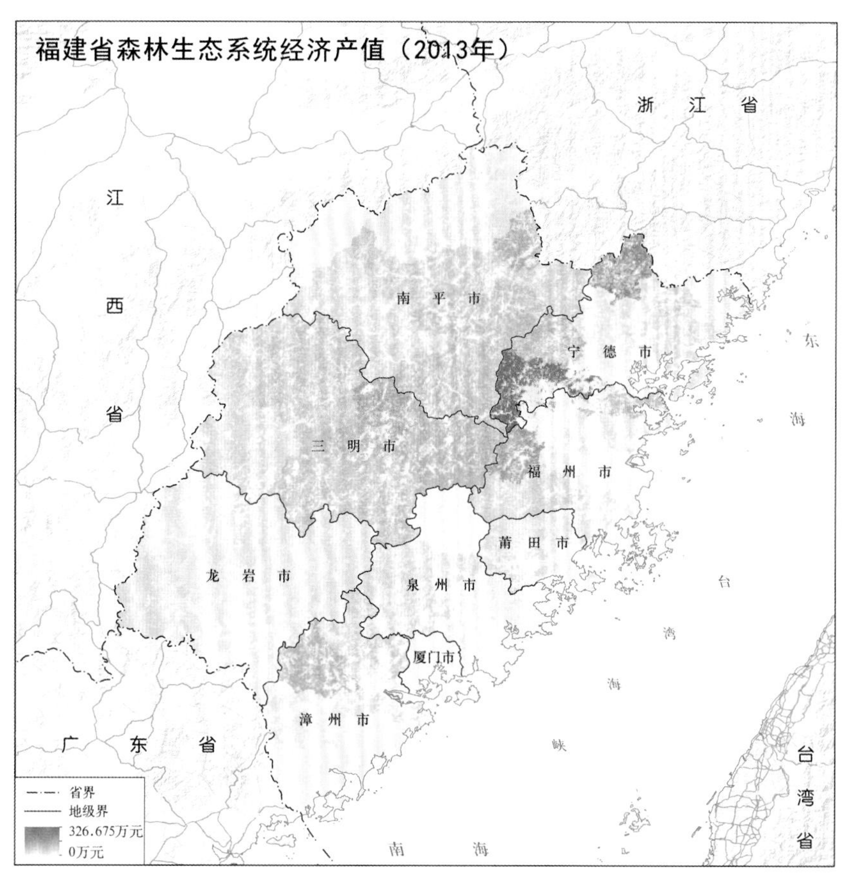
福建省森林生态系统经济产值（2013年）
浙　江　省
江
西
省
南　平　市
宁　德　市
三　明　市
福　州　市
莆　田　市
龙　岩　市
泉　州　市
厦门市
漳　州　市
广　东　省
东
海
台
湾
海
峡
台
湾
省
南　海
省界
地级界
326.675万元
0万元

4.3.2 浙江省森林生态系统经济产值空间分布

浙江省森林生态系统经济产值空间分布数据格式为矢量数据，数据时间为2000年、2005年和2013年。

该数据表明，浙江省森林生态系统经济产值高低相差较大，从2000年至2013年，森林生态系统整体经济产值有所提高，经济产值高低差距拉大，经济产值高的区域几年来变化较大。截至2013年，杭州市和台水市森林生态系统经济产值较高，分别占全省森林生态系统经济总产值的17.4%和21.5%；宁波市和丽水市森林生态系统经济产值较低，分别占全省森林生态系统经济总产值的3.8%和7.9%。

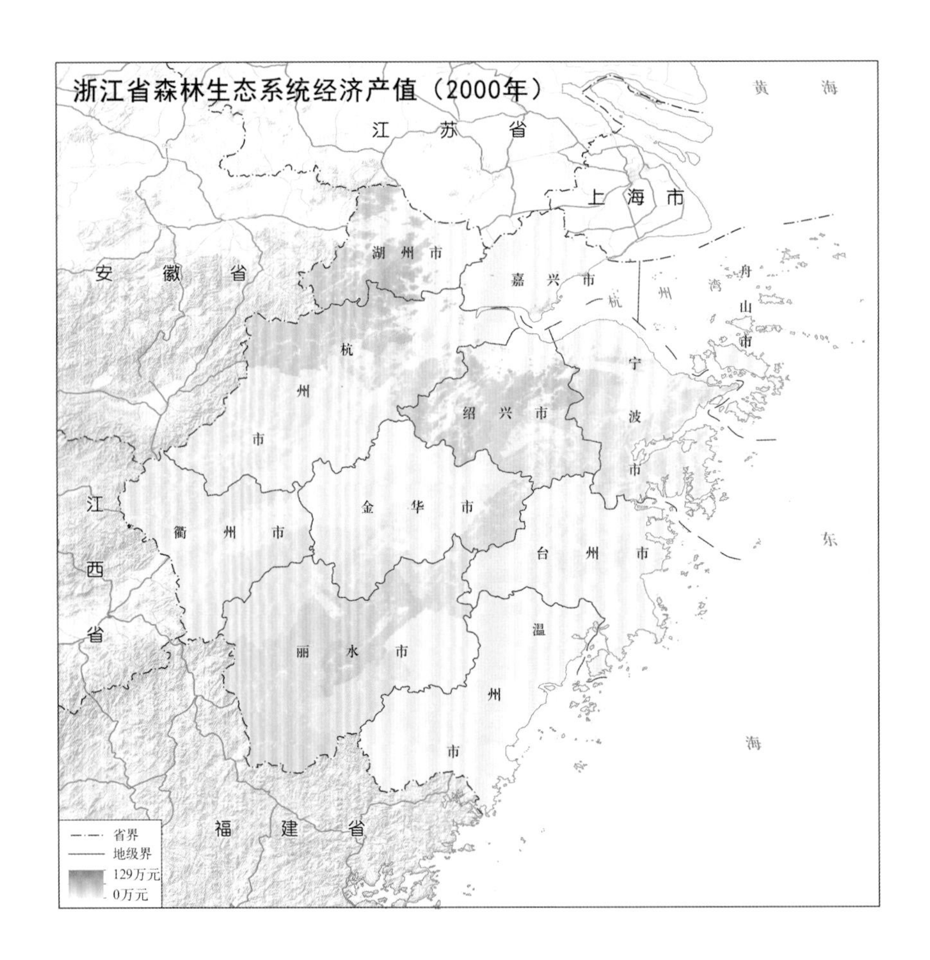

浙江省森林生态系统经济产值（2005年）
黄　海
江　苏　省
上　海　市
湖　州　市
安　徽　省
嘉　兴　市
舟
山
市
杭
州
市
宁
波
市
绍　兴　市
江
西
省
衢　州　市
金　华　市
台　州　市
东
丽　水　市
温
州
市
海
福　建　省
省界
地级界
621.591万元
0万元

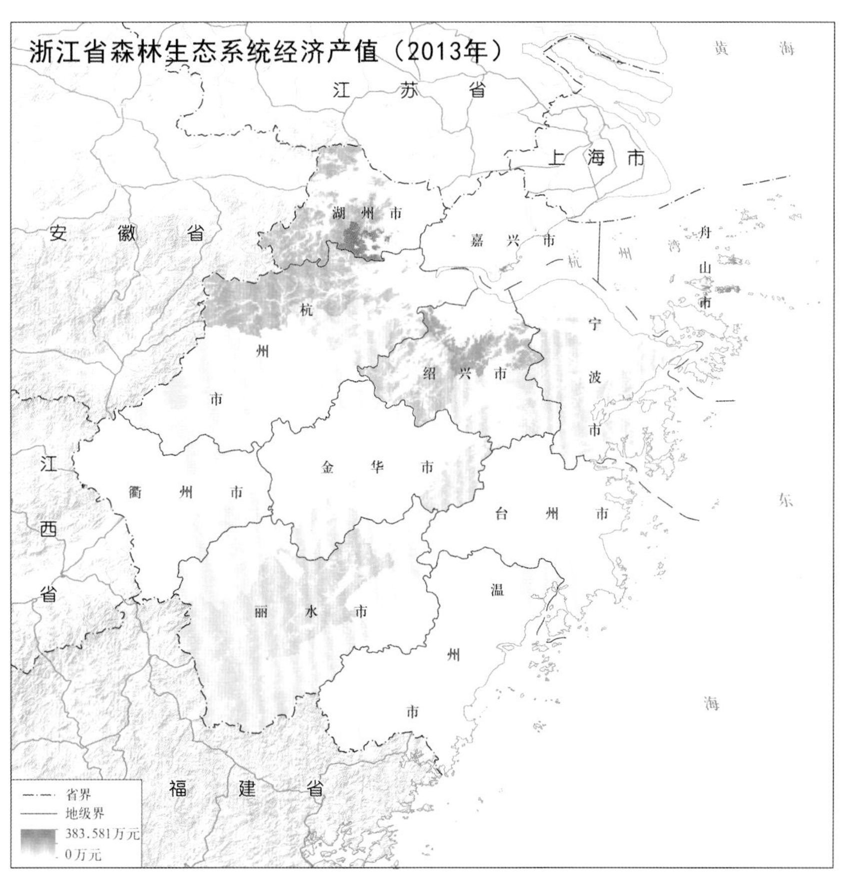
浙江省森林生态系统经济产值（2013年）
黄　海
江　苏　省
上　海　市
湖　州　市
安　徽　省
嘉　兴　市
舟
山
市
杭
州
市
宁
波
市
绍　兴　市
江
西
省
衢　州　市
金　华　市
台　州　市
东
丽　水　市
温
州
市
海
福　建　省
省界
地级界
383.581万元
0万元

4.3.3 江西省森林生态系统经济产值空间分布

江西省森林生态系统经济产值空间分布数据格式为矢量数据，数据时间为2000年、2005年和2013年。

该数据表明，江西省森林生态系统经济产值高低相差较大，从2000年至2013年，森林生态系统整体经济产值有所提高，经济产值高低差距拉大，经济产值高的区域几年来变化较大。截至2013年，吉安市和宜春市森林生态系统经济产值较高，分别占全省森林生态系统经济总产值的21.3%和19.3%；宁波市和丽水市森林生态系统经济产值较低，分别占全省森林生态系统经济总产值的2.6%和1.9%。

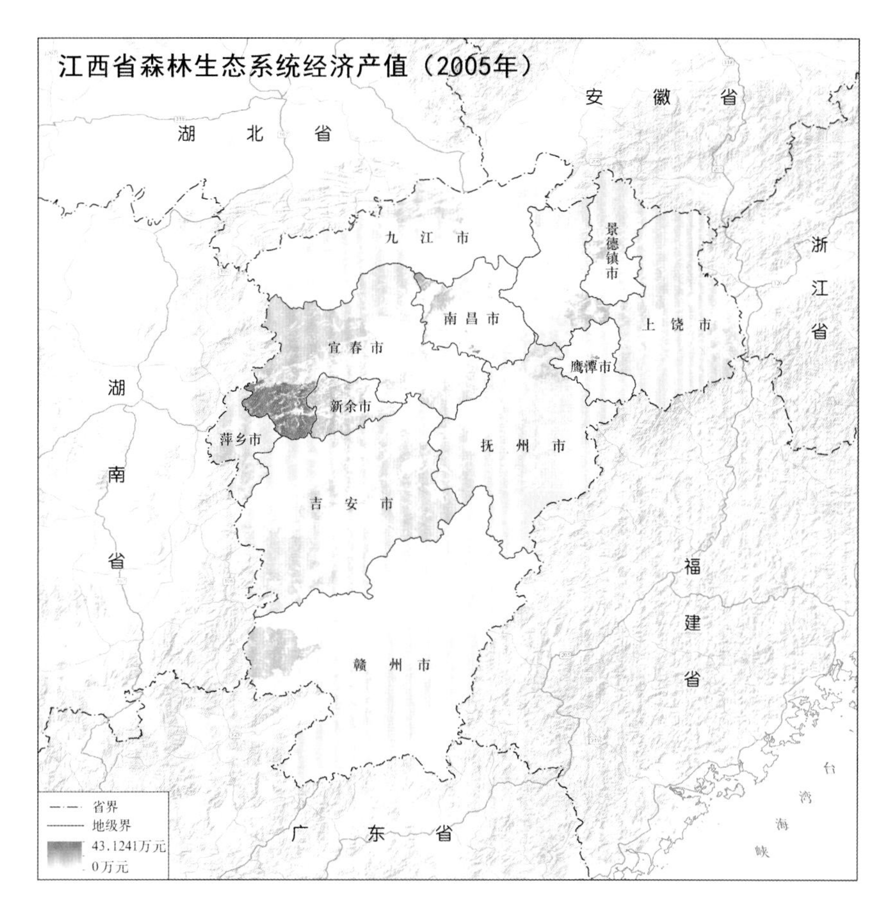
江西省森林生态系统经济产值（2005年）
安 徽 省
湖 北 省
九 江 市
景德镇市
浙江省
南昌市
上饶市
宜春市
鹰潭市
湖南省
新余市
萍乡市
抚 州 市
吉 安 市
福建省
赣 州 市
台湾海峡
广 东 省
省界
地级界
43.1241万元
0万元

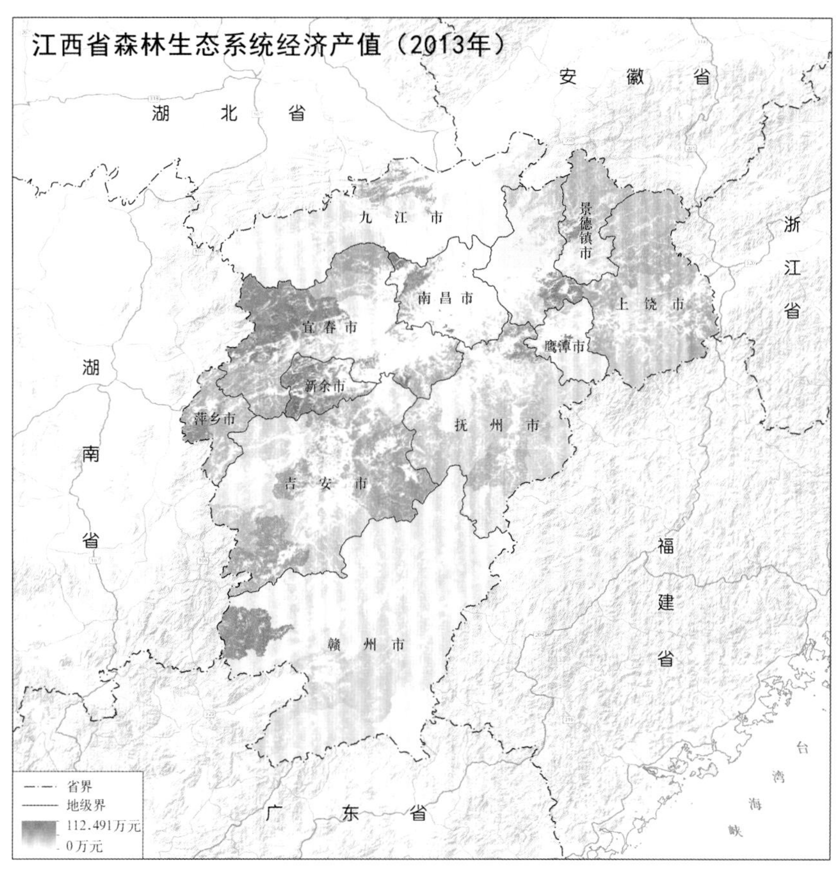
江西省森林生态系统经济产值（2013年）
安 徽 省
湖 北 省
九 江 市
景德镇市
浙江省
南昌市
上饶市
宜春市
鹰潭市
湖南省
新余市
萍乡市
抚 州 市
吉 安 市
福建省
赣 州 市
台湾海峡
广 东 省
省界
地级界
112.491万元
0万元

4.3.4 湖南省森林生态系统经济产值空间分布

湖南省森林生态系统经济产值空间分布数据格式为矢量数据，数据时间为2000年、2005年和2013年。

该数据表明，湖南省森林生态系统经济产值高低相差较大，从2000年至2013年，森林生态系统整体经济产值有所提高，经济产值高低差距拉大，经济产值高的区域几年来变化较小。截至2013年，长沙市和永州市森林生态系统经济产值较高，分别占全省森林生态系统经济总产值的10.8%和12.5%；娄底市和湘西土家族苗族自治州森林生态系统经济产值较低，分别占全省森林生态系统经济总产值的1.2%和1.4%。

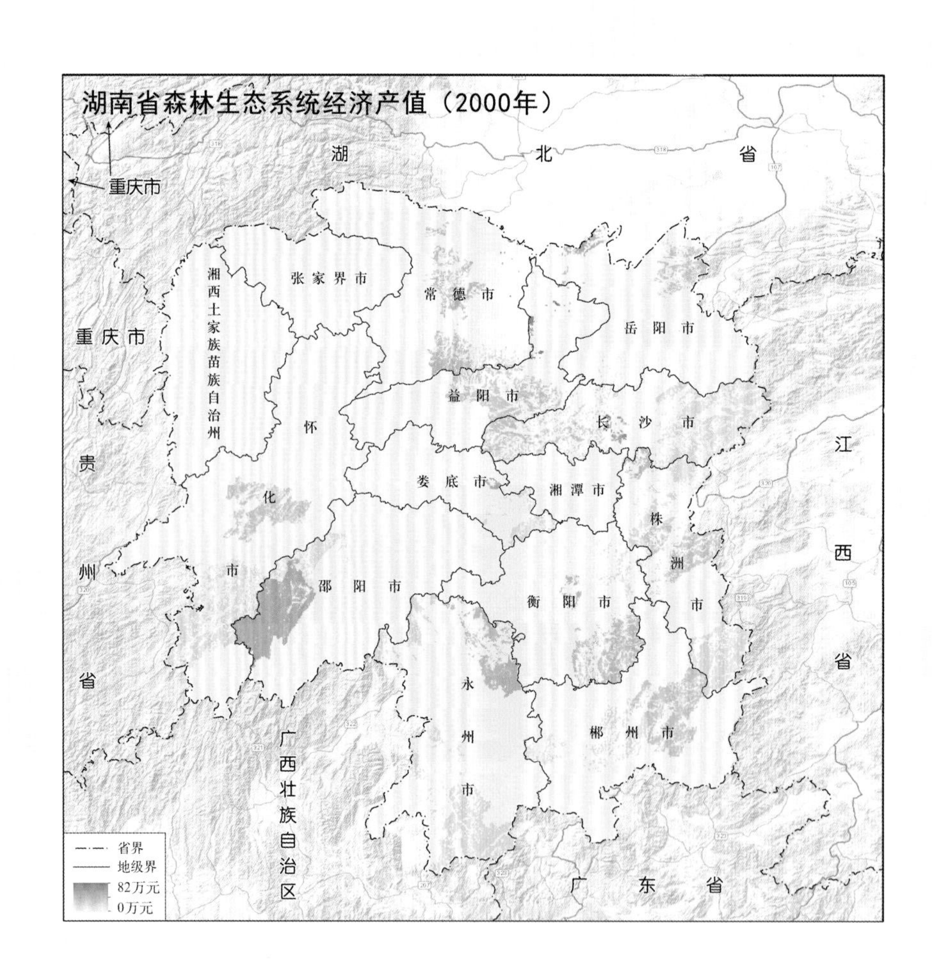

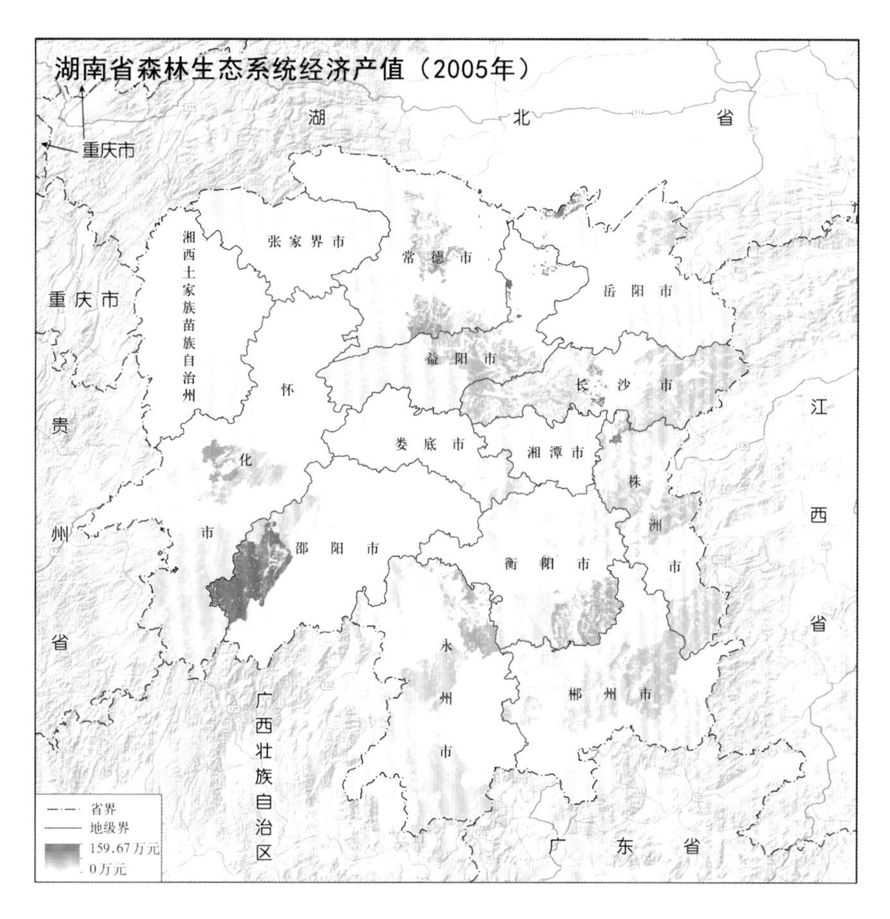
湖南省森林生态系统经济产值（2005年）
湖
北
省
重庆市
张家界市
常德市
岳阳市
湘西土家族苗族自治州
重庆市
益阳市
长沙市
怀
江
贵
娄底市
湘潭市
化
株
西
州
市
邵阳市
洲
衡阳市
市
省
省
永
郴州市
州
广西壮族自治区
市
省界
地级界
159.67万元
0万元
广
东
省

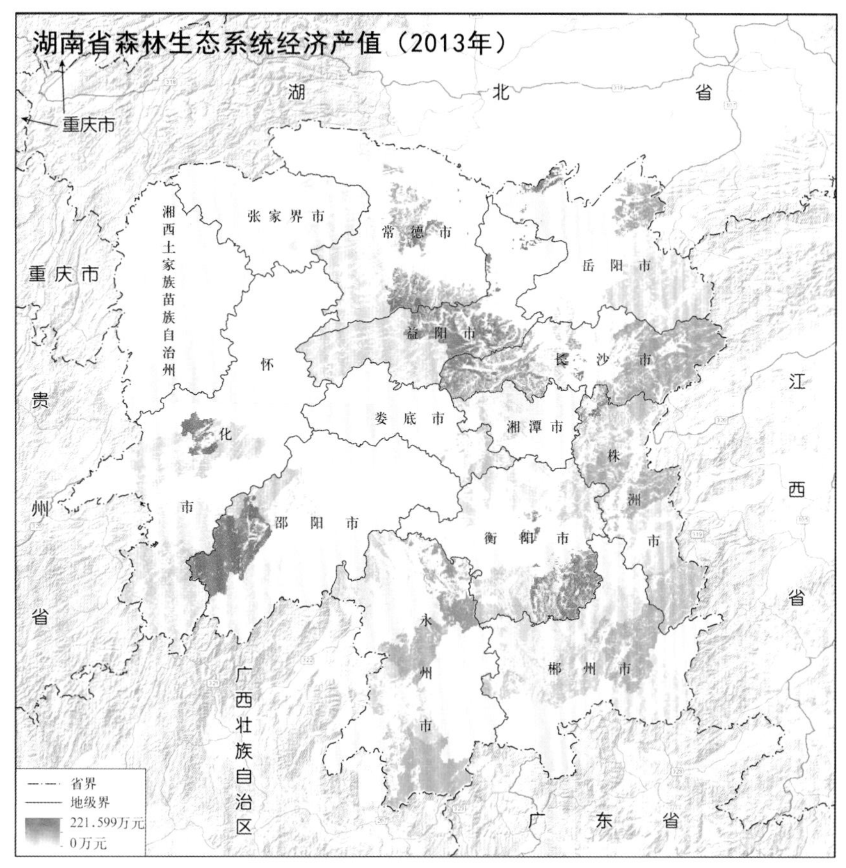
湖南省森林生态系统经济产值（2013年）
湖
北
省
重庆市
张家界市
常德市
岳阳市
湘西土家族苗族自治州
重庆市
益阳市
长沙市
怀
江
贵
娄底市
湘潭市
化
株
西
州
市
邵阳市
洲
衡阳市
市
省
省
永
郴州市
州
广西壮族自治区
市
省界
地级界
221.599万元
0万元
广
东
省

44 闽浙赣湘草地生态系统经济产值空间分布

草地生态系统是维持人类生存的食物、医药、工农业生产原料供给库之一。

闽浙赣湘草地生态系统经济产值空间分布数据格式为矢量数据，数据时间为2000年、2005年和2013年。

该数据表明，闽浙赣湘草地生态系统经济产值高低相差较大，空间分布比较分散，供给能力突出的区域面积较小，从2000年到2013年，供给能力有所下降。截至2013年，湖南省草地生态系统经济产值最高，占四省草地生态系统经济总产值的47.9%；浙江省草地生态系统经济产值最低，占四省草地生态系统经济总产值的13.3%。

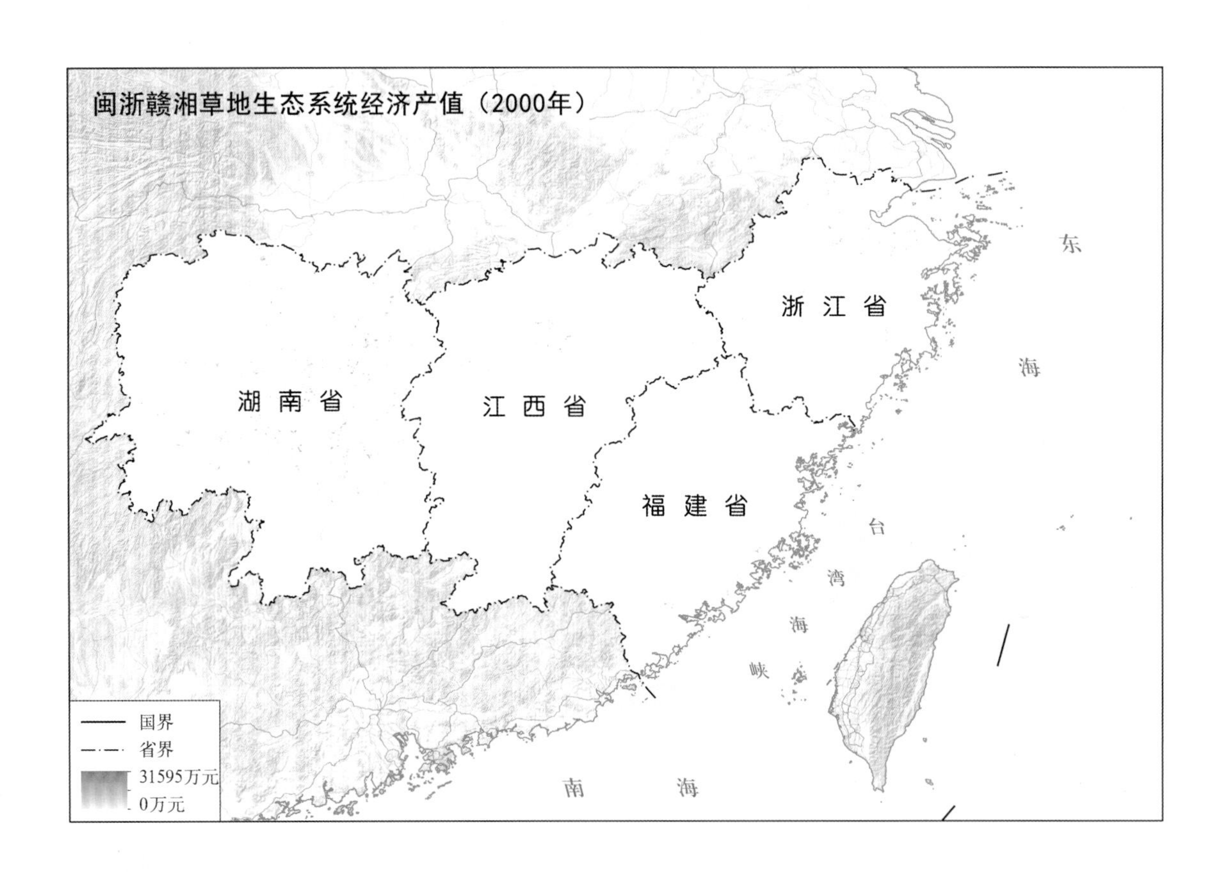

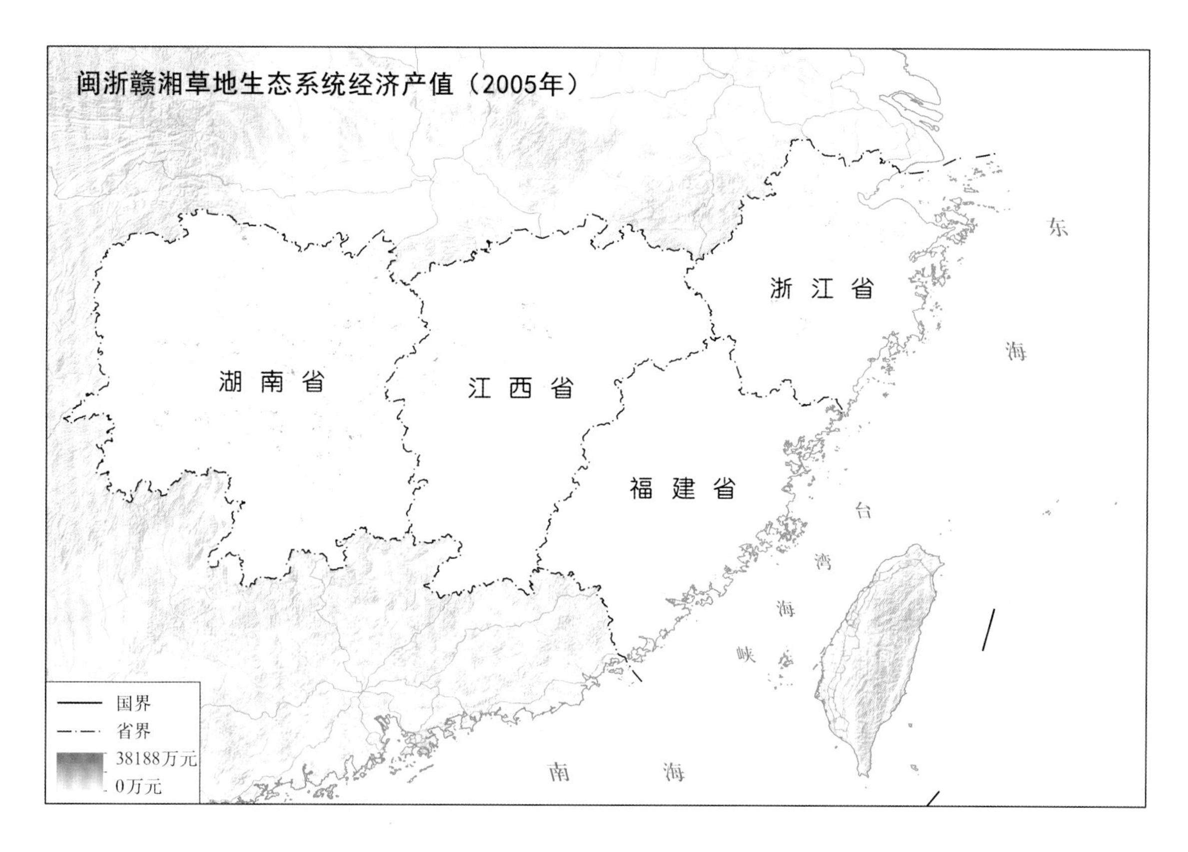
闽浙赣湘草地生态系统经济产值（2005年）
浙江省
湖南省
江西省
福建省
东
海
台
湾
海
峡
南
海
国界
省界
38188万元
0万元

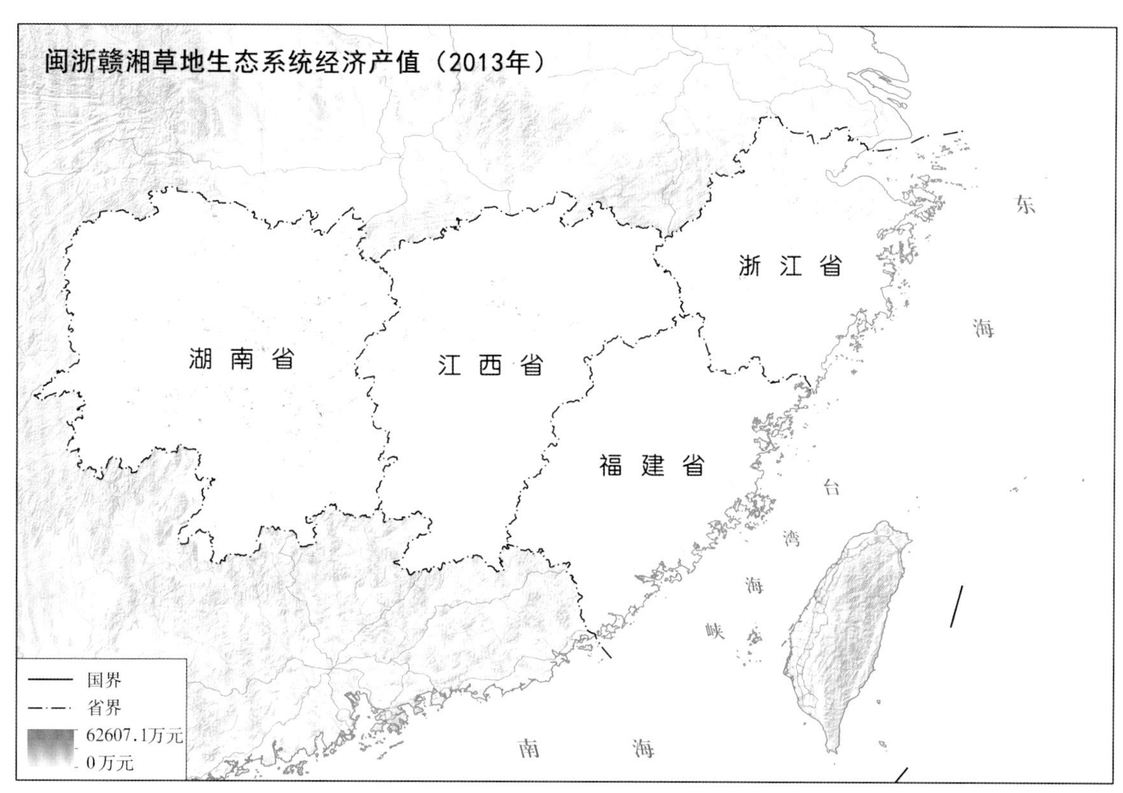
闽浙赣湘草地生态系统经济产值（2013年）
浙江省
湖南省
江西省
福建省
东
海
台
湾
海
峡
南
海
国界
省界
62607.1万元
0万元

4.4.1 福建省草地生态系统经济产值空间分布

福建省草地生态系统经济产值空间分布数据格式为矢量数据，数据时间为2000年、2005年和2013年。

该数据表明，福建省草地生态系统经济产值高低相差较大，从2000年至2013年，草地生态系统整体经济产值有所下降，经济产值高低差距拉大，经济产值高的区域有所减少。截至2013年，福州市和泉州市草地生态系统经济产值较高，分别占全省草地生态系统经济总产值的17%和19.6%；厦门市和宁德市草地生态系统经济产值较低，分别占全省草地生态系统经济总产值的1.8%和4.7%。

福建省草地生态系统经济产值（2005年）
浙 江 省
江
西
省
南 平 市
宁 德 市
东
海
三 明 市
福 州 市
莆 田 市
龙 岩 市
泉 州 市
台
湾
厦门市
海
漳 州 市
峡
广 东 省
台
湾
省
南 海
省界
地级界
2543.77万元
0万元

福建省草地生态系统经济产值（2013年）
浙 江 省
江
西
省
南 平 市
宁 德 市
东
海
三 明 市
福 州 市
莆 田 市
龙 岩 市
泉 州 市
台
湾
厦门市
海
漳 州 市
峡
广 东 省
台
湾
省
南 海
省界
地级界
3455.13万元
0万元

4.4.2 浙江省草地生态系统经济产值空间分布

浙江省草地生态系统经济产值空间分布数据格式为矢量数据，数据时间为 2000 年、2005 年和 2013 年。

该数据表明，浙江省草地生态系统经济产值高低相差较大，从 2000 年至 2013 年，草地生态系统整体经济产值有所提高，经济产值高低差距减小。截至 2013 年，杭州市和宁波市草地生态系统经济产值较高，分别占全省草地生态系统经济总产值的 20.7% 和 14.7%；嘉兴市和舟山市草地生态系统经济产值较低，分别占全省草地生态系统经济总产值的 4.0% 和 4.2%。

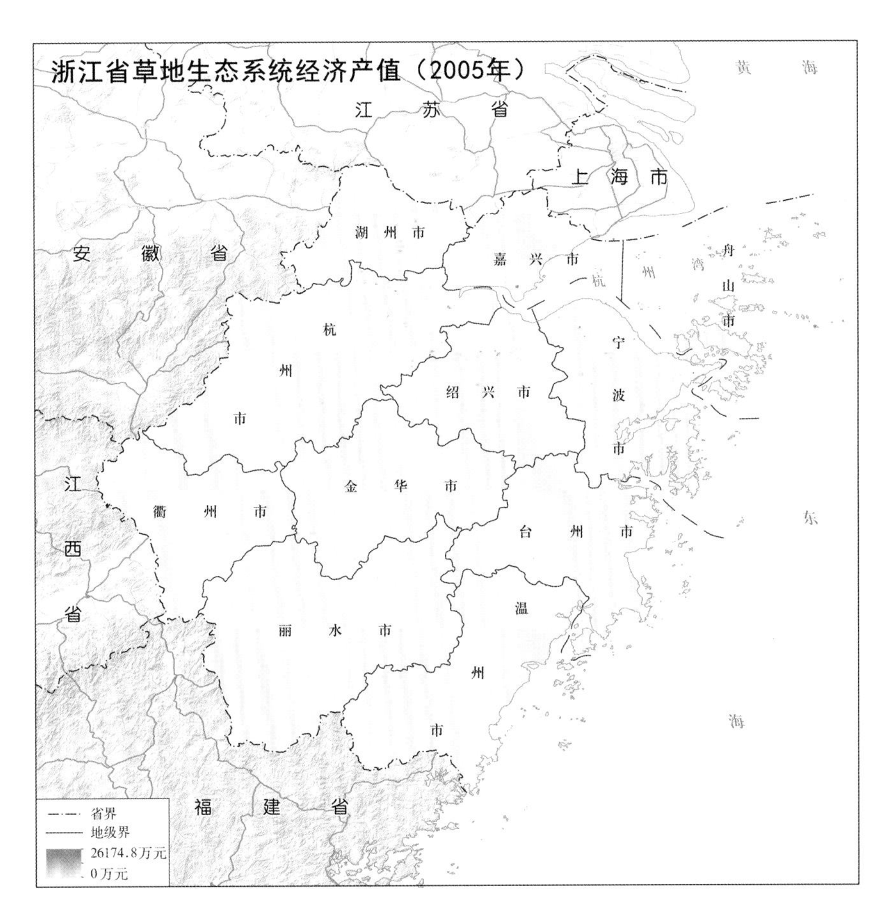
浙江省草地生态系统经济产值（2005年）
黄 海
江 苏 省
上 海 市
安 徽 省
湖 州 市
嘉 兴 市
杭 州 湾
舟 山 市
杭 州 市
宁 波 市
绍 兴 市
江 西 省
衢 州 市
金 华 市
台 州 市
东 海
丽 水 市
温 州 市
福 建 省
省界
地级界
26174.8万元
0万元

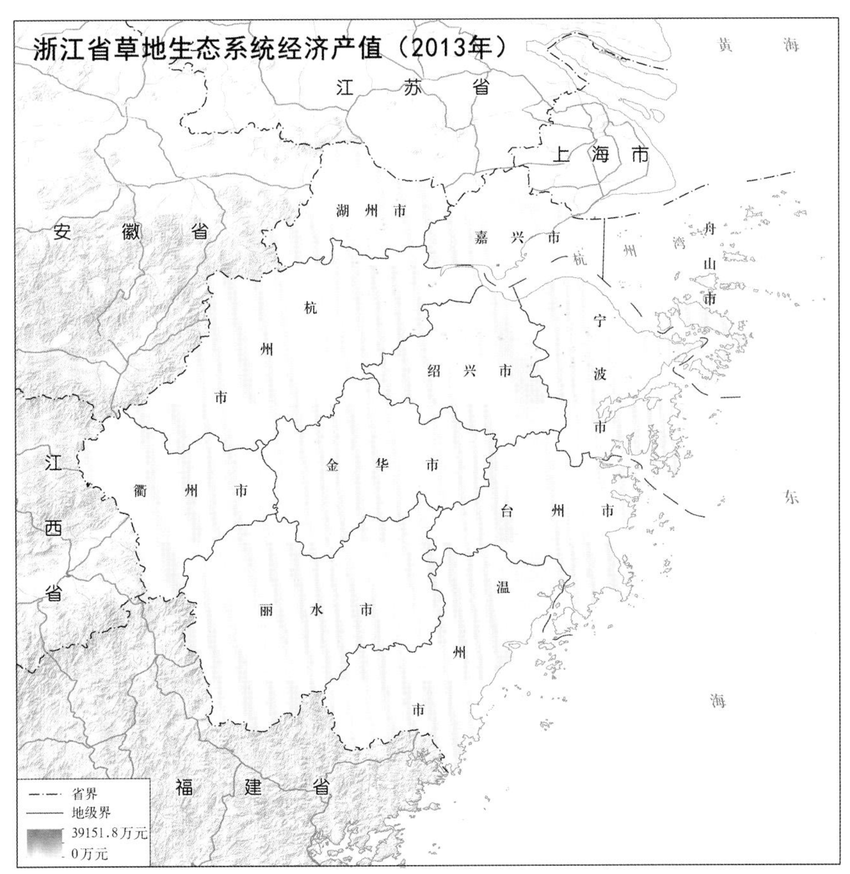
浙江省草地生态系统经济产值（2013年）
黄 海
江 苏 省
上 海 市
安 徽 省
湖 州 市
嘉 兴 市
杭 州 湾
舟 山 市
杭 州 市
宁 波 市
绍 兴 市
江 西 省
衢 州 市
金 华 市
台 州 市
东 海
丽 水 市
温 州 市
福 建 省
省界
地级界
39151.8万元
0万元

4.4.3 江西省草地生态系统经济产值空间分布

江西省草地生态系统经济产值空间分布数据格式为矢量数据，数据时间为 2000 年、2005 年和 2013 年。

该数据表明，江西省草地生态系统经济产值高低整体相差较小，从 2000 年至 2013 年，草地生态系统整体经济产值有所提高。截至 2013 年，赣州市和宜春市草地生态系统经济产值较高，分别占全省草地生态系统经济总产值的 23.5% 和 13.8%；景德镇市和新余市草地生态系统经济产值最低，占全省草地生态系统经济总产值的 3.1%。

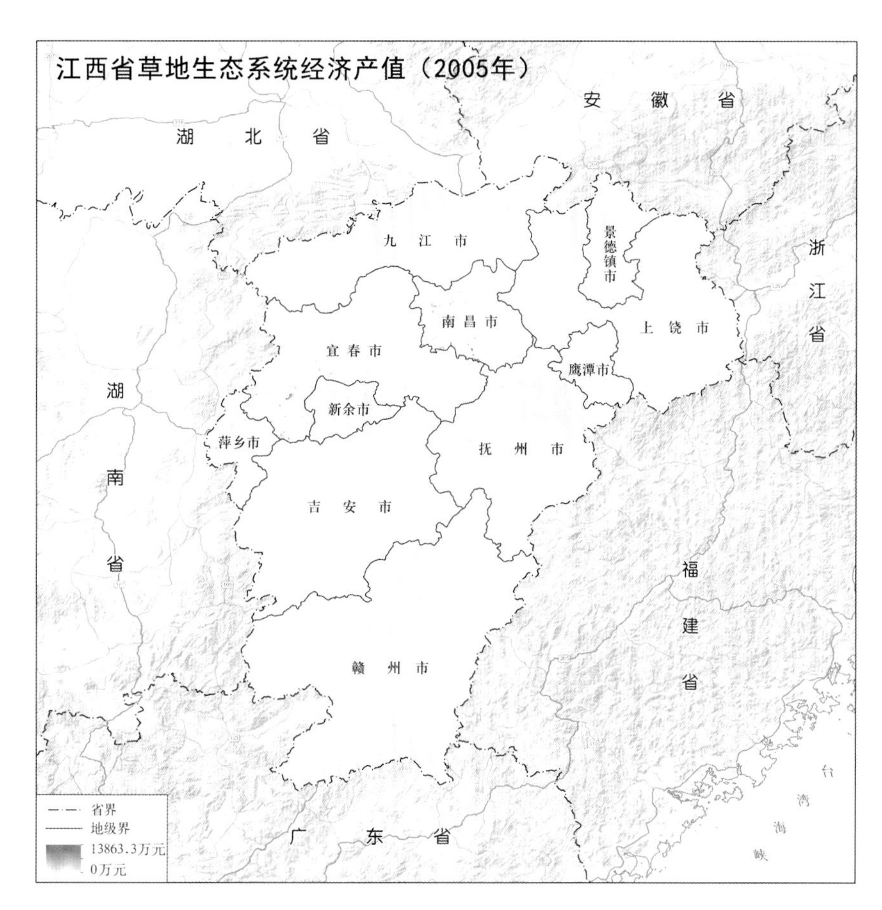
江西省草地生态系统经济产值（2005年）
安徽省
湖北省
九江市
景德镇市
浙江省
南昌市
上饶市
宜春市
鹰潭市
湖南省
新余市
萍乡市
抚州市
吉安市
福建省
赣州市
台湾海峡
广东省
省界
地级界
13863.3万元
0万元

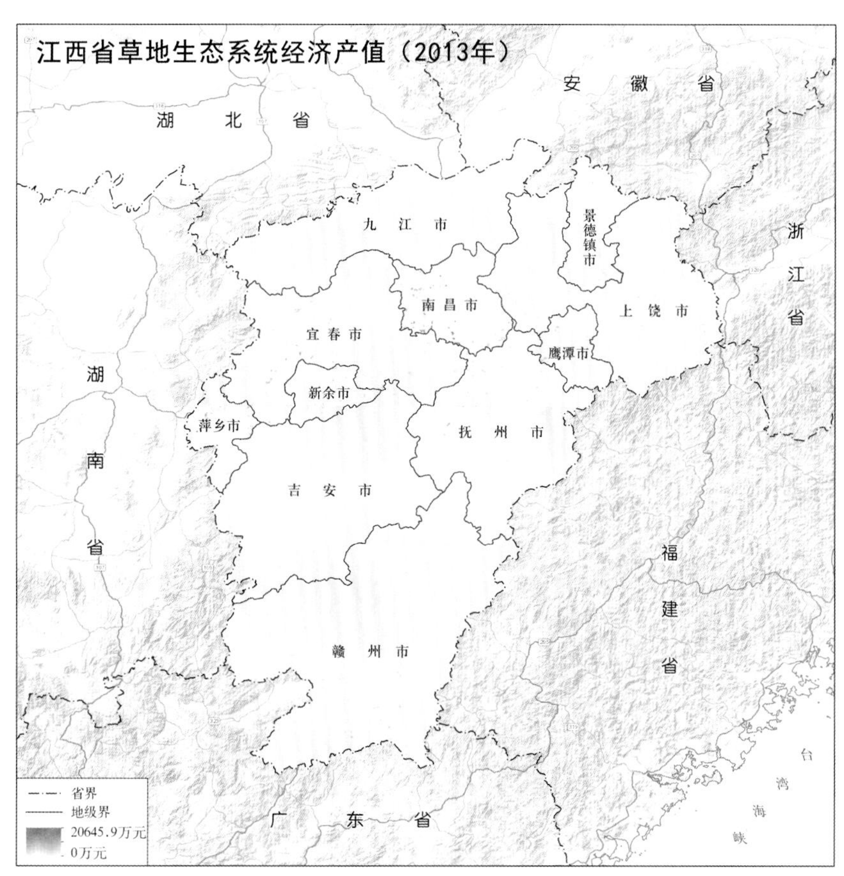
江西省草地生态系统经济产值（2013年）
安徽省
湖北省
九江市
景德镇市
浙江省
南昌市
上饶市
宜春市
鹰潭市
湖南省
新余市
萍乡市
抚州市
吉安市
福建省
赣州市
台湾海峡
广东省
省界
地级界
20645.9万元
0万元

4.4.4 湖南省草地生态系统经济产值空间分布

湖南省草地生态系统经济产值空间分布数据格式为矢量数据，数据时间为2000年、2005年和2013年。

该数据表明，湖南省草地生态系统经济产值高低整体分布相差较小，从2000年至2013年，草地生态系统整体经济产值有所提高。截至2013年，怀化市和永州市草地生态系统经济产值较高，分别占全省草地生态系统经济总产值的13.0%和10.5%；湘潭市和娄底市草地生态系统经济产值较低，分别占全省草地生态系统经济总产值的2.3%和3.8%。

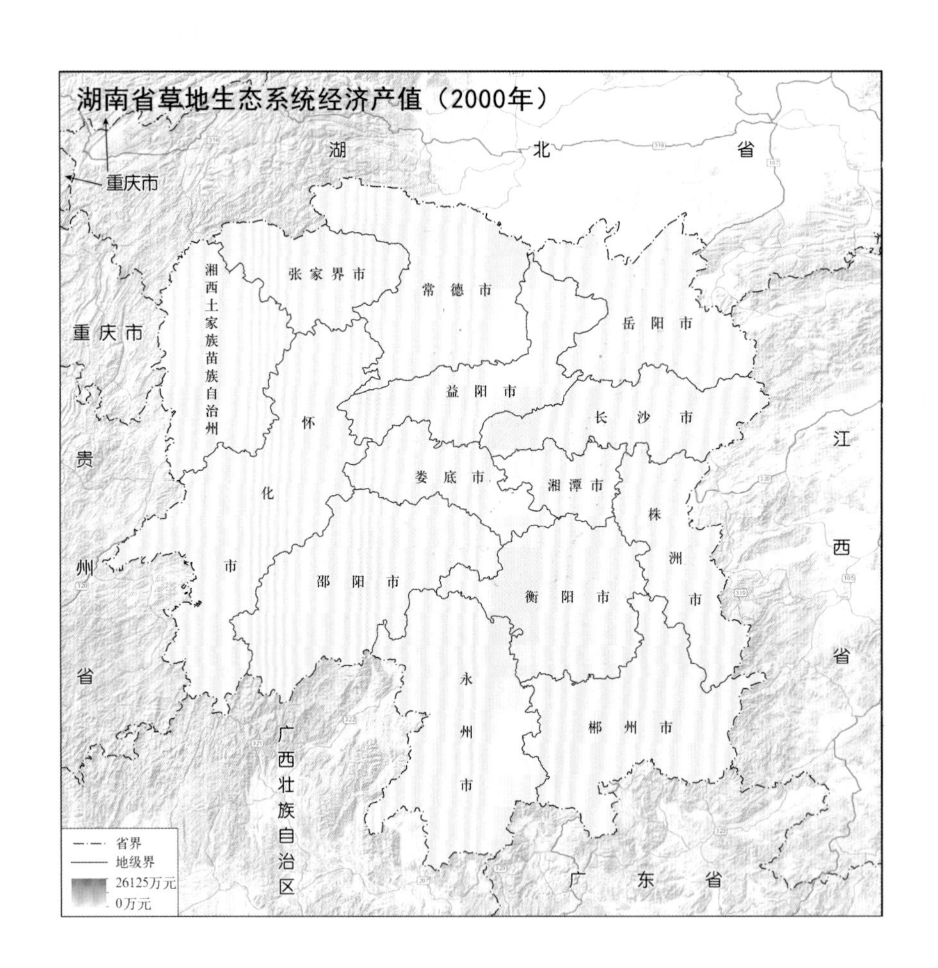

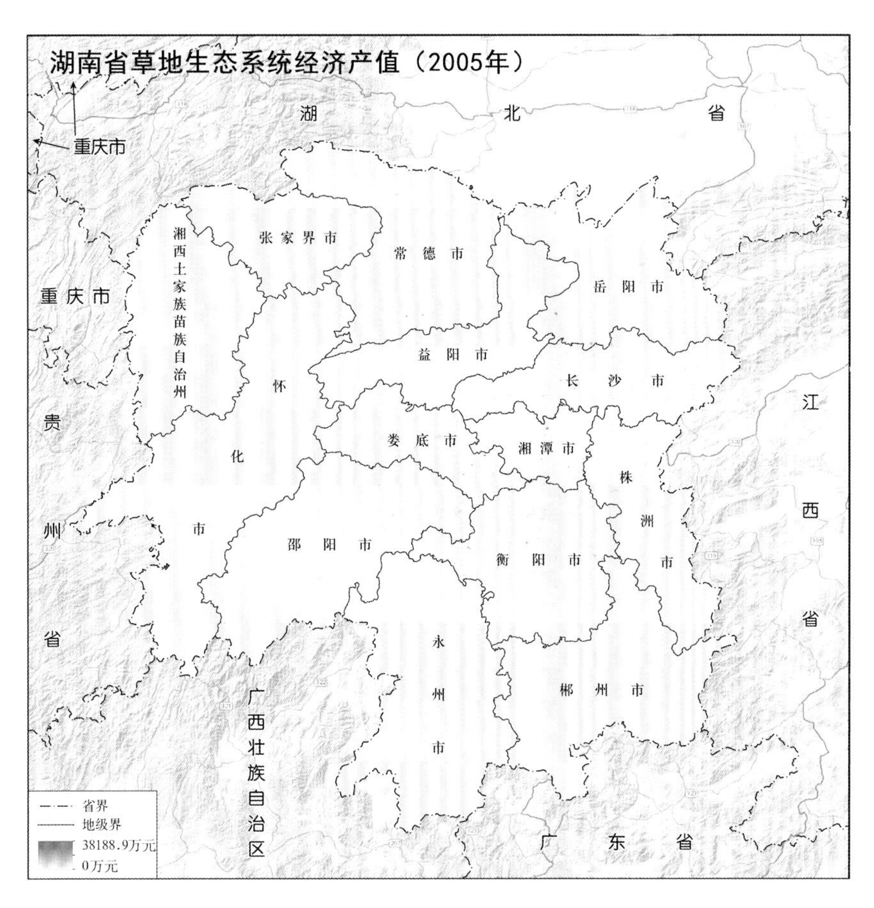
湖南省草地生态系统经济产值（2005年）
湖
北
省
重庆市
湘西土家族苗族自治州
张家界市
常德市
岳阳市
重庆市
益阳市
长沙市
怀
化
市
娄底市
湘潭市
株
洲
市
邵阳市
衡阳市
江
西
省
贵
州
省
永
州
市
郴州市
广西壮族自治区
广
东
省
省界
地级界
38188.9万元
0万元

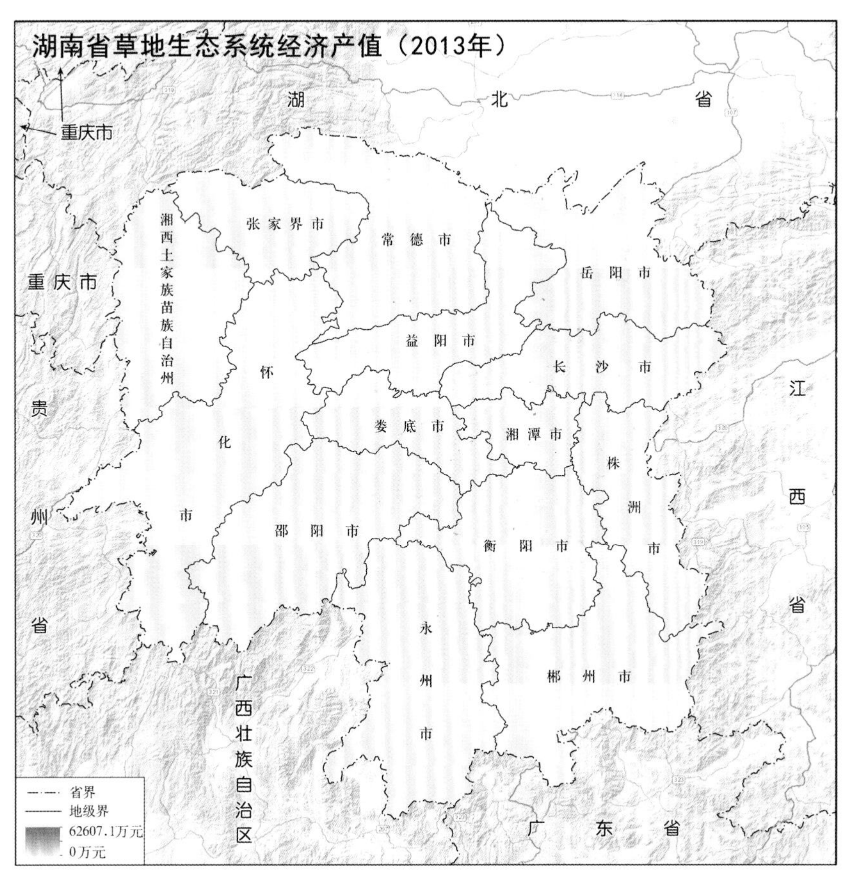
湖南省草地生态系统经济产值（2013年）
湖
北
省
重庆市
湘西土家族苗族自治州
张家界市
常德市
岳阳市
重庆市
益阳市
长沙市
怀
化
市
娄底市
湘潭市
株
洲
市
邵阳市
衡阳市
江
西
省
贵
州
省
永
州
市
郴州市
广西壮族自治区
广
东
省
省界
地级界
62607.1万元
0万元

4.5 闽浙赣湘农田生态系统经济产值空间分布

农田生态系统是为人类提供食物及化工原料等种植农作物的半人工生态系统。

闽浙赣湘农田生态系统类型经济产值数据格式为矢量数据，数据时间为1990年、2000年和2013年。

该数据表明，闽浙赣湘四省耕地生态系统各省都有，空间分布比较分散，供给能力突出的区域面积较小，从2000年到2013年，供给能力有所提高。截至2013年，湖南省农田生态系统经济产值最高，占四省农田生态系统经济总产值的36.3%；江西省农田生态系统经济产值最低，占四省农田生态系统经济总产值的19.4%。

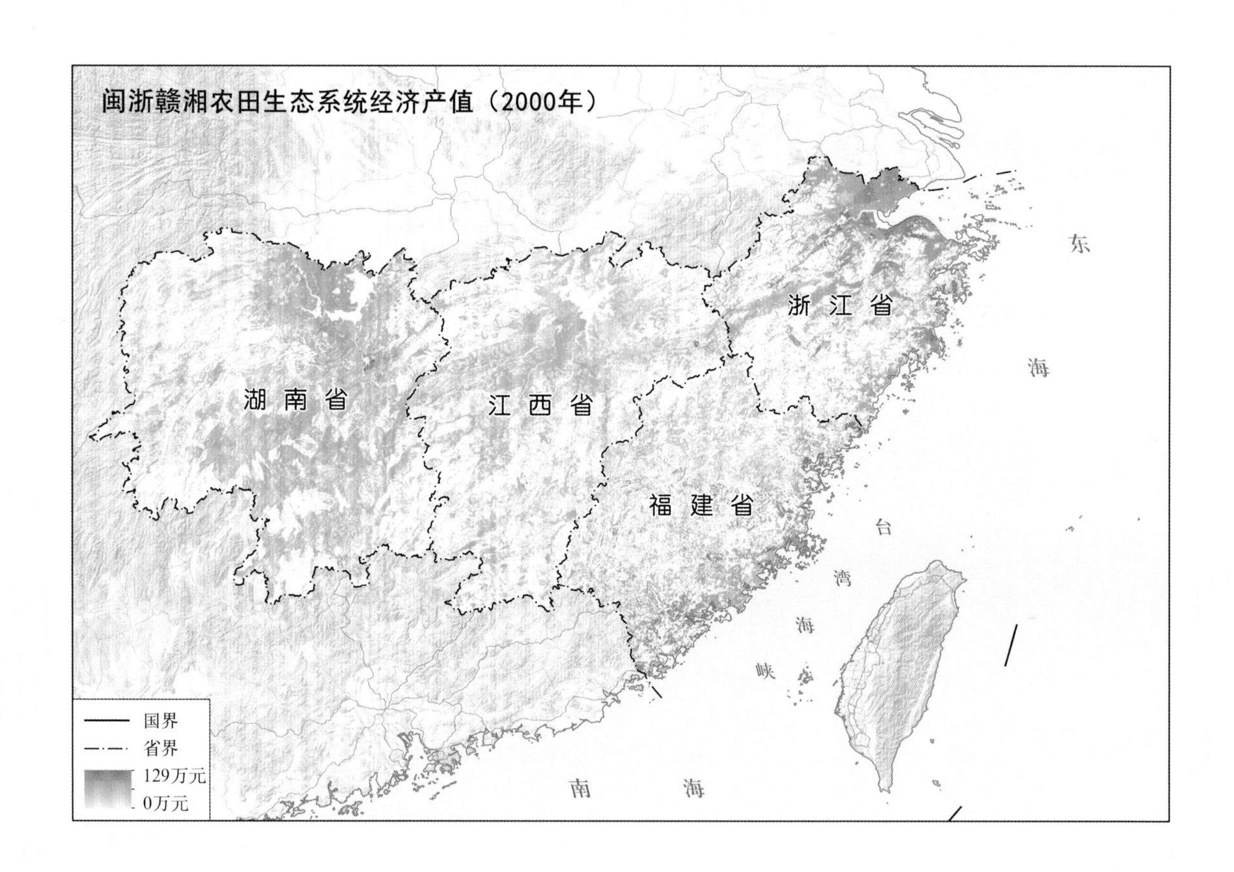

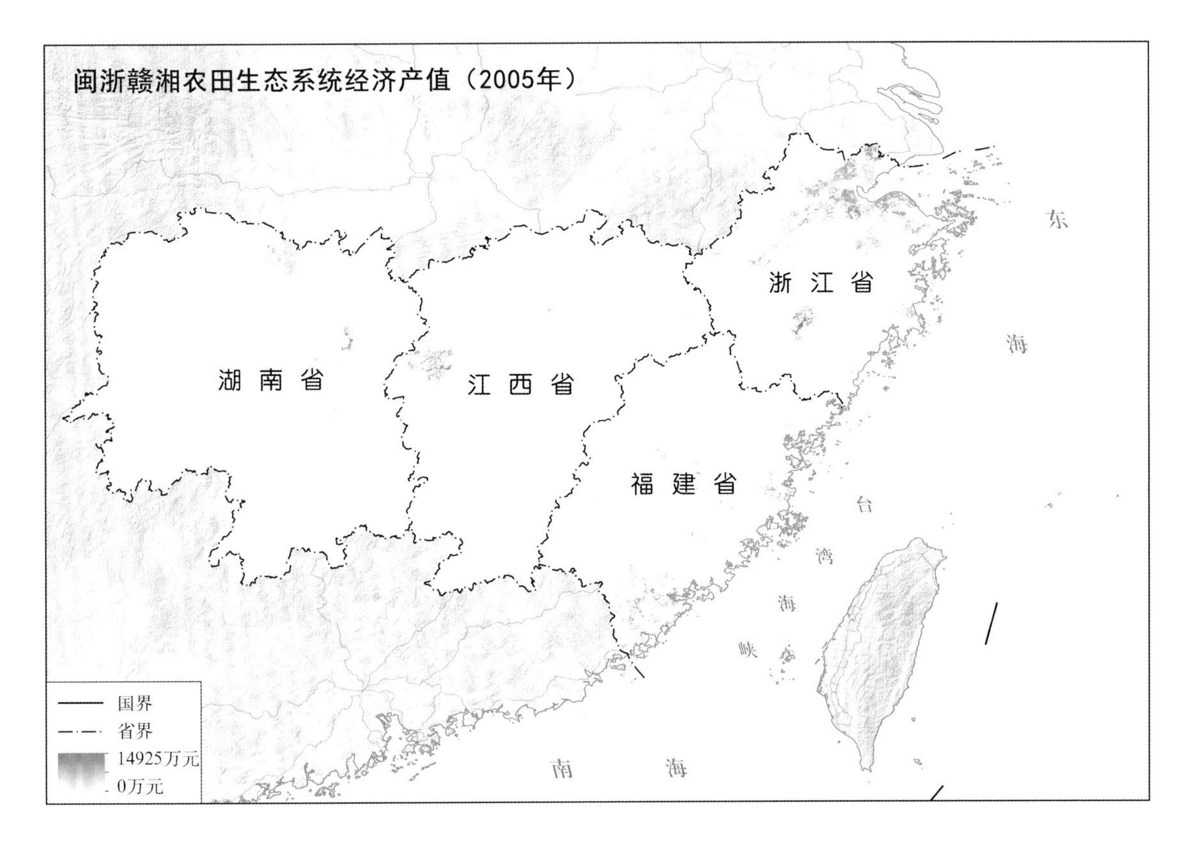
闽浙赣湘农田生态系统经济产值（2005年）
浙 江 省
湖 南 省
江 西 省
福 建 省
东
海
台
湾
海
峡
南
海
国界
省界
14925万元
0万元

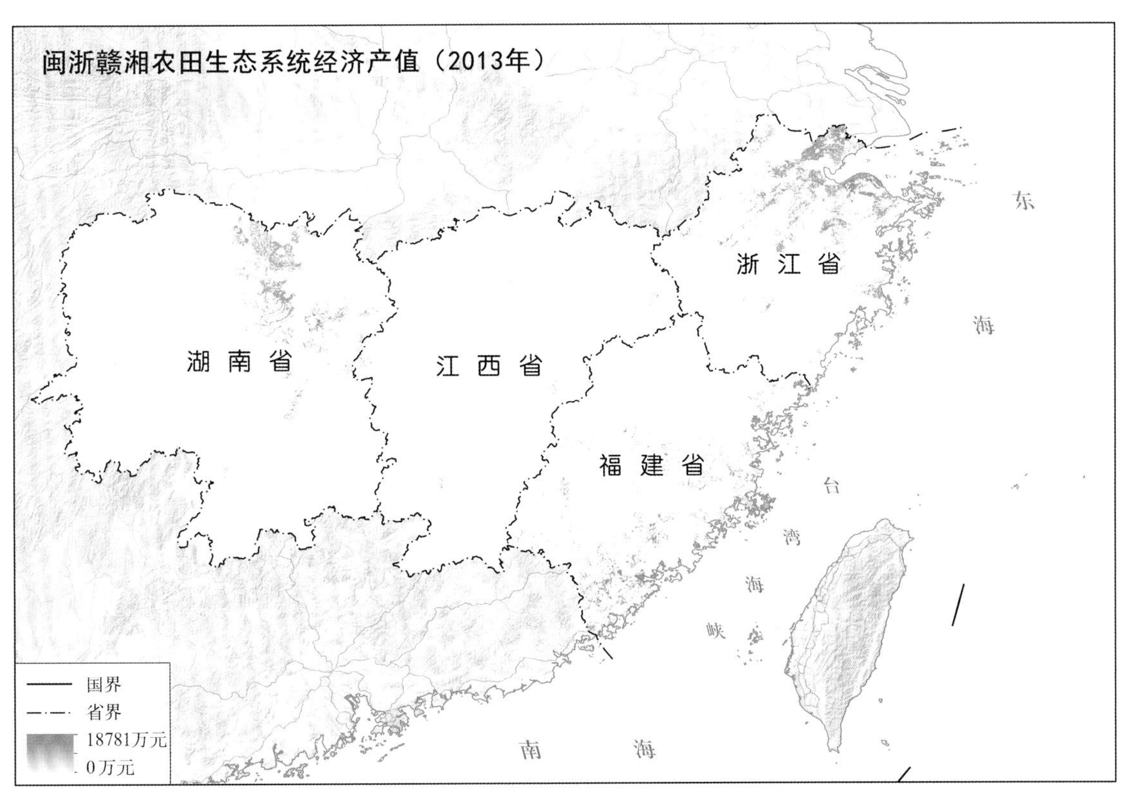
闽浙赣湘农田生态系统经济产值（2013年）
浙 江 省
湖 南 省
江 西 省
福 建 省
东
海
台
湾
海
峡
南
海
国界
省界
18781万元
0万元

4.5.1 福建省农田生态系统经济产值空间分布

福建省农田生态系统经济产值空间分布数据格式为矢量数据，数据时间为2000年、2005年和2013年。

该数据表明，福建省农田生态系统经济产值高低相差较大，从2000年至2013年，农田生态系统整体经济产值有所提升，经济产值高低差距拉大，经济产值高的区域分布在东南沿海区域。截至2013年，三明市和漳州市农田生态系统经济产值较高，分别占全省农田生态系统经济总产值的15.1%和21.7%；厦门市和莆田市农田生态系统经济产值较低，分别占全省农田生态系统经济总产值的1.1%和4.9%。

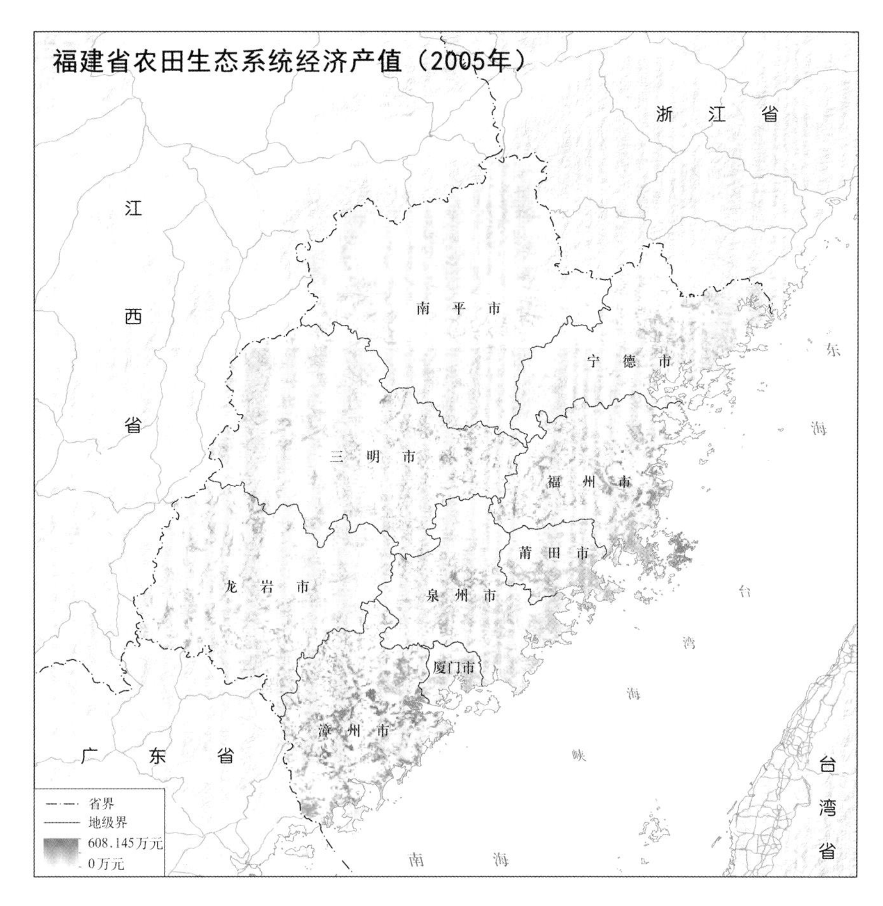
福建省农田生态系统经济产值（2005年）
浙　江　省
江
西
省
南　平　市
宁　德　市
东
海
三　明　市
福　州　市
莆　田　市
龙　岩　市
泉　州　市
台
湾
海
峡
厦门市
漳　州　市
广　东　省
台
湾
省
南　海
省界
地级界
608.145万元
0万元

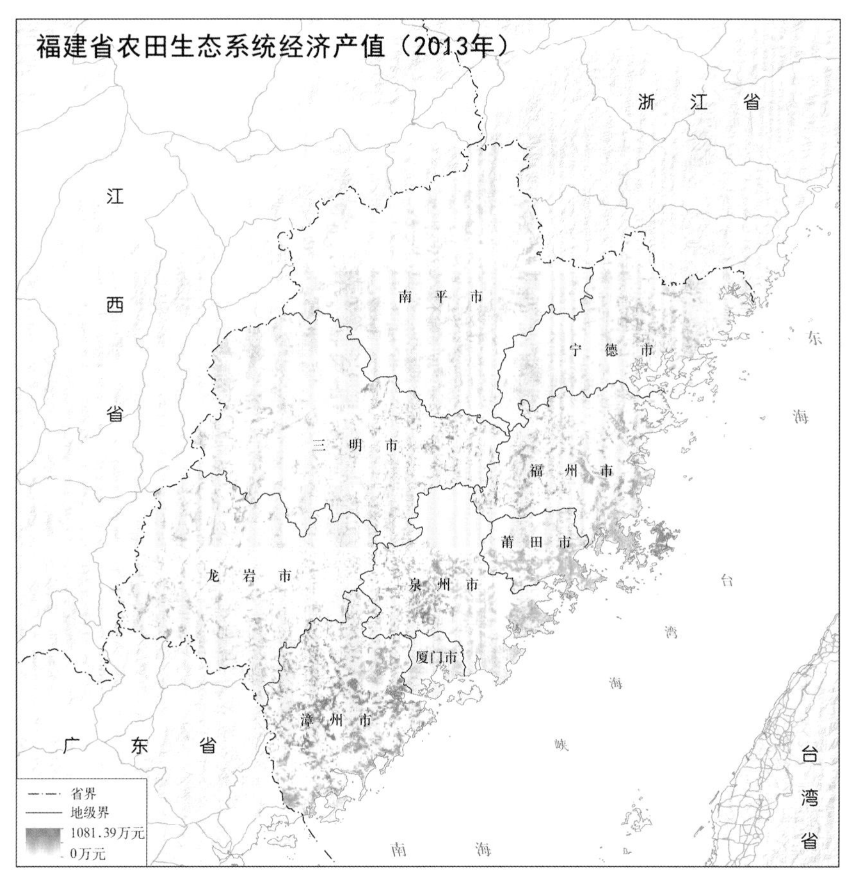
福建省农田生态系统经济产值（2013年）
浙　江　省
江
西
省
南　平　市
宁　德　市
东
海
三　明　市
福　州　市
莆　田　市
龙　岩　市
泉　州　市
台
湾
海
峡
厦门市
漳　州　市
广　东　省
台
湾
省
南　海
省界
地级界
1081.39万元
0万元

4.5.2 浙江省农田生态系统经济产值空间分布

浙江省农田生态系统经济产值空间分布数据格式为矢量数据，数据时间为2000年、2005年和2013年。

该数据表明，浙江省农田生态系统经济产值高低相差较大，从2000年至2013年，农田生态系统整体经济产值有所提高，经济产值高低差距减小。截至2013年，杭州市和宁波市农田生态系统经济产值较高，分别占全省农田生态系统经济总产值的16.7%和14.4%；舟山市和丽水市农田生态系统经济产值较低，分别占全省农田生态系统经济总产值的3.8%和4.4%。

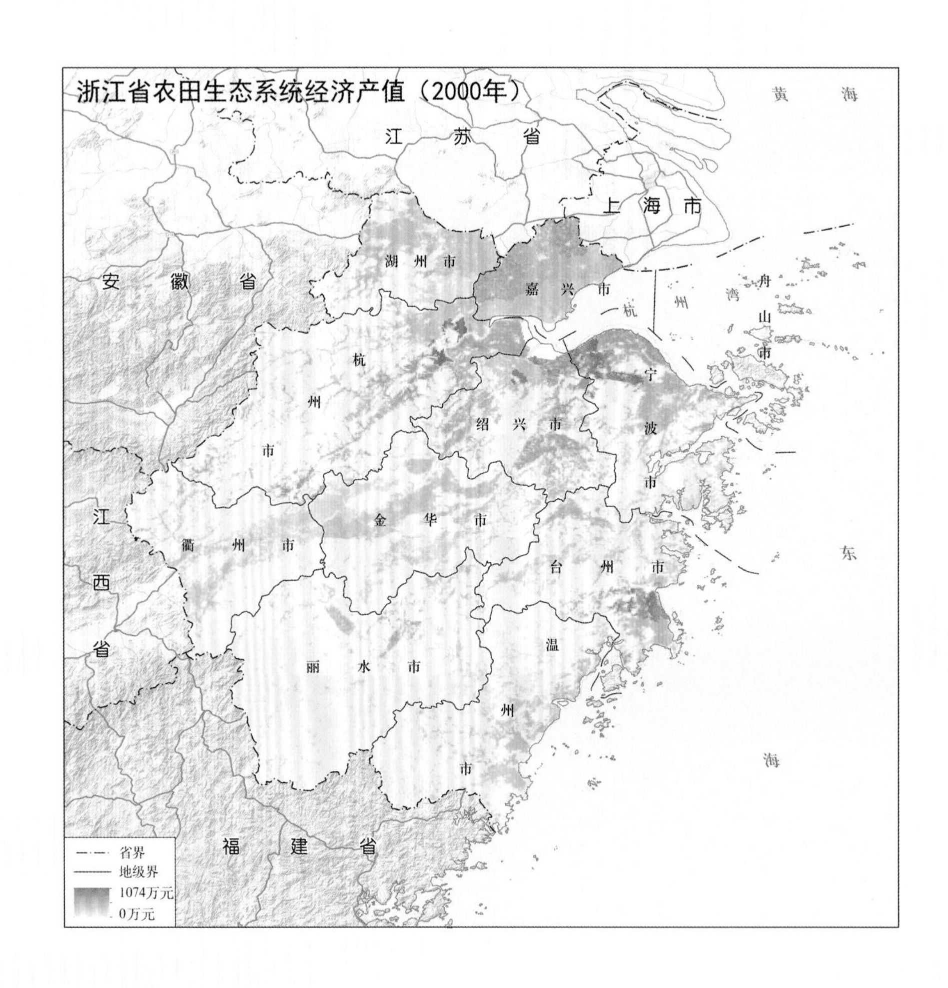

浙江省农田生态系统经济产值（2005年）
黄　海
江　苏　省
上海市
湖州市
安　徽　省
嘉兴市
杭州湾
舟山市
杭州市
绍兴市
宁波市
江西省
衢州市
金华市
台州市
东
丽水市
温州市
海
福　建　省
省界
地级界
14925.8万元
0万元

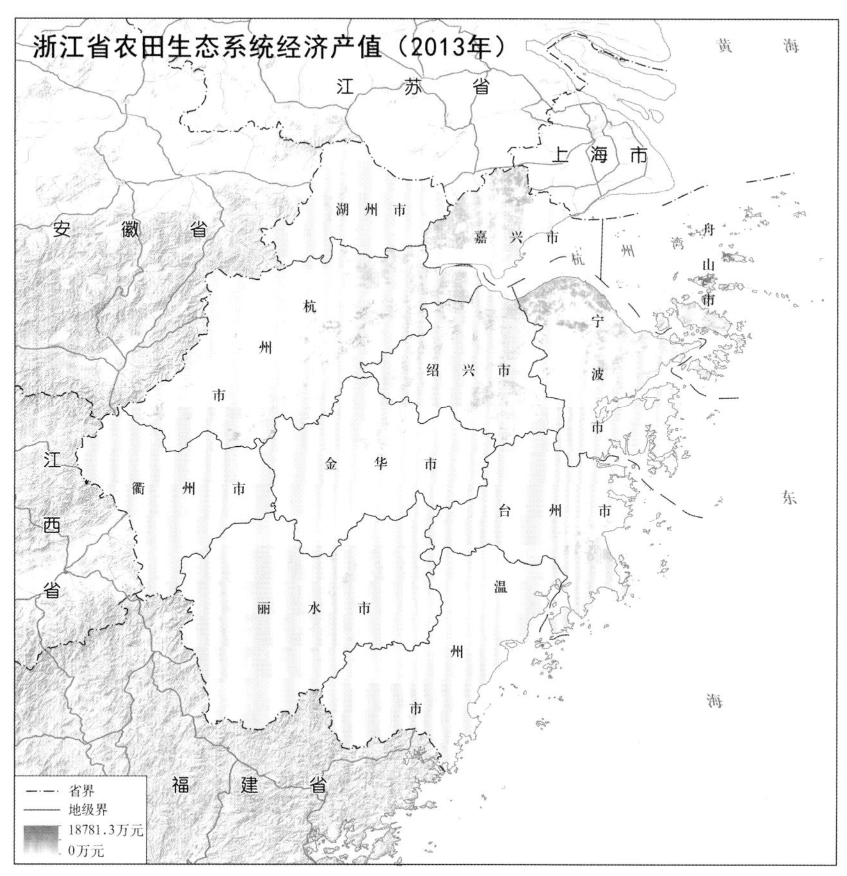
浙江省农田生态系统经济产值（2013年）
黄　海
江　苏　省
上海市
湖州市
安　徽　省
嘉兴市
杭州湾
舟山市
杭州市
绍兴市
宁波市
江西省
衢州市
金华市
台州市
东
丽水市
温州市
海
福　建　省
省界
地级界
18781.3万元
0万元

4.5.3 江西省农田生态系统经济产值空间分布

江西省农田生态系统经济产值空间分布数据格式为矢量数据，数据时间为 2000 年、2005 年和 2013 年。

该数据表明，江西省农田生态系统经济产值高低整体相差较大，从 2000 年至 2013 年，农田生态系统整体经济产值有所提高，经济产值高的区域在中部。截至 2013 年，赣州市和宜春市农田生态系统经济产值较高，分别占全省农田生态系统经济总产值的 17.1% 和 15.5%；萍乡市和鹰潭市农田生态系统经济产值较低，分别占全省农田生态系统经济总产值的 3.6% 和 2.7%。

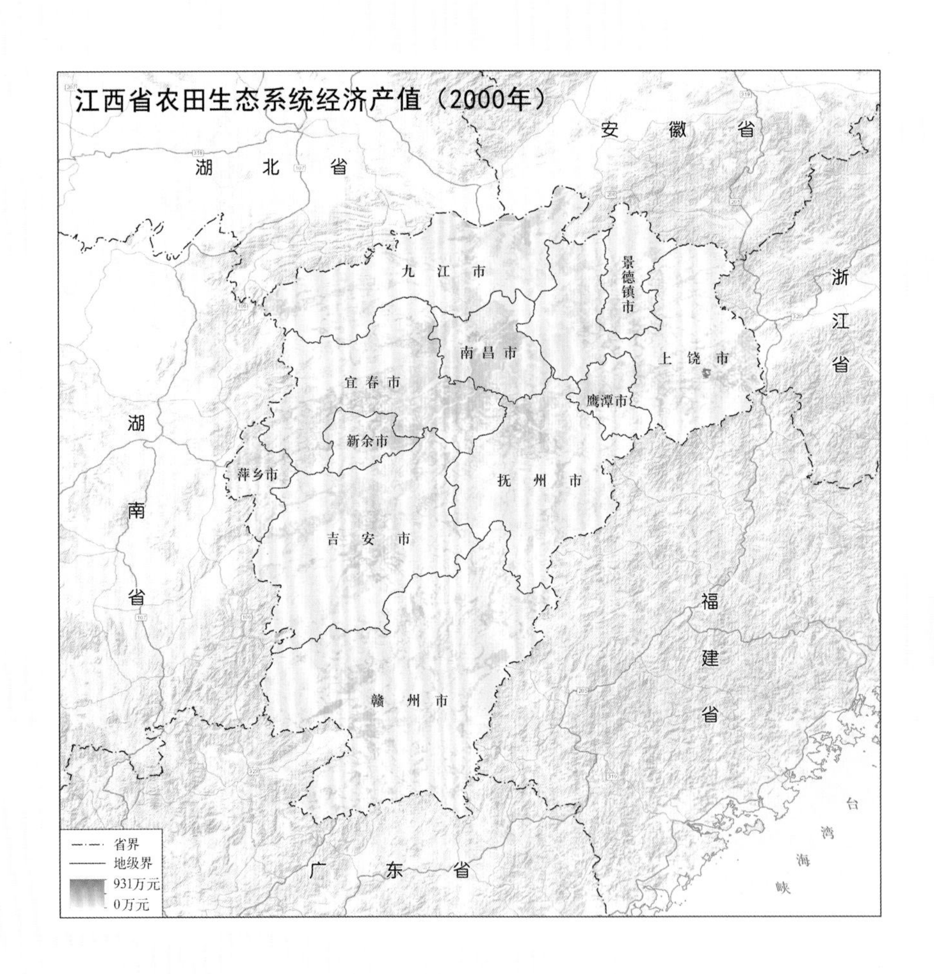

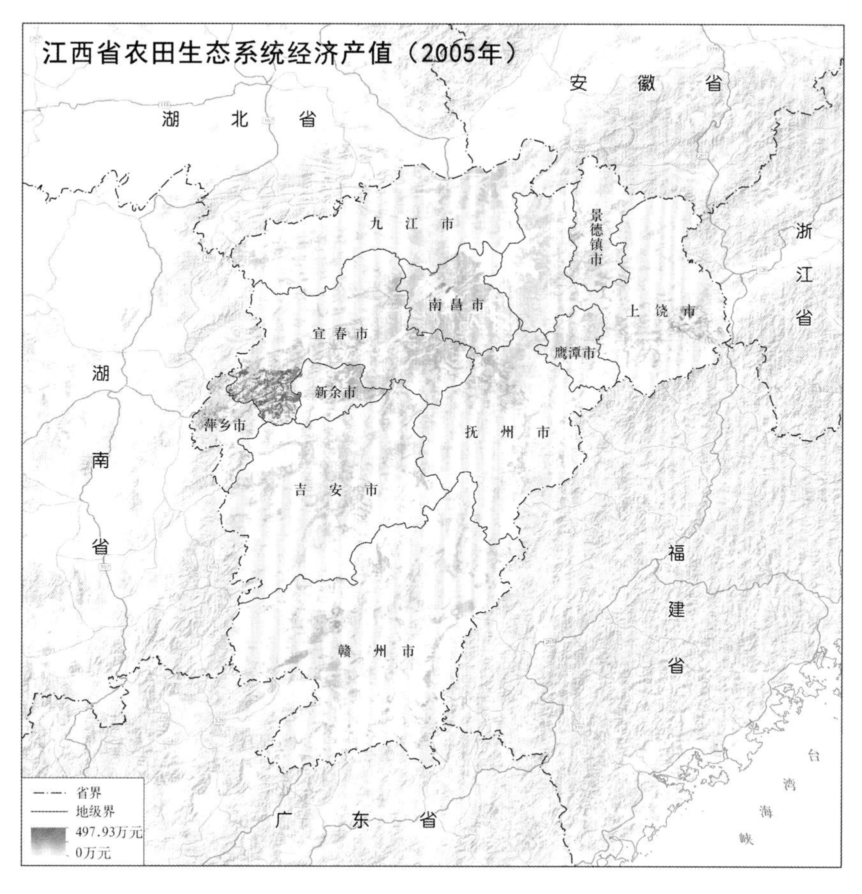
江西省农田生态系统经济产值（2005年）
安　徽　省
湖　北　省
九　江　市
景德镇市
浙江省
南昌市
上饶市
宜春市
鹰潭市
湖南省
新余市
萍乡市
抚　州　市
吉　安　市
福建省
赣　州　市
台湾海峡
广　东　省
省界
地级界
497.93万元
0万元

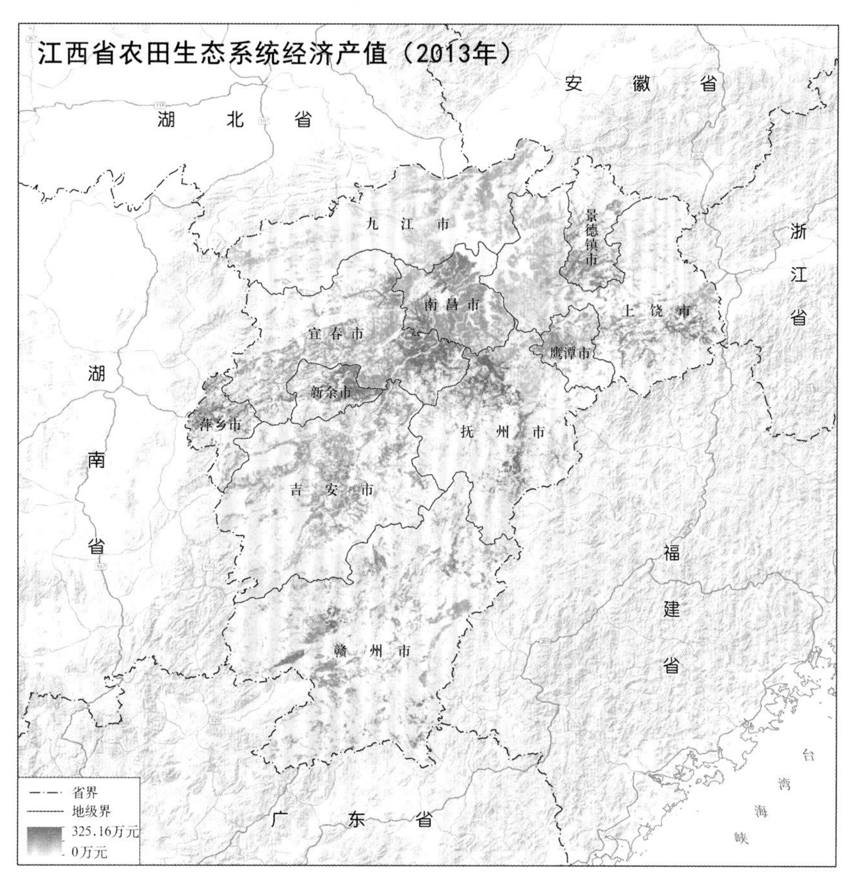
江西省农田生态系统经济产值（2013年）
安　徽　省
湖　北　省
九　江　市
景德镇市
浙江省
南昌市
上饶市
宜春市
鹰潭市
湖南省
新余市
萍乡市
抚　州　市
吉　安　市
福建省
赣　州　市
台湾海峡
广　东　省
省界
地级界
325.16万元
0万元

4.5.4 湖南省农田生态系统经济产值空间分布

湖南省农田生态系统经济产值空间分布数据格式为矢量数据，数据时间为 2000 年、2005 年和 2013 年。

该数据表明，湖南省农田生态系统经济产值高低整体分布相差较大，从 2000 年至 2013 年，农田生态系统整体经济产值有所提高，产值高的区域分布在中部偏北地区。截至 2013 年，常德市和益阳市农田生态系统经济产值较高，分别占全省农田生态系统经济总产值的 13.9% 和 10.6%；张家界市和湘西土家族苗族自治州农田生态系统经济产值较低，分别占全省农田生态系统经济总产值的 1.8% 和 3.1%。

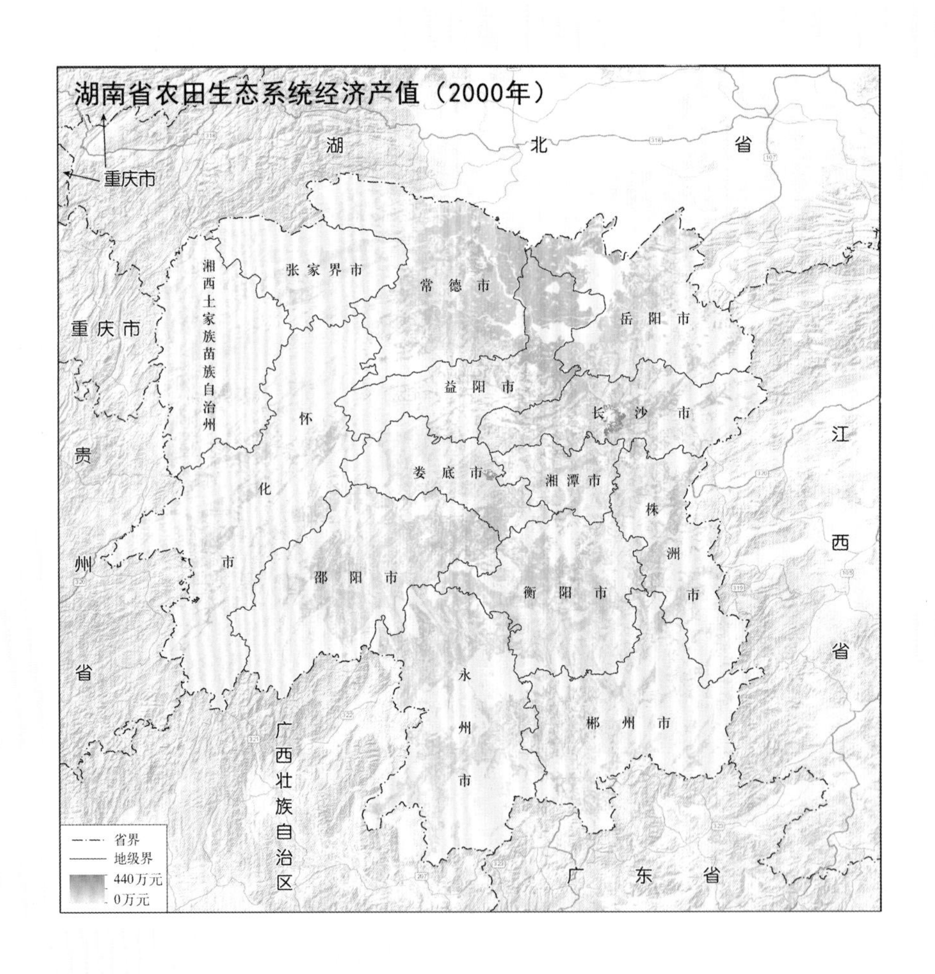

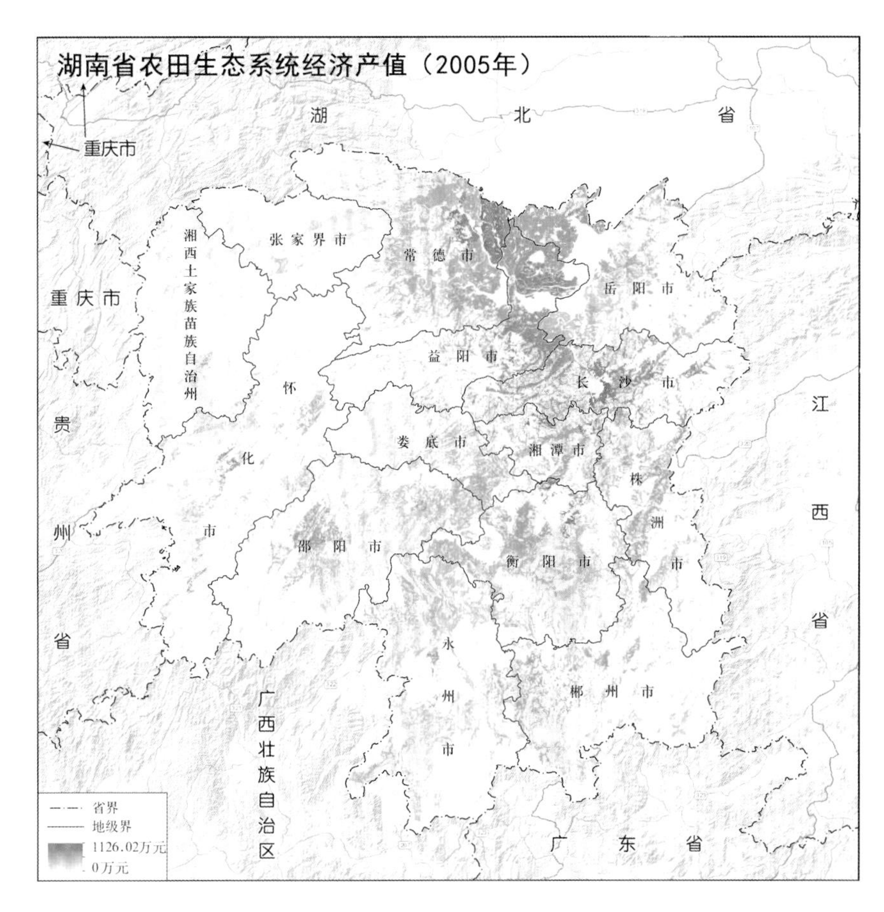
湖南省农田生态系统经济产值（2005年）
湖
北
省
重庆市
湘西土家族苗族自治州
张家界市
常德市
岳阳市
重庆市
益阳市
长沙市
江
怀
贵
娄底市
湘潭市
化
株
西
州
市
邵阳市
衡阳市
洲
市
省
永
省
州
郴州市
广西壮族自治区
市
省界
地级界
1126.02万元
0万元
广
东
省

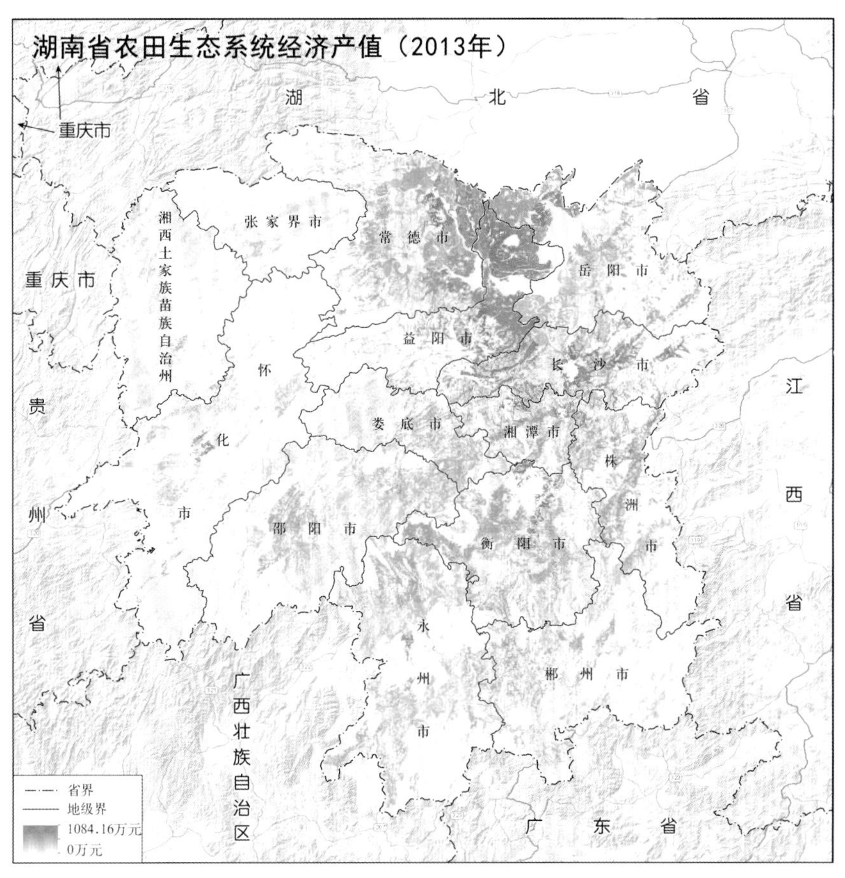
湖南省农田生态系统经济产值（2013年）
湖
北
省
重庆市
湘西土家族苗族自治州
张家界市
常德市
岳阳市
重庆市
益阳市
长沙市
江
怀
贵
娄底市
湘潭市
化
株
西
州
市
邵阳市
衡阳市
洲
市
省
永
省
州
郴州市
广西壮族自治区
市
省界
地级界
1084.16万元
0万元
广
东
省

第5章

我国南方丘陵山区社会经济空间格局

5.1 闽浙赣湘国内生产总值空间分布

国内生产总值（Gross Domestic Product, GDP）是指一个国家或者地区所有常驻单位在一定时期内生产的所有最终产品和劳务的市场价值。GDP 是国民经济核算的核心指标，也是衡量一个国家或地区总体经济状况重要指标。

闽浙赣湘国内生产总值空间分布数据格式为矢量数据，数据时间为1990年、2000年和2013年。

该数据表明，从 1990 年到 2013 年闽浙赣湘国内生产总值逐渐增多。截至 2013 年，浙江省国内生产总值最高，占四省国内生产总值的 38.3%；江西省国内生产总值最低，占四省国内生产总值的 14.6%。

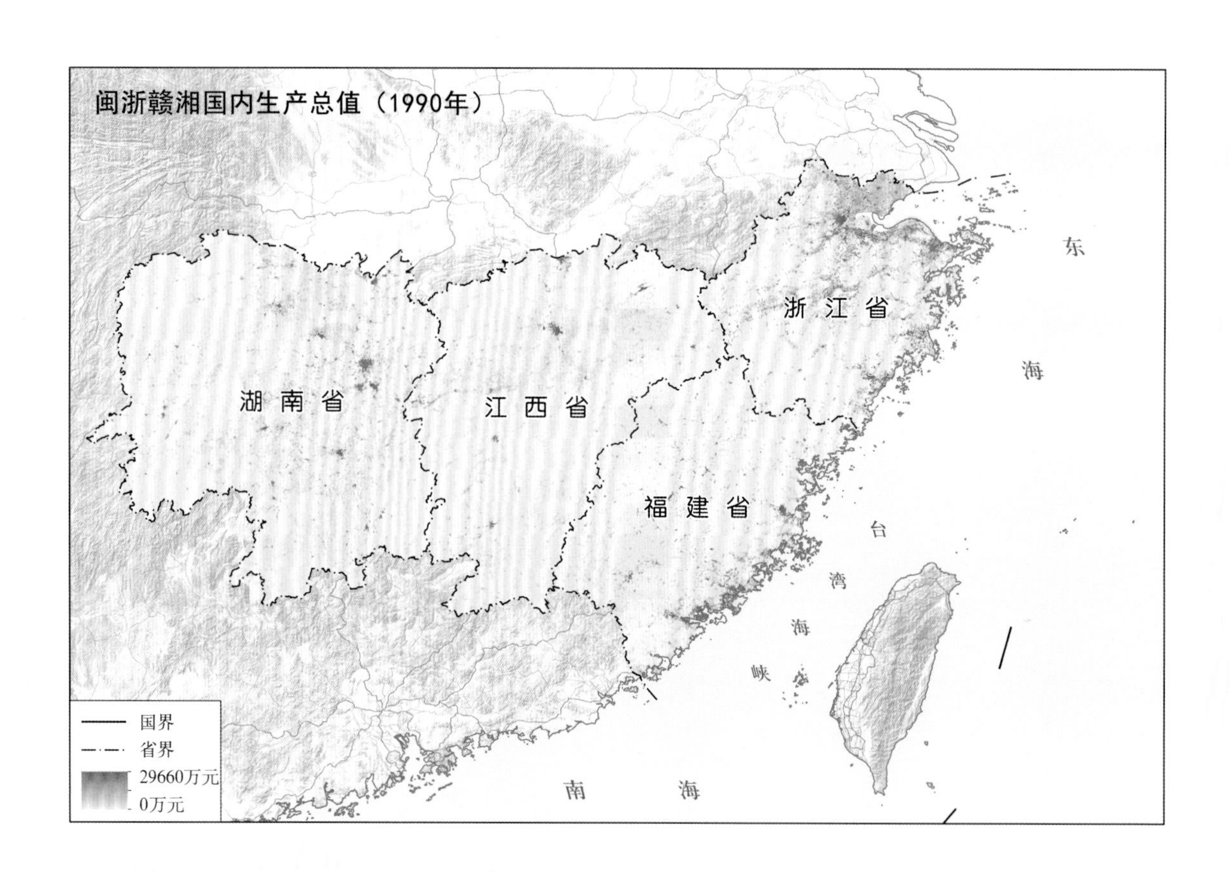

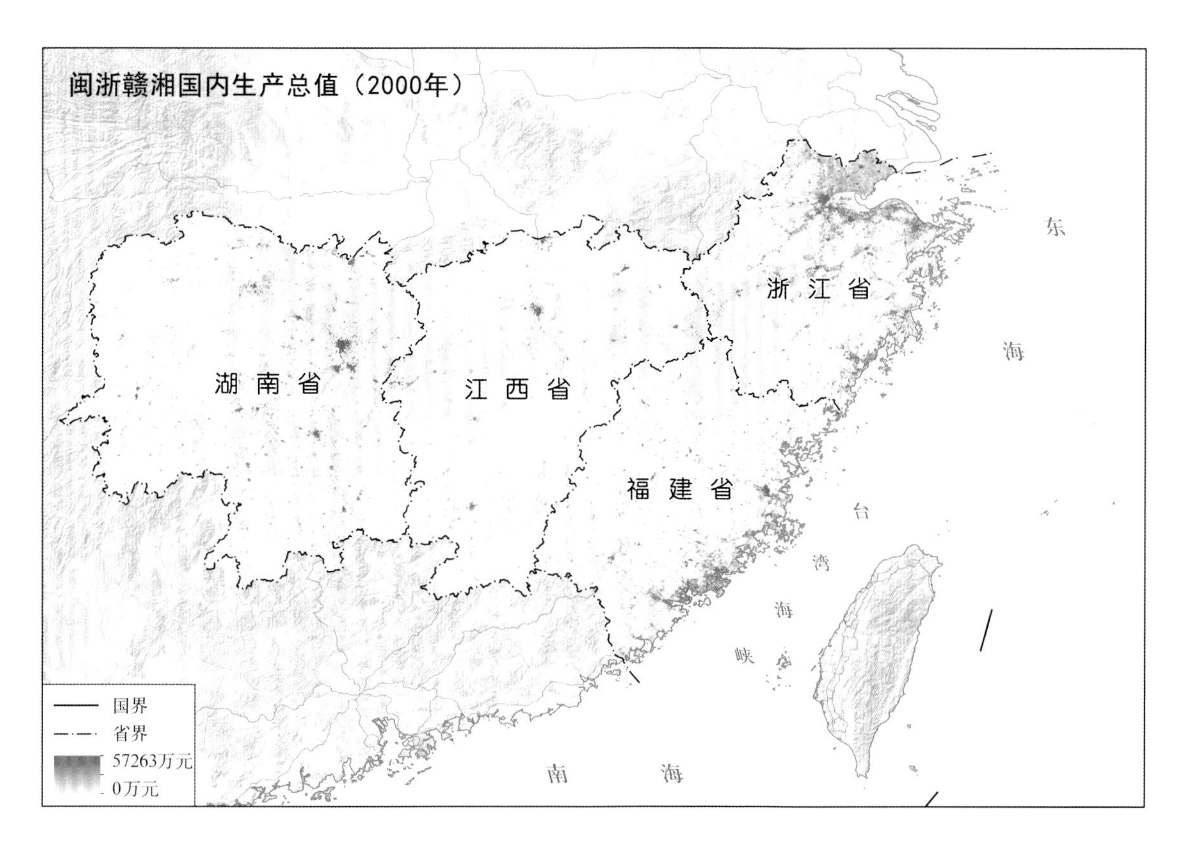
闽浙赣湘国内生产总值（2000年）
浙江省
湖南省
江西省
福建省
东
海
台
湾
海
峡
南
海
国界
省界
57263万元
0万元

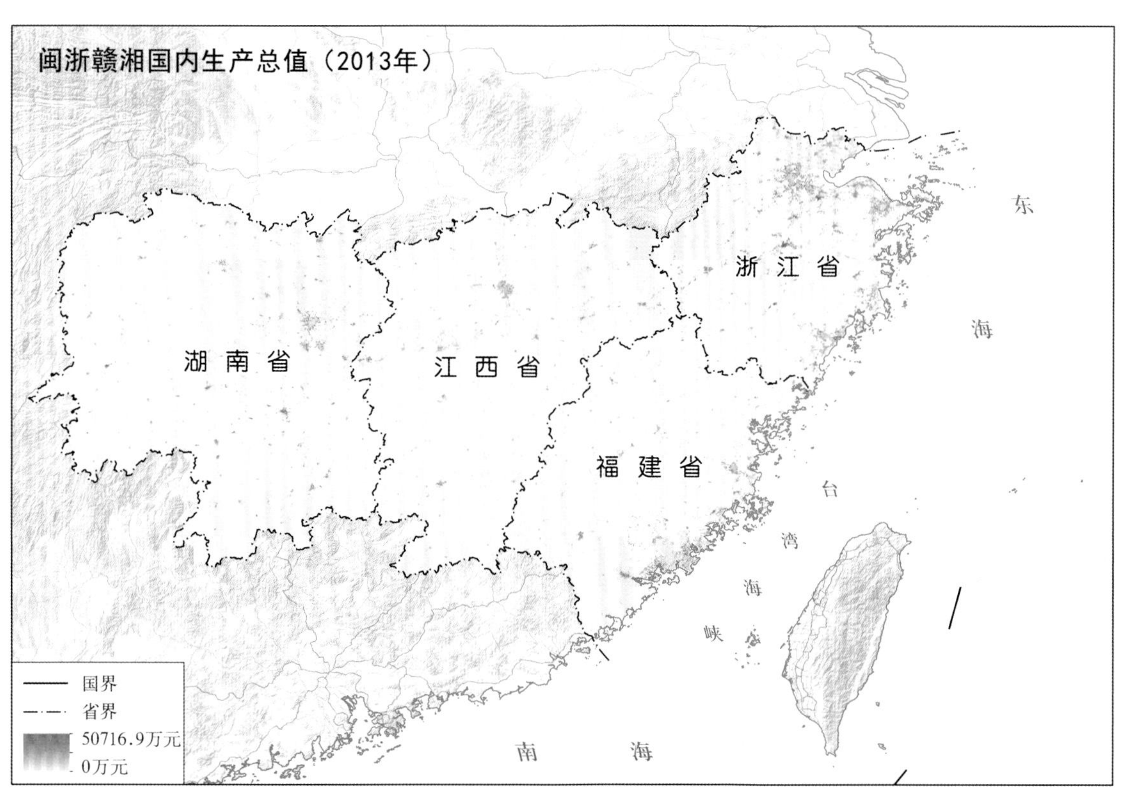
闽浙赣湘国内生产总值（2013年）
浙江省
湖南省
江西省
福建省
东
海
台
湾
海
峡
南
海
国界
省界
50716.9万元
0万元

5.1.1 福建省国内生产总值空间分布

福建省国内生产总值空间分布数据格式为矢量数据，数据时间为1990年、2000年和2013年。

该数据表明，福建省国内生产总值相差较大，东南沿海区域较高，从1990年至2013年，福建省整体经济产值有所提升。截至2013年，福州市和泉州市国内生产总值较高，分别占全省国内生产总值的16.4%和30.3%；南平市和宁德市国内生产总值较低，分别占全省国内生产总值的6%和5%。

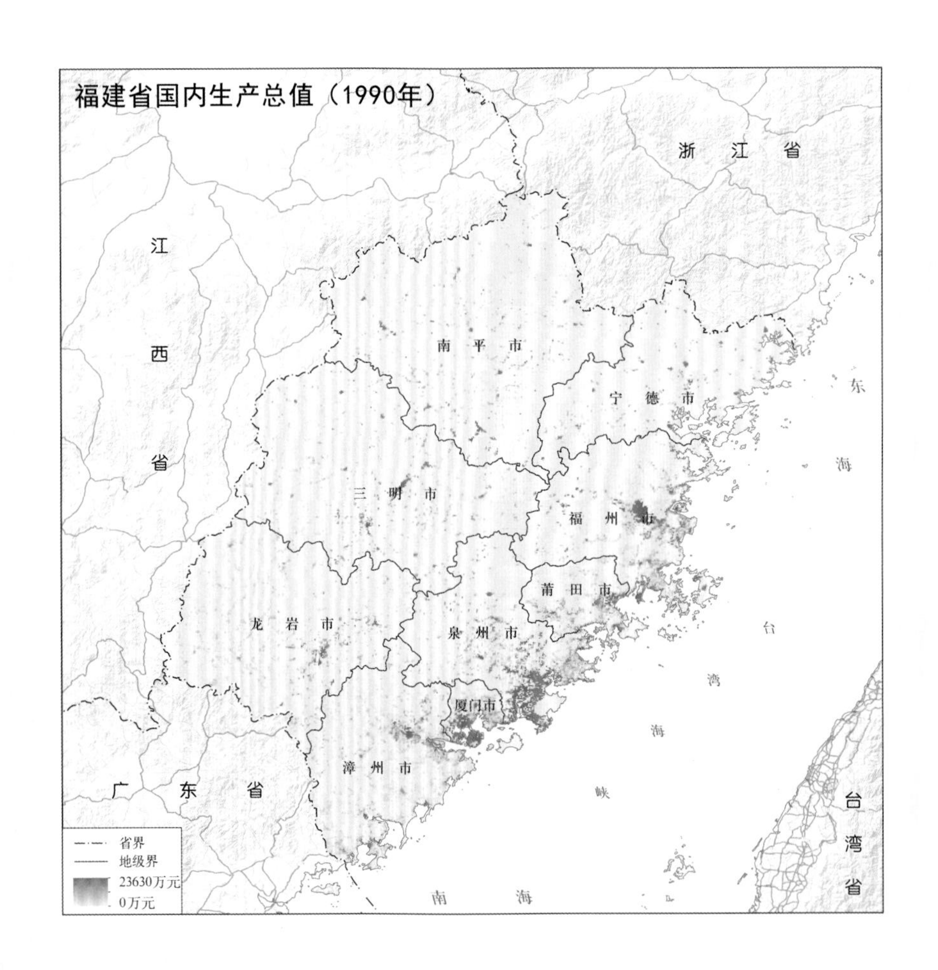

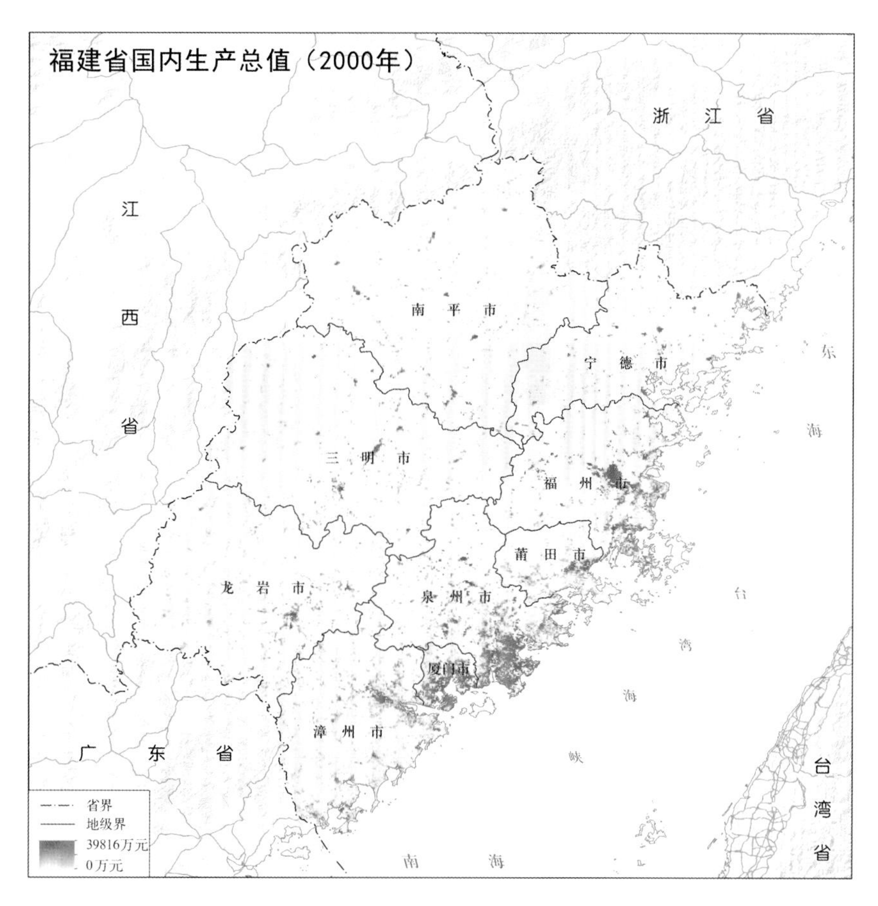
福建省国内生产总值（2000年）
浙江省
江西省
南平市
宁德市
三明市
福州市
莆田市
龙岩市
泉州市
厦门市
漳州市
广东省
东海
台湾海峡
台湾省
南海
省界
地级界
39816万元
0万元

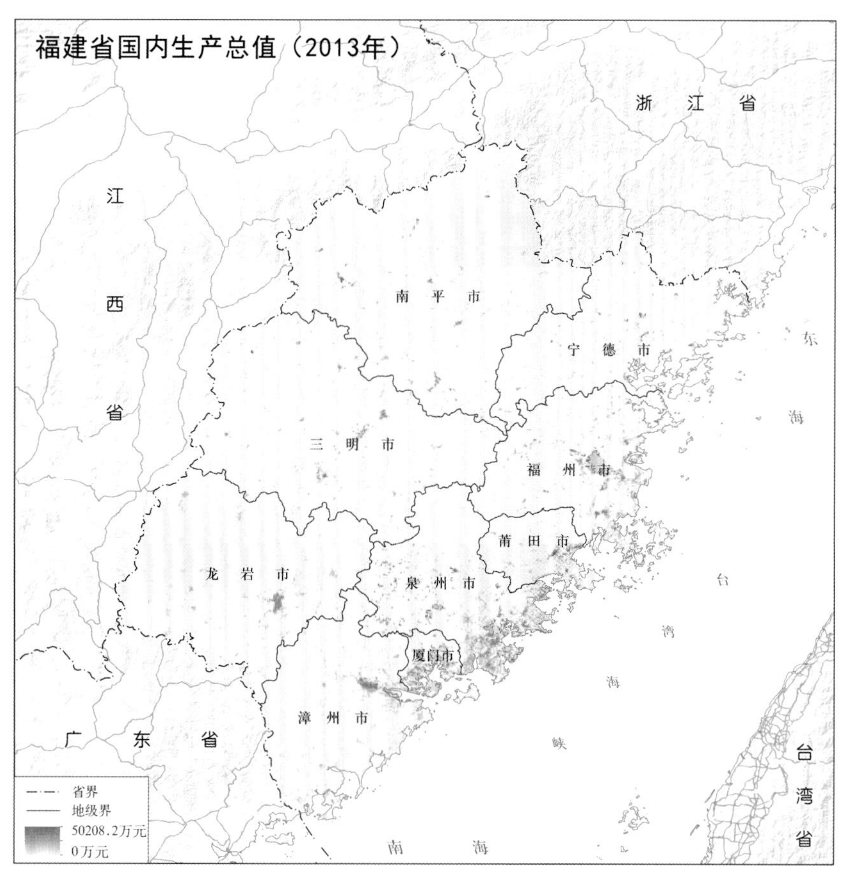
福建省国内生产总值（2013年）
浙江省
江西省
南平市
宁德市
三明市
福州市
莆田市
龙岩市
泉州市
厦门市
漳州市
广东省
东海
台湾海峡
台湾省
南海
省界
地级界
50208.2万元
0万元

5.1.2 浙江省国内生产总值空间分布

浙江省国内生产总值空间分布数据格式为矢量数据，数据时间为1990年、2000年和2013年。

该数据表明，浙江省国内生产总值相差较大，东北区域较高，从1990年至2013年，浙江省整体经济产值有所提升。截至2013年，丽水市和杭州市国内生产总值较高，分别占全省国内生产总值的16.8%和16.4%；舟山市国内生产总值较低，占全省国内生产总值的1.2%。

浙江省国内生产总值（2000年）
江 苏 省
上 海 市
黄 海
安 徽 省
湖 州 市
嘉 兴 市
杭 州 湾
舟 山 市
杭 州 市
宁 波 市
绍 兴 市
江 西 省
衢 州 市
金 华 市
台 州 市
东
丽 水 市
温 州 市
海
福 建 省
省界
地级界
57263万元
0万元

浙江省国内生产总值（2013年）
江 苏 省
上 海 市
黄 海
安 徽 省
湖 州 市
嘉 兴 市
杭 州 湾
舟 山 市
杭 州 市
宁 波 市
绍 兴 市
江 西 省
衢 州 市
金 华 市
台 州 市
东
丽 水 市
温 州 市
海
福 建 省
省界
地级界
50027.7万元
0万元

5.1.3 江西省国内生产总值空间分布

江西省国内生产总值空间分布数据格式为矢量数据，数据时间为 1990 年、2000 年和 2013 年。

该数据表明，江西省国内生产总值相差较大，中部偏北部分区域较高，从 1990 年至 2013 年，江西省整体经济产值有所提升。截至 2013 年，南昌市和赣州市国内生产总值较高，分别占全省国内生产总值的 23.3% 和 11.7%；景德镇市和鹰潭市国内生产总值较低，分别占全省国内生产总值的 4.7% 和 3.9%。

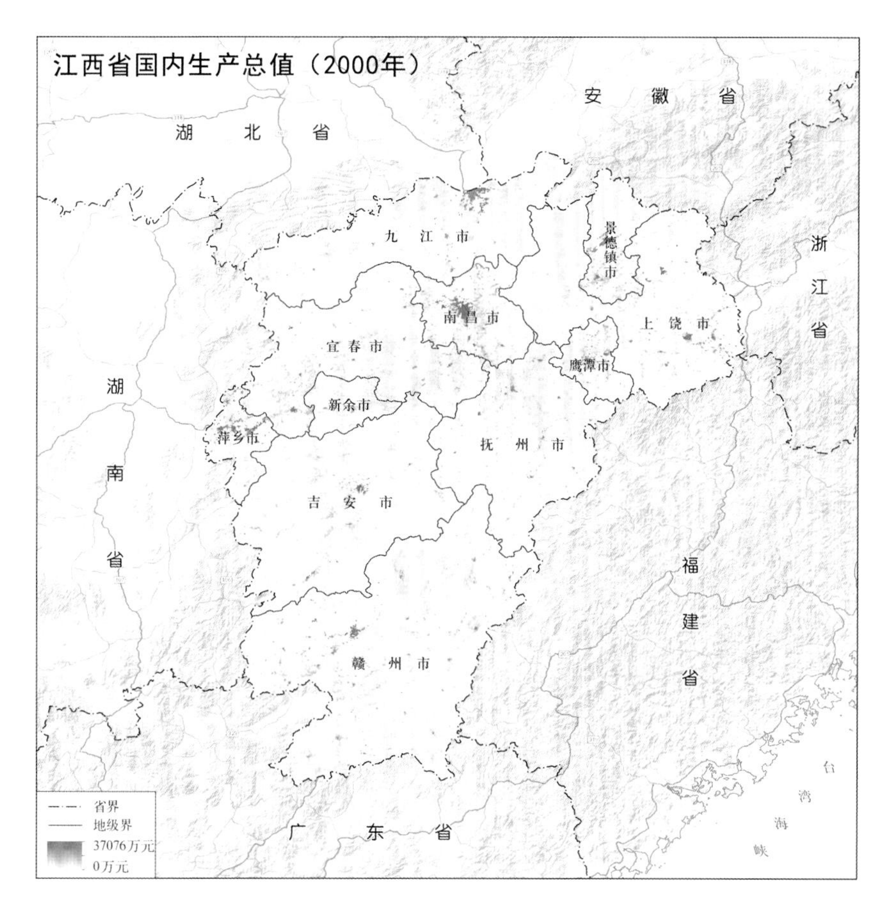
江西省国内生产总值（2000年）
安　徽　省
湖　北　省
九　江　市
景德镇市
浙江省
南昌市
上　饶　市
宜　春　市
鹰潭市
湖
新余市
萍乡市
抚　州　市
南
吉　安　市
省
福
建
省
赣　州　市
台
湾
海
峡
广　东　省
省界
地级界
37076万元
0万元

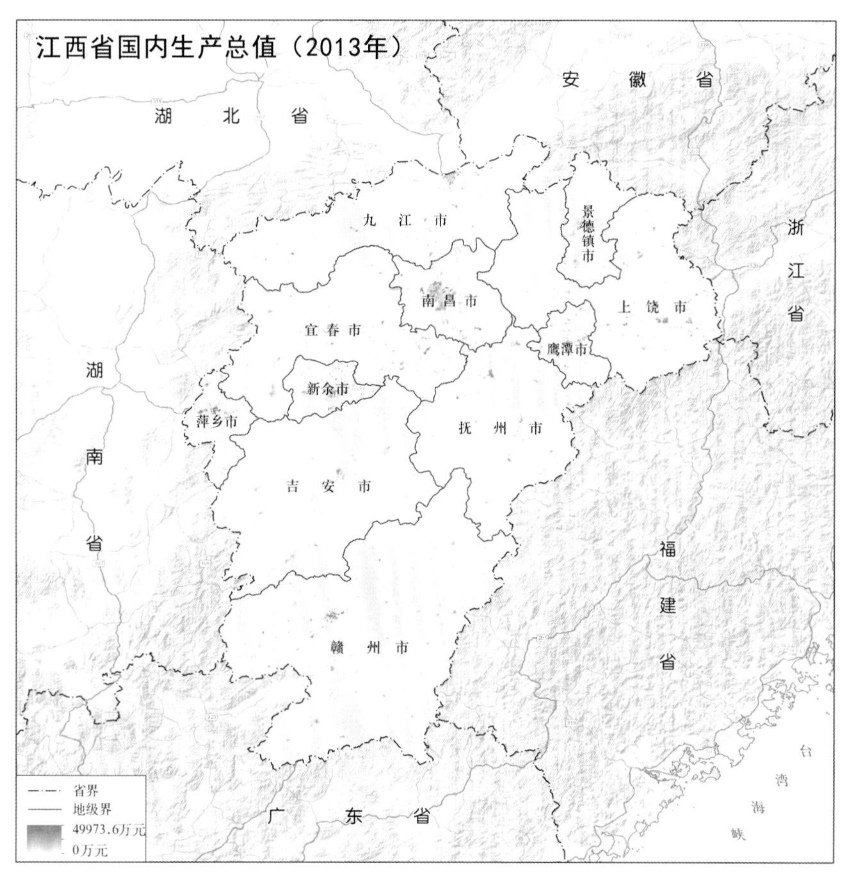
江西省国内生产总值（2013年）
安　徽　省
湖　北　省
九　江　市
景德镇市
浙江省
南昌市
上　饶　市
宜　春　市
鹰潭市
湖
新余市
萍乡市
抚　州　市
南
吉　安　市
省
福
建
省
赣　州　市
台
湾
海
峡
广　东　省
省界
地级界
49973.6万元
0万元

5.1.4 湖南省国内生产总值空间分布

湖南省国内生产总值空间分布数据格式为矢量数据，数据时间为 1990 年、2000 年和 2013 年。

该数据表明，湖南省国内生产总值相差较大，中部偏东部分区域较高，从 1990 年至 2013 年，湖南省整体经济产值有所提升。截至 2013 年，长沙市和衡阳市国内生产总值较高，分别占全省国内生产总值的 17.2% 和 10.8%；张家界市和湘西土家族苗族自治州国内生产总值较低，分别占全省国内生产总值的 2.0% 和 2.5%。

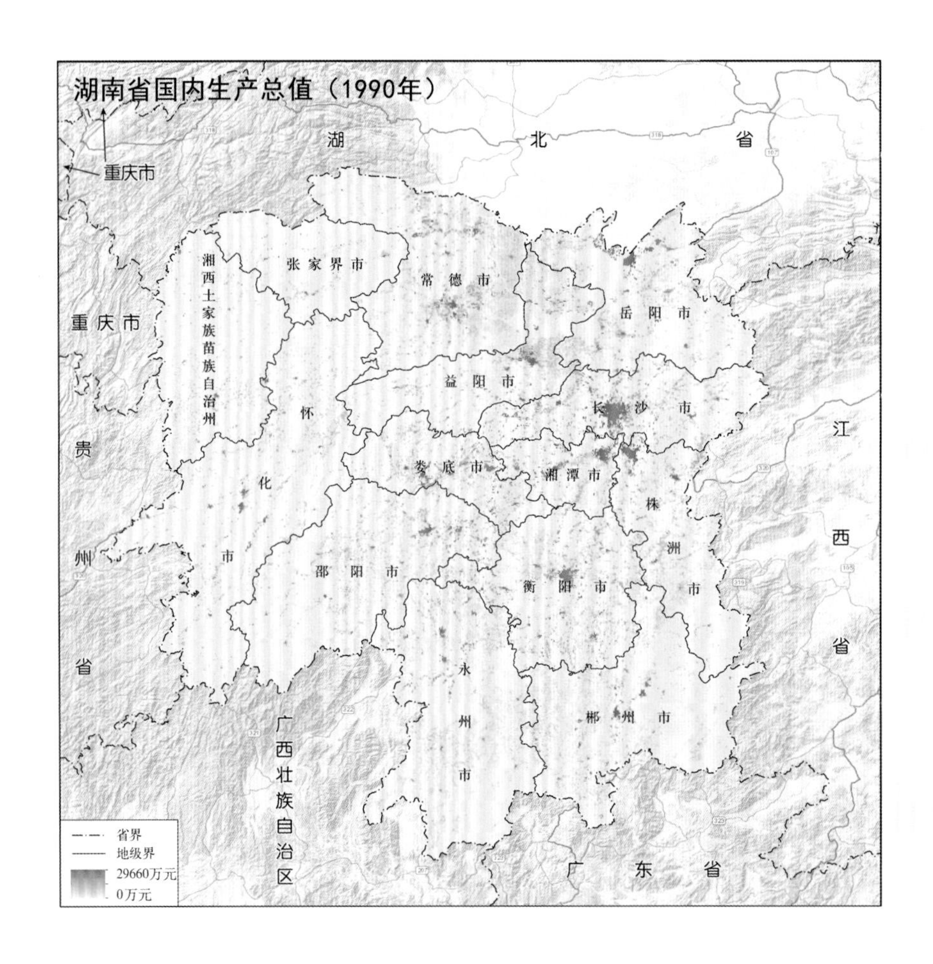

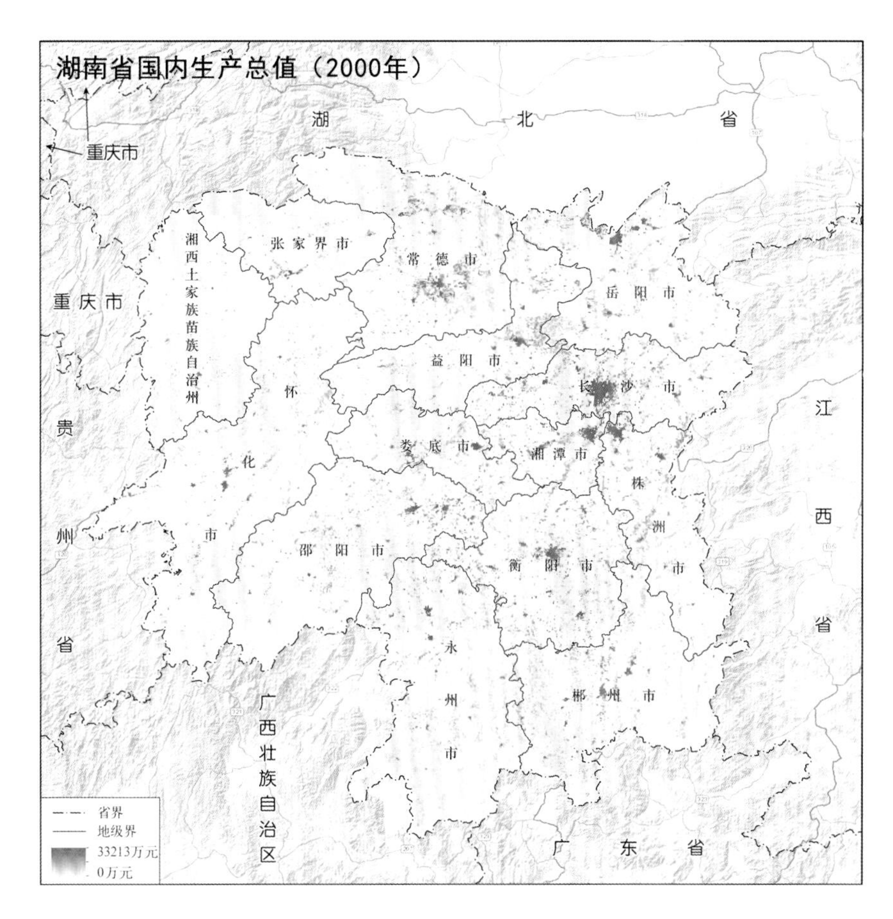
湖南省国内生产总值（2000年）
湖
北
省
重庆市
重庆市
贵
州
省
湘西土家族苗族自治州
张家界市
常德市
岳阳市
益阳市
长沙市
怀
化
市
娄底市
湘潭市
株
洲
市
邵阳市
衡阳市
永
州
市
郴州市
江
西
省
广西壮族自治区
广
东
省
省界
地级界
33213万元
0万元

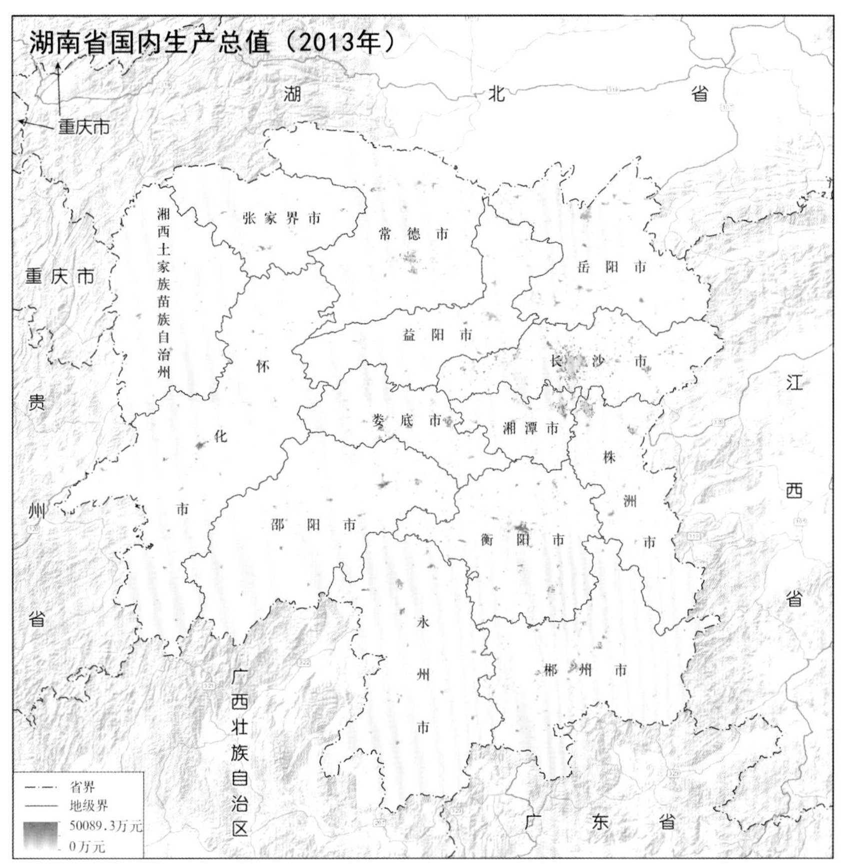
湖南省国内生产总值（2013年）
湖
北
省
重庆市
重庆市
贵
州
省
湘西土家族苗族自治州
张家界市
常德市
岳阳市
益阳市
长沙市
怀
化
市
娄底市
湘潭市
株
洲
市
邵阳市
衡阳市
永
州
市
郴州市
江
西
省
广西壮族自治区
广
东
省
省界
地级界
50089.3万元
0万元

5.2 闽浙赣湘城镇化空间分布

城镇化，是指随着一个国家或地区社会生产力的发展、科学技术的进步以及产业结构的调整，其社会由以农业为主的传统乡村型社会向以工业（第二产业）和服务业（第三产业）等非农产业为主的现代城市型社会逐渐转变的历史过程。

闽浙赣湘城镇化空间分布数据格式为矢量数据，数据时间为1990年、2000年和2013年。

该数据表明，从1990年到2013年闽浙赣湘城镇化水平逐渐变高。截至2013年，浙江省城镇化面积最大，占闽浙赣湘城镇化面积的38.3%；江西省城镇化面积最小，占四省城镇化面积的14.6%。

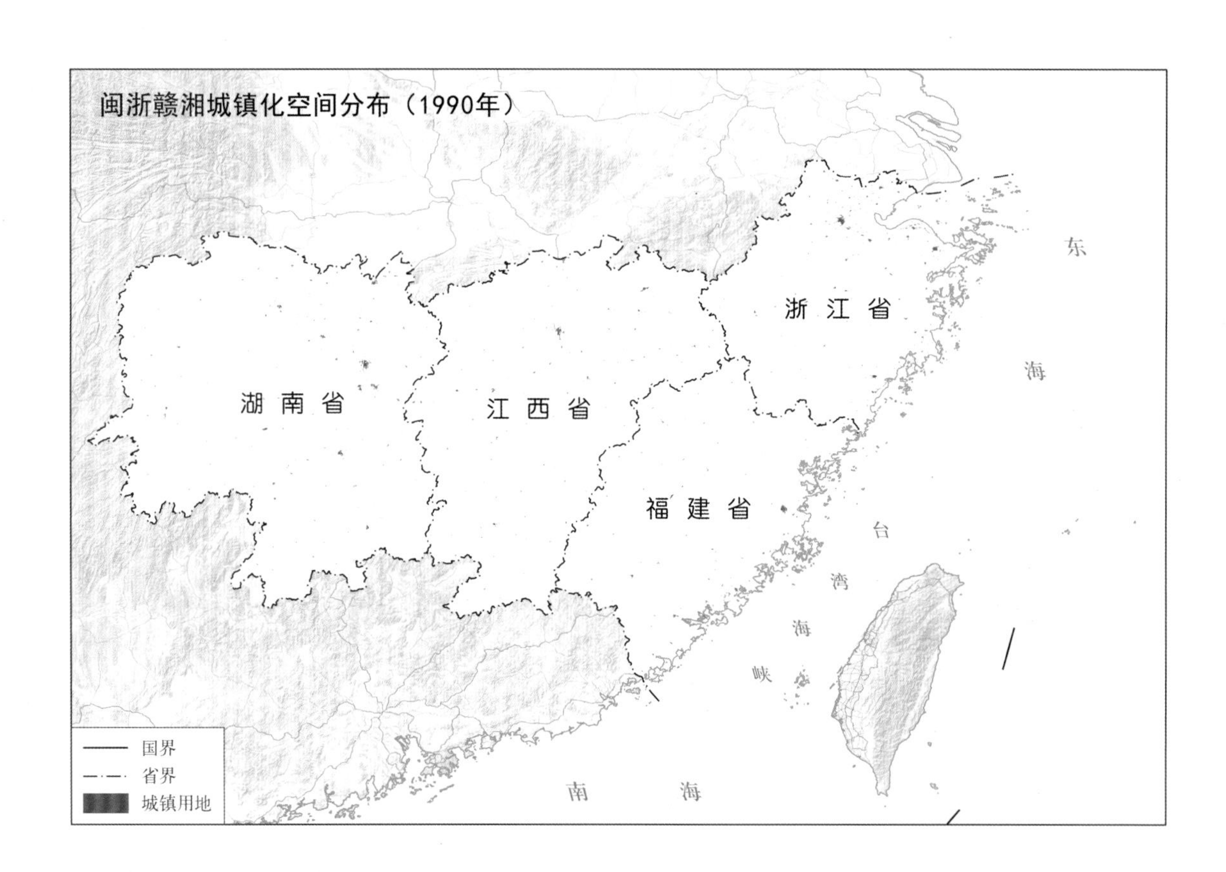

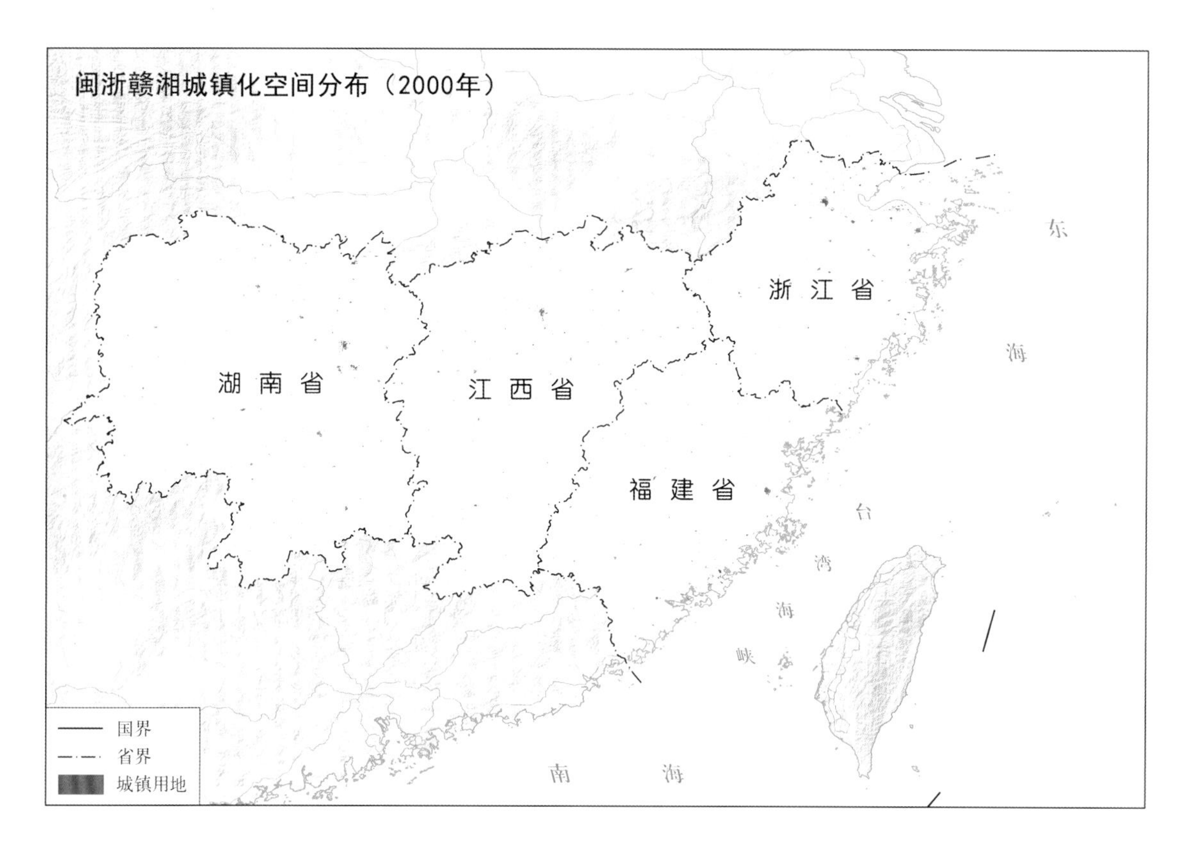

闽浙赣湘城镇化空间分布（2000年）
湖南省
江西省
浙江省
福建省
东
海
台
湾
海
峡
南
海
国界
省界
城镇用地

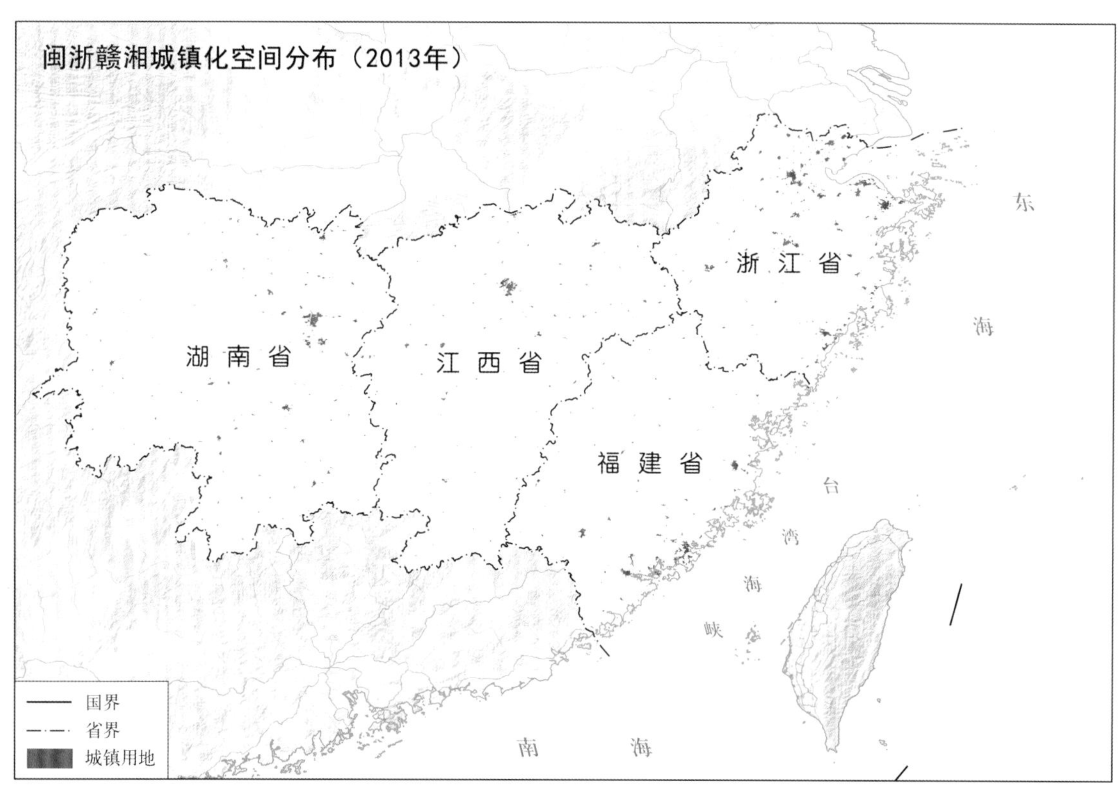

闽浙赣湘城镇化空间分布（2013年）
湖南省
江西省
浙江省
福建省
东
海
台
湾
海
峡
南
海
国界
省界
城镇用地

5.2.1 福建省城镇化空间分布

福建省城镇化空间分布数据格式为矢量数据，数据时间为 1990 年、2000 年和 2013 年。

该数据表明，福建省城镇化主要分布于东南沿海地带，从 1990 年至 2013 年，城镇化水平逐渐提高。截至 2013 年，泉州市和漳州市城镇化面积较大，分别占全省城镇化面积的 31.1% 和 18.6%；莆田市和宁德市城镇化面积较小，分别占全省城镇化面积的 3.7% 和 3.2%。

福建省城镇化空间分布（2000年）
浙 江 省
江 西 省
南 平 市
宁 德 市
三 明 市
福 州 市
莆 田 市
龙 岩 市
泉 州 市
厦门市
漳 州 市
广 东 省
东 海
台 湾 海 峡
台 湾 省
南 海
省界
地级界
城镇用地

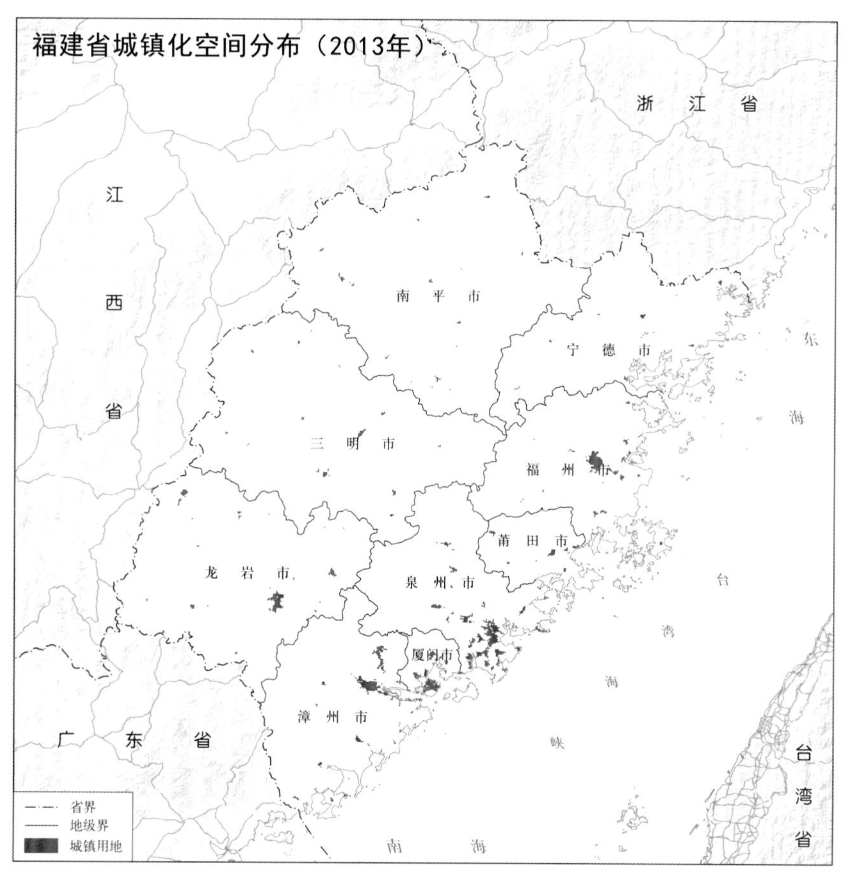
福建省城镇化空间分布（2013年）
浙 江 省
江 西 省
南 平 市
宁 德 市
三 明 市
福 州 市
莆 田 市
龙 岩 市
泉 州 市
厦门市
漳 州 市
广 东 省
东 海
台 湾 海 峡
台 湾 省
南 海
省界
地级界
城镇用地

5.2.2 浙江省城镇化空间分布

浙江省城镇化空间分布数据格式为矢量数据，数据时间为1990年、2000年和2013年。

该数据表明，浙江省城镇化主要分布于东北地区，从1990年至2013年，城镇化水平逐渐变高。截至2013年，杭州市和宁波市城镇化面积较大，分别占全省城镇化面积的16.0%和22.5%；湖州市和衢州市城镇化面积较小，分别占全省城镇化面积的4.8%和4.0%。

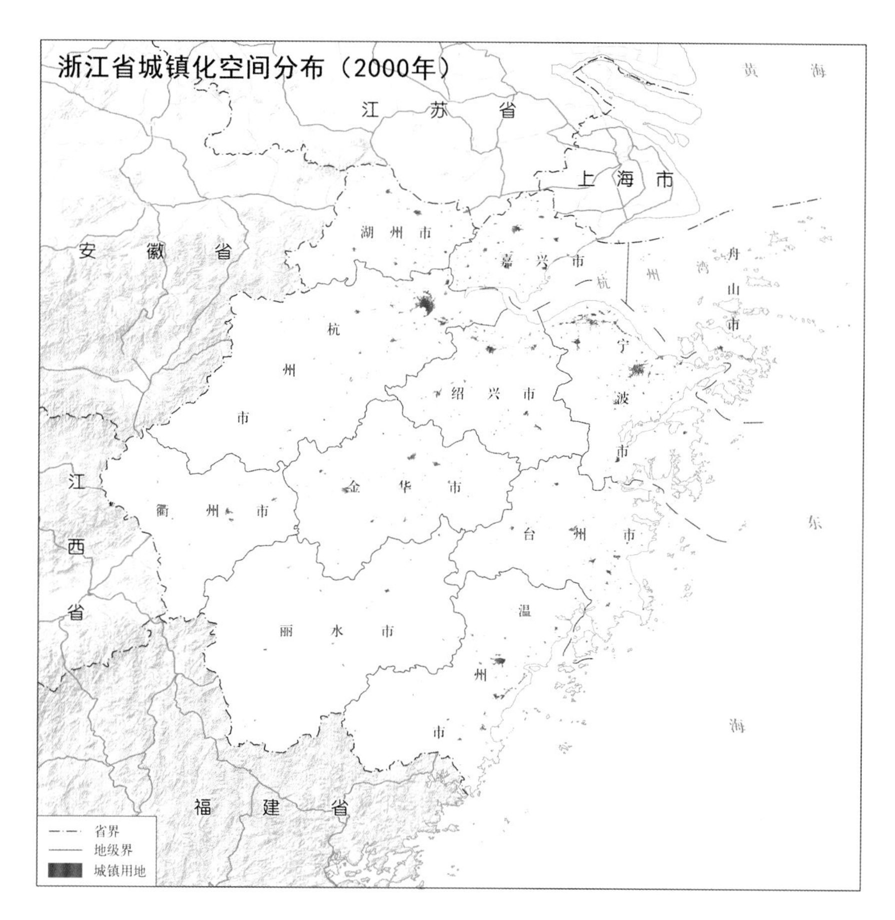
浙江省城镇化空间分布（2000年）
黄海
江苏省
上海市
安徽省
湖州市
嘉兴市
杭州湾
舟山市
杭州市
宁波市
绍兴市
江西省
衢州市
金华市
台州市
东海
温州市
丽水市
福建省
省界
地级界
城镇用地

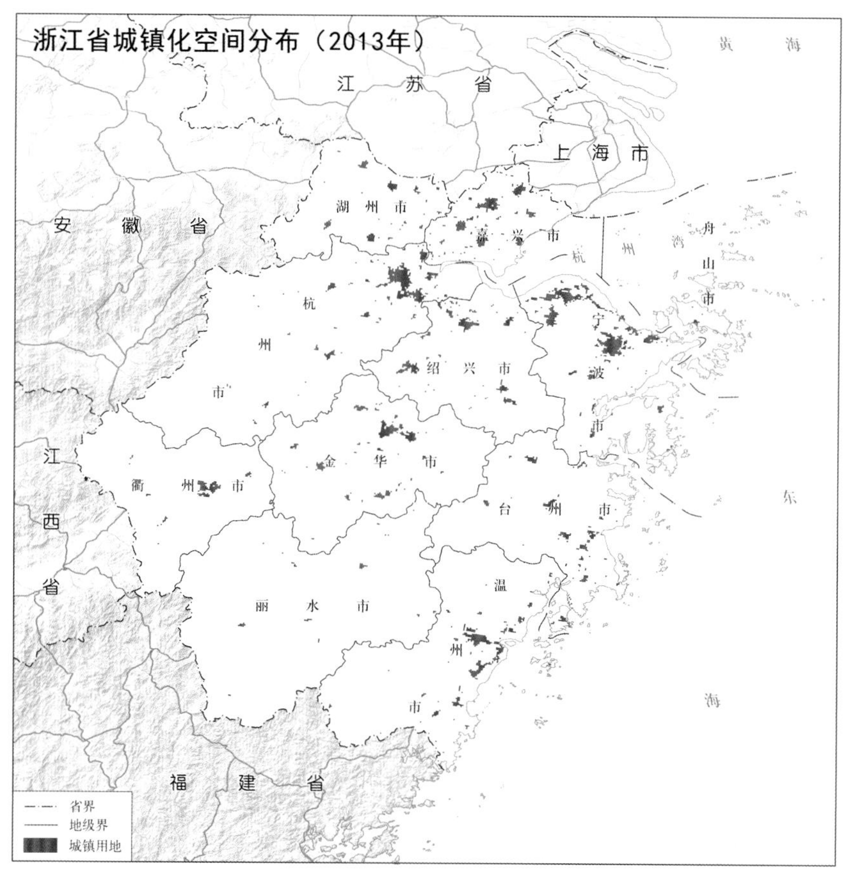
浙江省城镇化空间分布（2013年）
黄海
江苏省
上海市
安徽省
湖州市
嘉兴市
杭州湾
舟山市
杭州市
宁波市
绍兴市
江西省
衢州市
金华市
台州市
东海
温州市
丽水市
福建省
省界
地级界
城镇用地

5.2.3 江西省城镇化空间分布

江西省城镇化空间分布数据格式为矢量数据，数据时间为 1990 年、2000 年和 2013 年。

该数据表明，江西省城镇化主要分布于中部偏北地区，从 1990 年至 2013 年，城镇化水平逐渐变高。截至 2013 年，南昌市和九江市城镇化面积较大，分别占全省城镇化面积的 33.1% 和 9.3%；萍乡市和鹰潭市城镇化面积较小，分别占全省城镇化面积的 4.0% 和 2.2%。

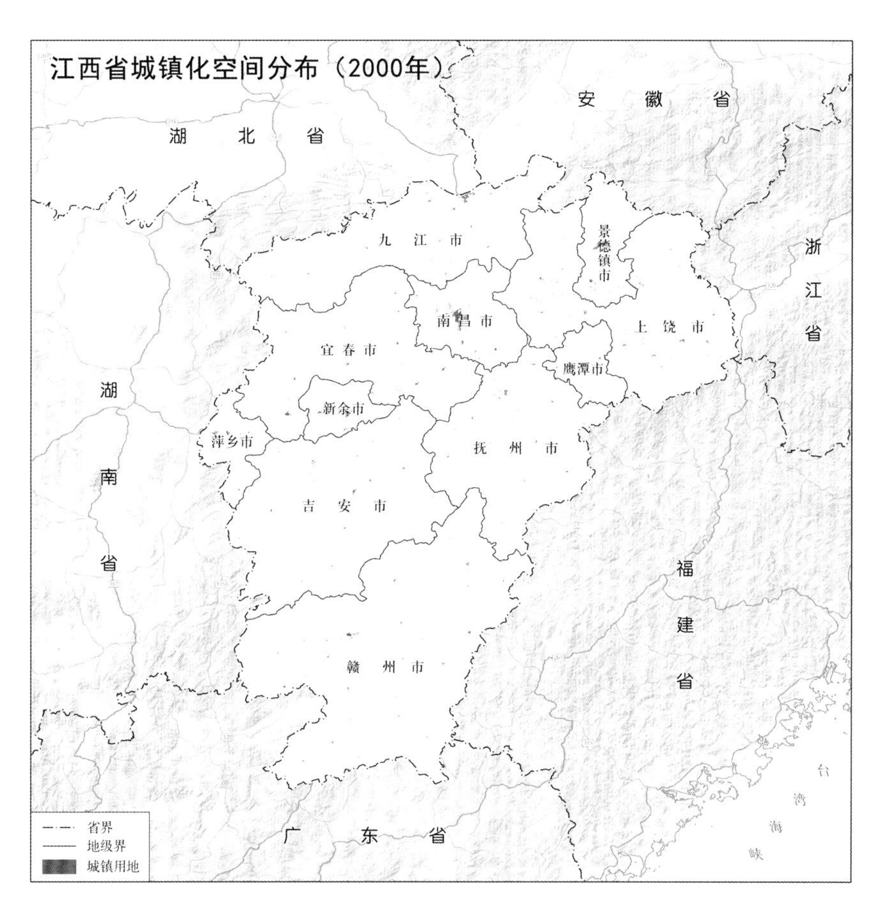
江西省城镇化空间分布（2000年）
安　徽　省
湖　北　省
九　江　市
景德镇市
浙江省
南昌市
上　饶　市
宜春市
鹰潭市
湖南省
新余市
萍乡市
抚　州　市
吉　安　市
福建省
赣　州　市
台湾海峡
广　东　省
省界
地级界
城镇用地

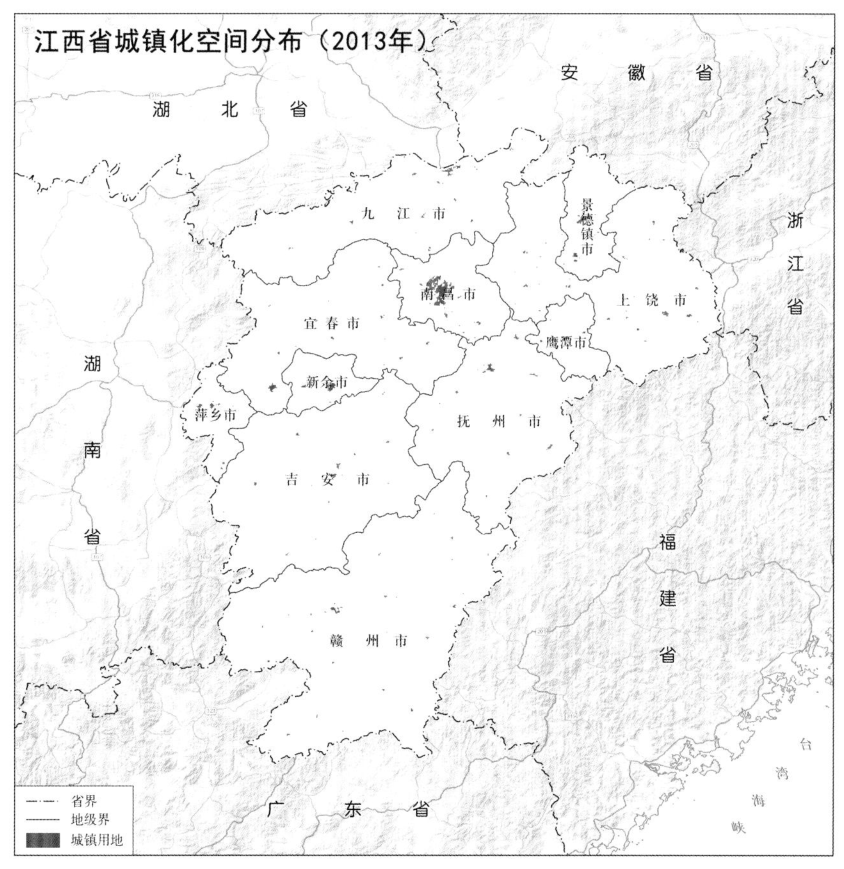
江西省城镇化空间分布（2013年）
安　徽　省
湖　北　省
九　江　市
景德镇市
浙江省
南昌市
上　饶　市
宜春市
鹰潭市
湖南省
新余市
萍乡市
抚　州　市
吉　安　市
福建省
赣　州　市
台湾海峡
广　东　省
省界
地级界
城镇用地

5.2.4 湖南省城镇化空间分布

湖南省城镇化空间分布数据格式为矢量数据，数据时间为1990年、2000年和2013年。

该数据表明，湖南省城镇化主要分布于东部地区，从1990年至2013年，城镇化水平逐渐提高。截至2013年，长沙市和衡阳市城镇化面积较大，分别占全省城镇化面积的23.9%和8.4%；张家界市和湘西土家族苗族自治州城镇化面积较小，分别占全省城镇化面积的1.5%和2.7%。

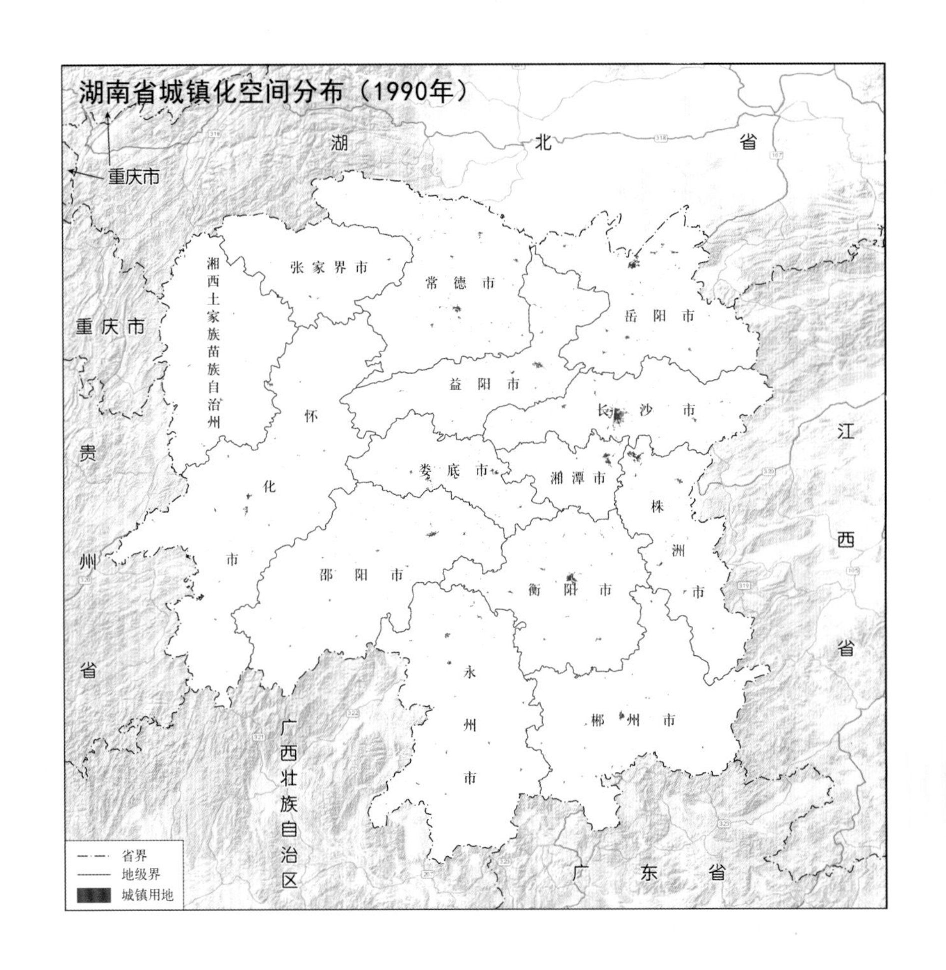

湖南省城镇化空间分布（2000年）
重庆市
湖 北 省
湘西土家族苗族自治州
张家界市
常德市
岳阳市
重庆市
益阳市
怀化市
长沙市
江西省
娄底市
湘潭市
株洲市
贵州省
邵阳市
衡阳市
永州市
郴州市
广西壮族自治区
广东省
省界
地级界
城镇用地

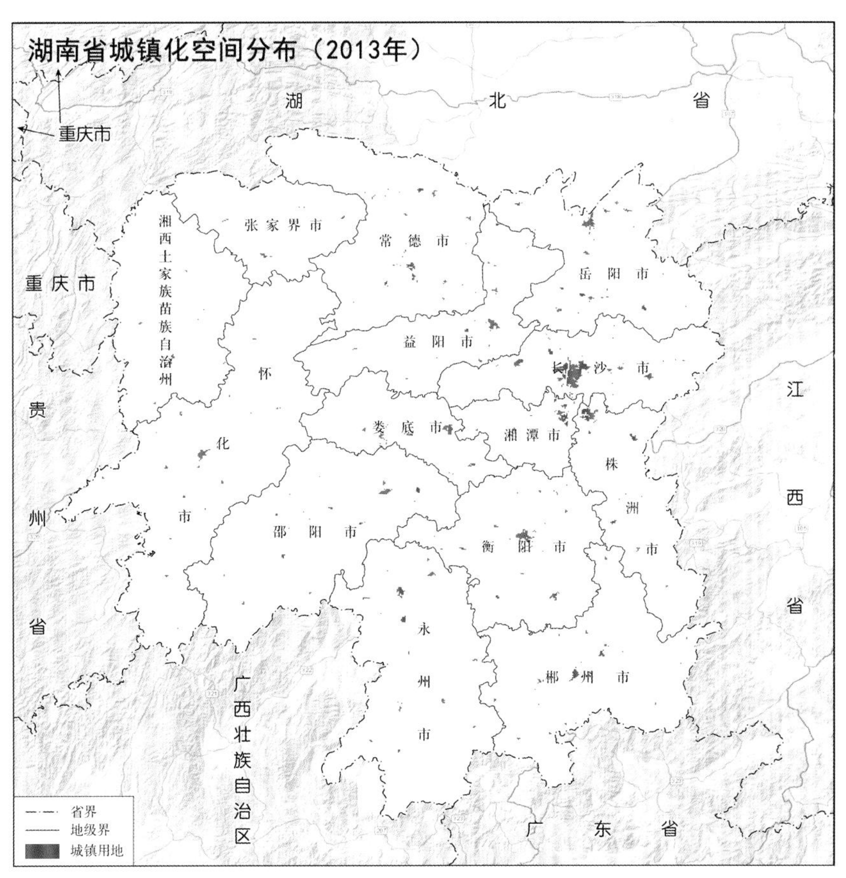
湖南省城镇化空间分布（2013年）
重庆市
湖 北 省
湘西土家族苗族自治州
张家界市
常德市
岳阳市
重庆市
益阳市
怀化市
长沙市
江西省
娄底市
湘潭市
株洲市
贵州省
邵阳市
衡阳市
永州市
郴州市
广西壮族自治区
广东省
省界
地级界
城镇用地

5.3 闽浙赣湘人口空间分布

一切社会活动、社会关系、社会现象和社会问题都同人口发展过程相关。

闽浙赣湘人口空间分布数据格式为矢量数据，数据时间为 1990 年、2000 年、2005 年和 2013 年。

该数据表明，从 1990 年到 2013 年闽浙赣湘人口密度差距有所拉大。截至 2013 年，湖南省人口总数最高，占四省人口总数的 35.3%，福建省人口总数最低，占四省人口总数的 18.6%。

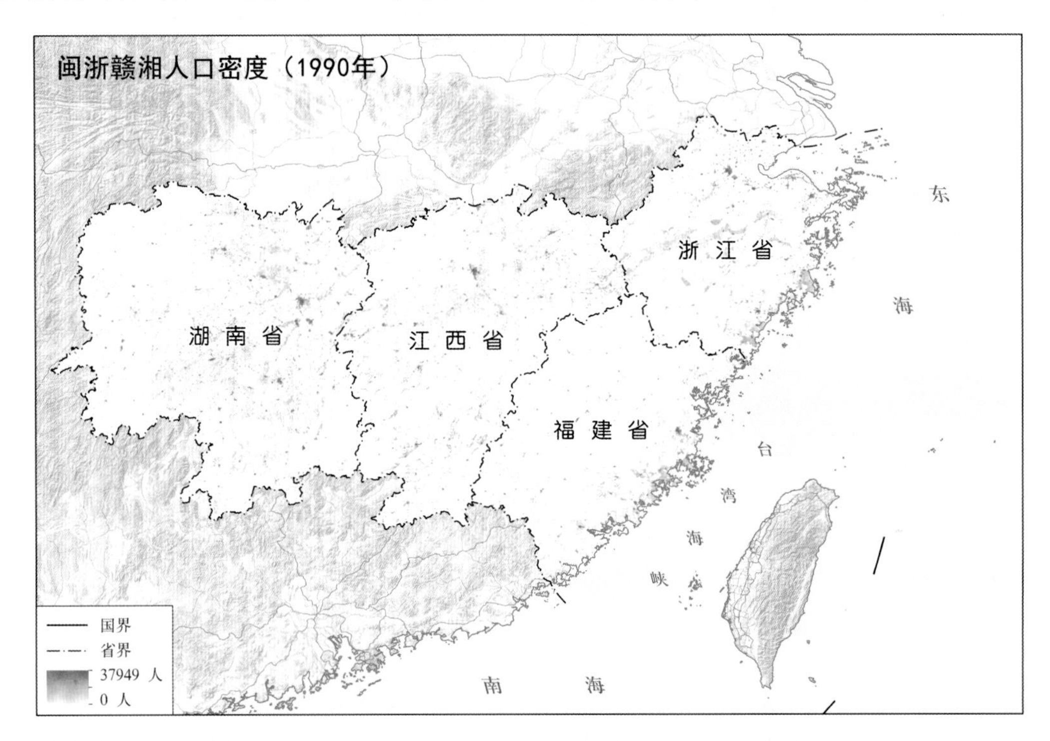

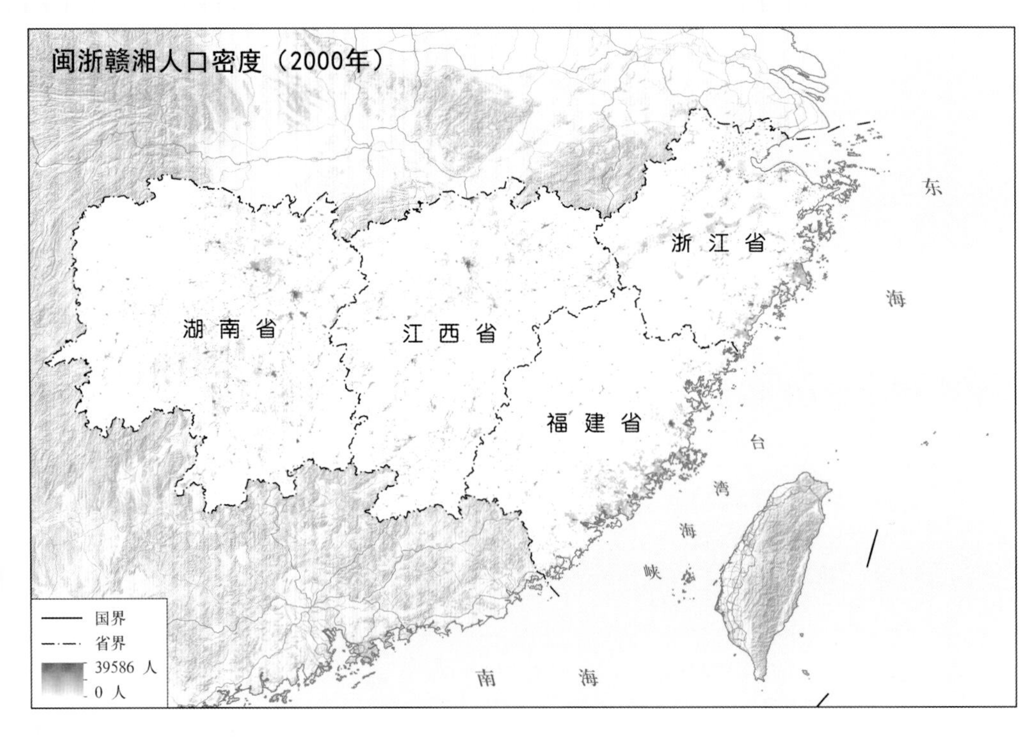

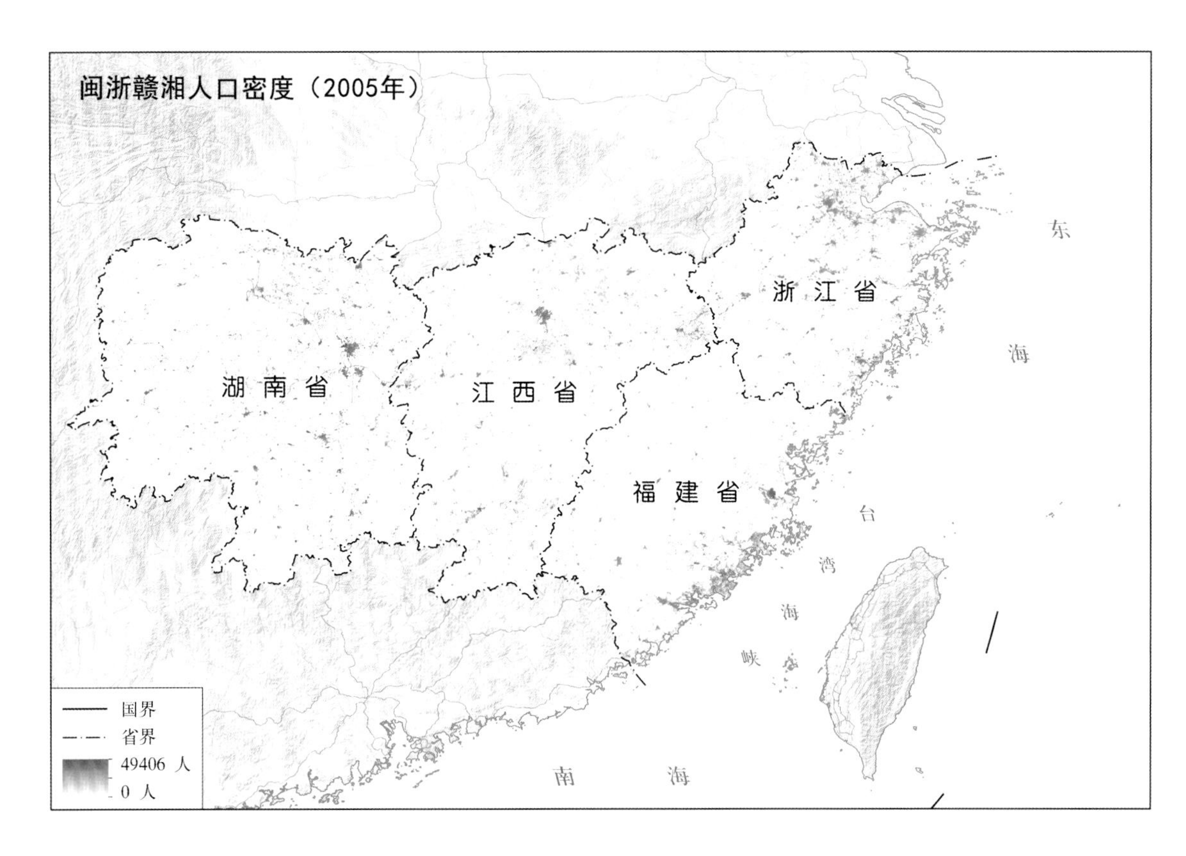
闽浙赣湘人口密度（2005年）
湖南省
江西省
浙江省
福建省
东
海
台
湾
海
峡
南
海
国界
省界
49406 人
0 人

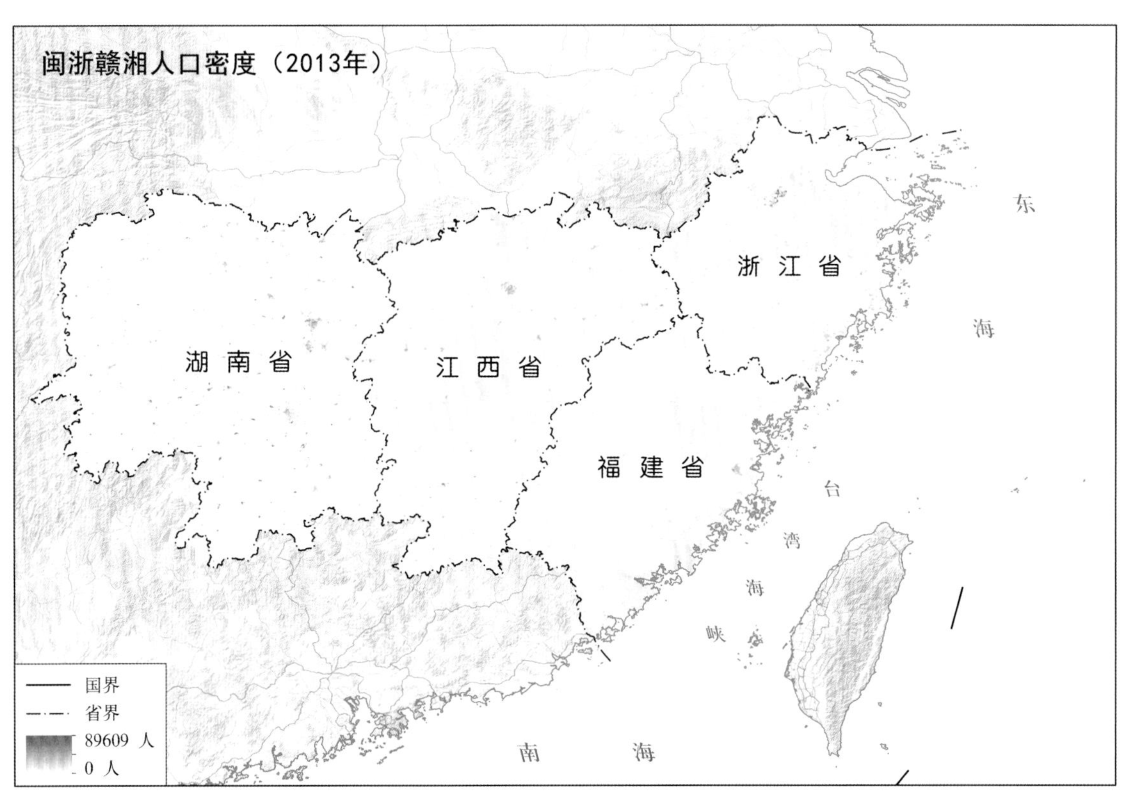
闽浙赣湘人口密度（2013年）
湖南省
江西省
浙江省
福建省
东
海
台
湾
海
峡
南
海
国界
省界
89609 人
0 人

5.3.1 福建省人口空间分布

福建省人口密度空间分布数据格式为矢量数据，数据时间为1990年、2000年、2005年和2013年。

该数据表明，福建省人口主要分布于东南沿海地带，从1990年至2013年，人口密度差距有所减小。截至2013年，福州市和泉州市人口总数最高，分别占全省人口总数的18.7%和19.7%；厦门市和三明市人口总数最低，分别占全省人口总数的5.2%和7.9%。

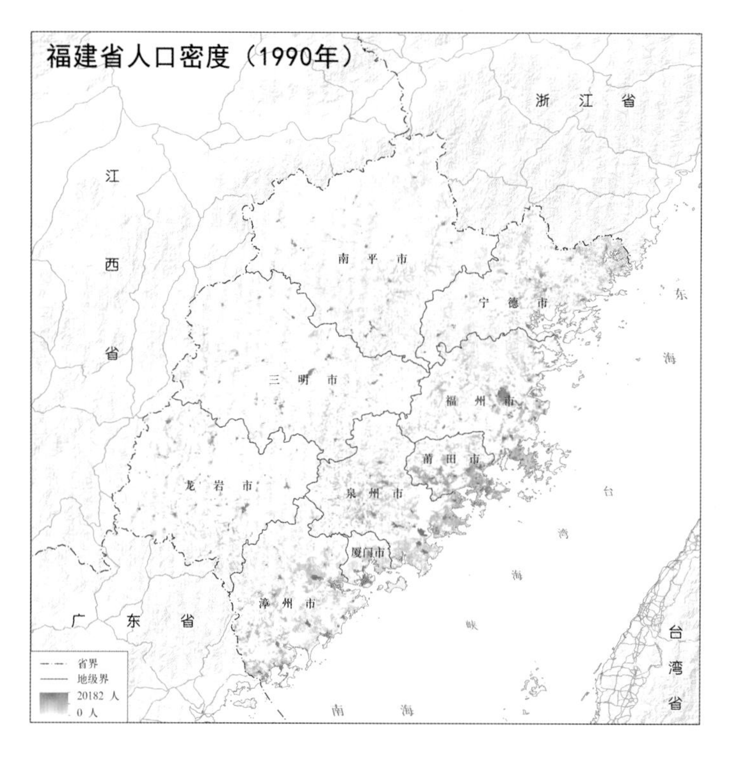

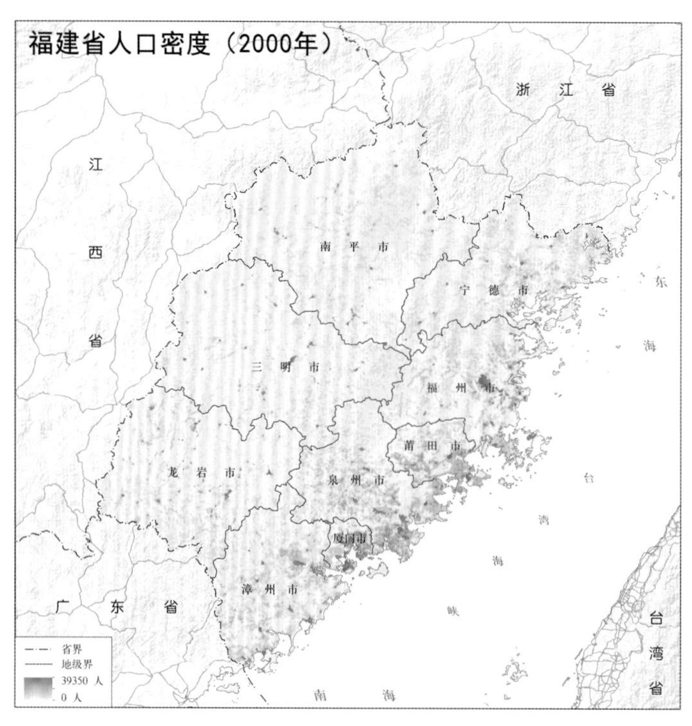

福建省人口密度（2005年）
浙　江　省
江
西
省
南　平　市
宁　德　市
三　明　市
福　州　市
莆　田　市
龙　岩　市
泉　州　市
厦门市
漳　州　市
广　东　省
东
海
台
湾
海
峡
台
湾
省
南　海
省界
地级界
28318 人
0 人

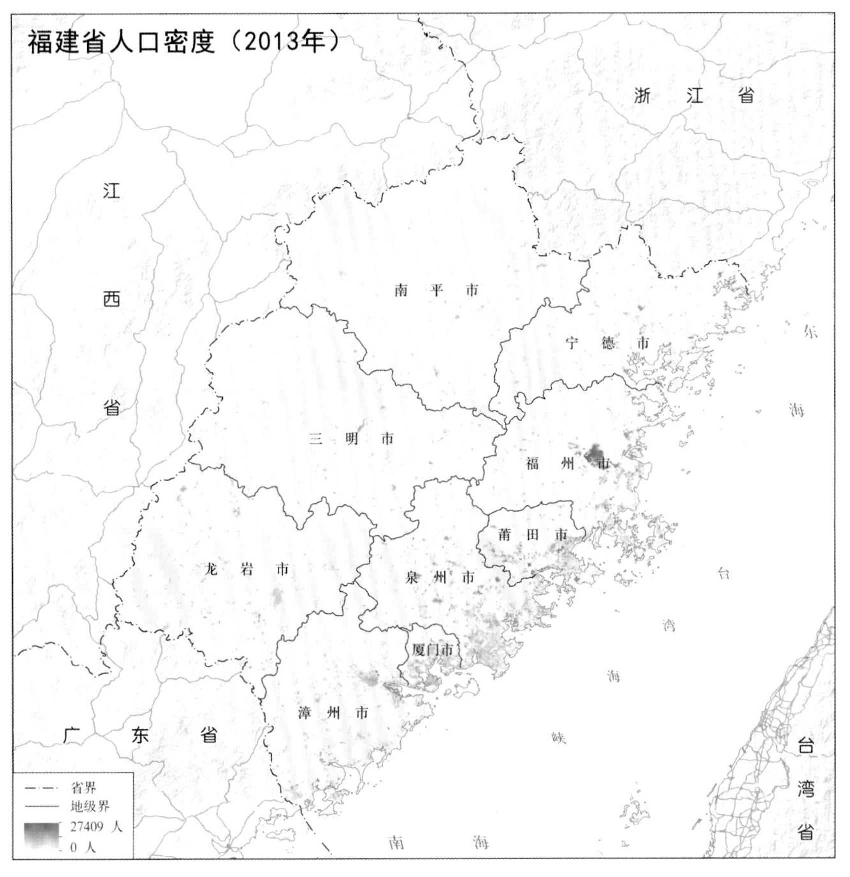
福建省人口密度（2013年）
浙　江　省
江
西
省
南　平　市
宁　德　市
三　明　市
福　州　市
莆　田　市
龙　岩　市
泉　州　市
厦门市
漳　州　市
广　东　省
东
海
台
湾
海
峡
台
湾
省
南　海
省界
地级界
27409 人
0 人

5.3.2 浙江省人口空间分布

浙江省人口密度空间分布数据格式为矢量数据，数据时间为1990年、2000年、2005年和2013年。

该数据表明，浙江省人口主要分布比较分散，从1990年至2013年，人口密度差距有所减小。截至2013年，杭州市和温州市人口总数最高，分别占全省人口总数的14.6%和16.7%；衢州市和舟山市人口总数最低，分别占全省人口总数的5.3%和2%。

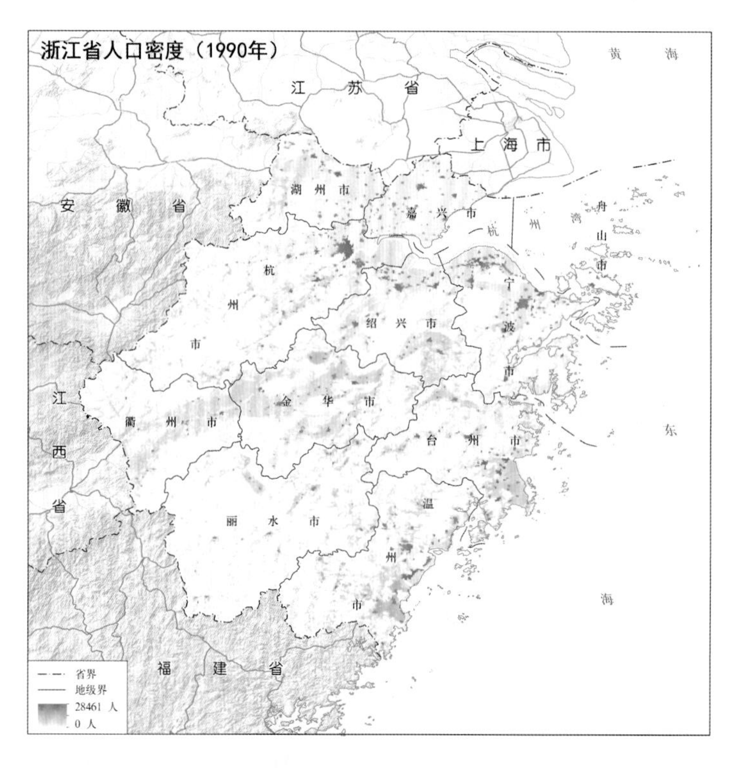

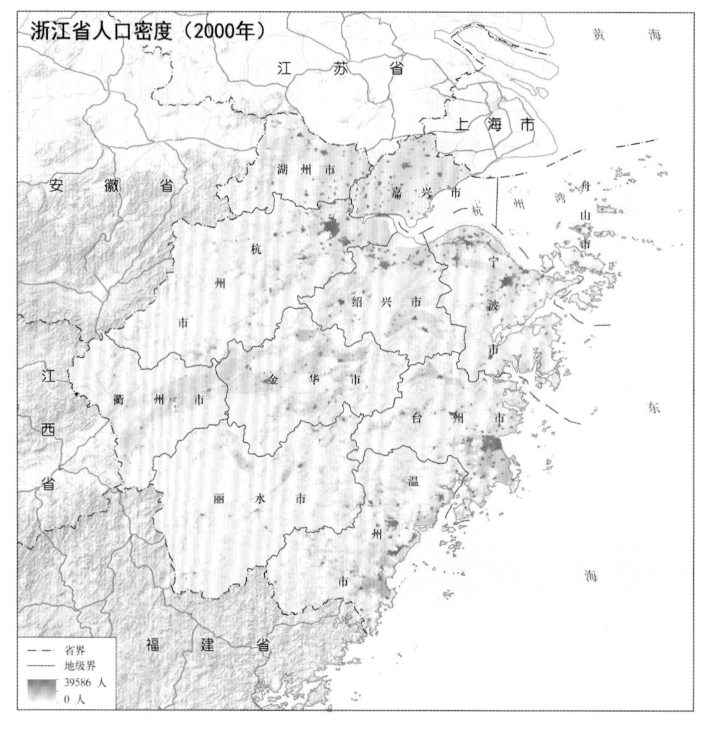

浙江省国内生产总值（1990年）
黄　海
江　苏　省
上　海　市
安　徽　省
湖　州　市
嘉　兴　市
杭　州　湾
舟　山　市
杭　州　市
宁　波　市
绍　兴　市
江　西　省
衢　州　市
金　华　市
台　州　市
东　海
丽　水　市
温　州　市
福　建　省
省界
地级界
27035万元
0万元

浙江省人口密度（2013年）
黄　海
江　苏　省
上　海　市
安　徽　省
湖　州　市
嘉　兴　市
杭　州　湾
舟　山　市
杭　州　市
宁　波　市
绍　兴　市
江　西　省
衢　州　市
金　华　市
台　州　市
东　海
丽　水　市
温　州　市
福　建　省
省界
地级界
89609.5 人
0 人

5.3.3 江西省人口空间分布

江西省人口密度空间分布数据格式为矢量数据，数据时间为1990年、2000年、2005年和2013年。

该数据表明，江西省人口分布比较分散中部偏北地区人口较多，从1990年至2013年，人口密度差距有所扩大。截至2013年，赣州市和上饶市人口总数最高，分别占全省人口总数的18.7%和14.7%；新余市和鹰潭市人口总数最低，分别占全省人口总数的2.6%和2.5%。

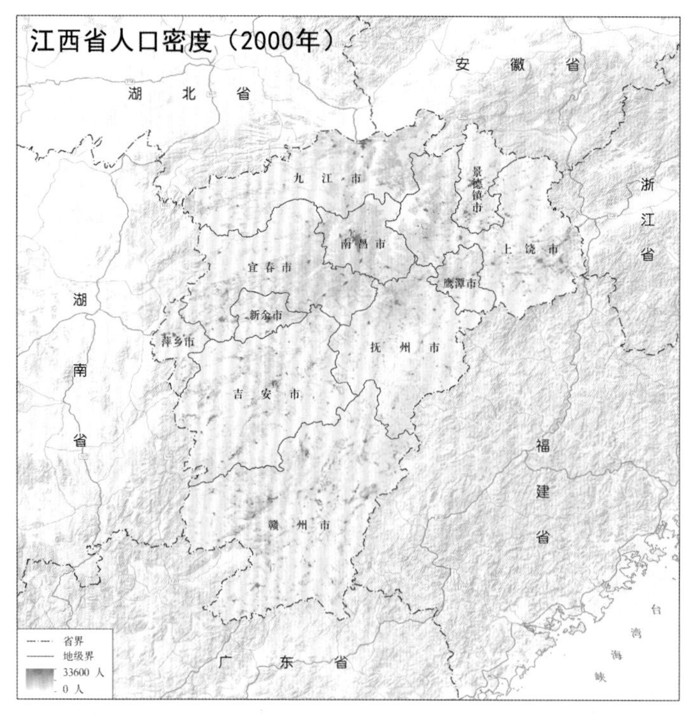

江西省人口密度（2005年）
安　徽　省
湖　北　省
九　江　市
景德镇市
浙江省
南昌市
上　饶　市
宜春市
鹰潭市
湖南省
新余市
萍乡市
抚　州　市
吉　安　市
福建省
赣　州　市
台湾海峡
广　东　省
省界
地级界
22989 人
0 人

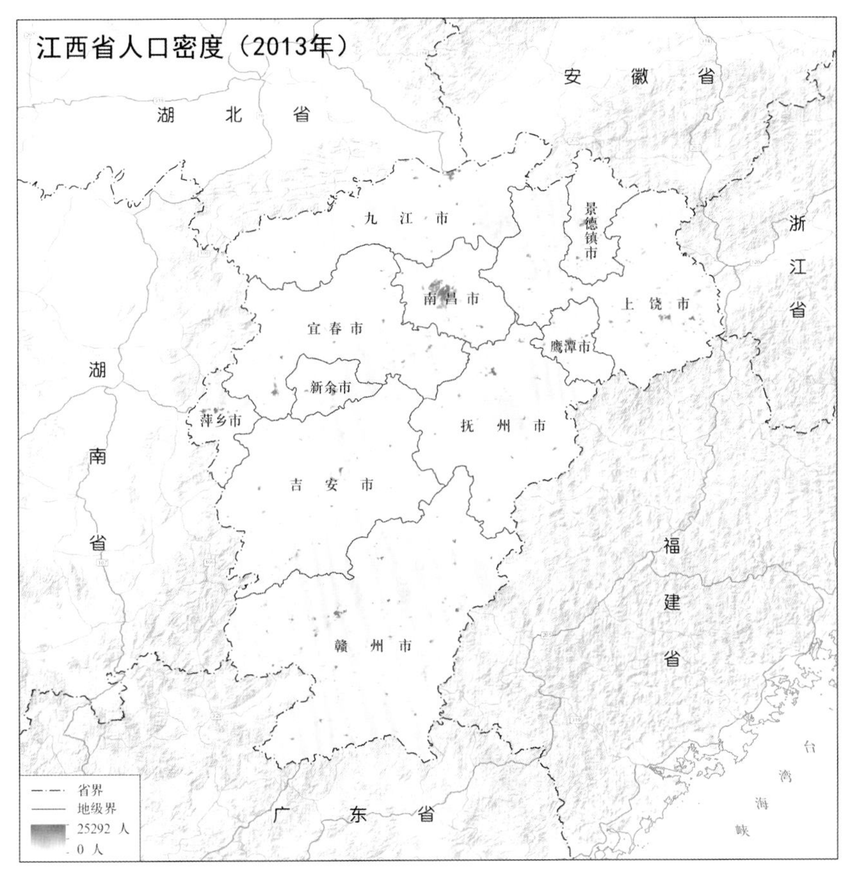
江西省人口密度（2013年）
安　徽　省
湖　北　省
九　江　市
景德镇市
浙江省
南昌市
上　饶　市
宜春市
鹰潭市
湖南省
新余市
萍乡市
抚　州　市
吉　安　市
福建省
赣　州　市
台湾海峡
广　东　省
省界
地级界
25292 人
0 人

5.3.4 湖南省人口空间分布

湖南省人口密度空间分布数据格式为矢量数据，数据时间为 1990 年、2000 年、2005 年和 2013 年。

该数据表明，湖南省人口主要分布于中东部地区，从 1990 年至 2013 年，人口密度差距有所扩大。截至 2013 年，衡阳市和邵阳市人口总数最高，分别占全省人口总数的 10.9% 和 10.8%；张家界市和湘西土家族苗族自治州人口总数最低，分别占全省人口总数的 2.2% 和 3.9%。

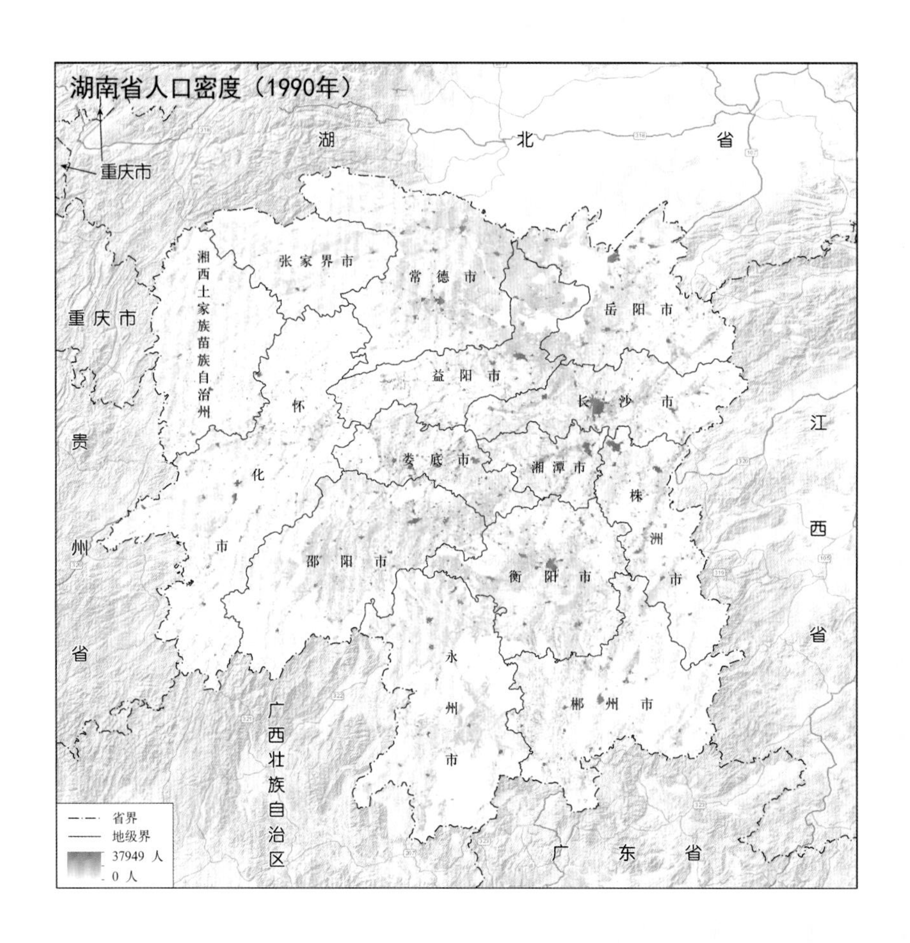

湖南省人口密度（2005年）
重庆市
湖北省
湘西土家族苗族自治州
张家界市
常德市
岳阳市
重庆市
益阳市
怀化市
长沙市
江西省
贵州省
娄底市
湘潭市
株洲市
邵阳市
衡阳市
永州市
郴州市
广西壮族自治区
广东省
省界
地级界
49406 人
0 人

湖南省人口密度（2013年）
重庆市
湖北省
湘西土家族苗族自治州
张家界市
常德市
岳阳市
重庆市
益阳市
怀化市
长沙市
江西省
贵州省
娄底市
湘潭市
株洲市
邵阳市
衡阳市
永州市
郴州市
广西壮族自治区
广东省
省界
地级界
82839 人
0 人